Node+MongoDB+React

项目实战开发

React 前端筑基　　Node 前端进阶　　前端全栈必备

邹琼俊　编著

中国水利水电出版社
www.waterpub.com.cn

·北京·

内 容 提 要

本书以初学者的视角，从零开始，采用循序渐进的方式一步步地向读者介绍如何使用 Node、MongoDB、React 及其相关技术来进行 Web 应用的开发。通过理论和实践相结合的方式，让读者在学习的过程中能够感受到开发的乐趣。书中讲解的内容都是日常开发中使用频率较高的知识点，在讲解知识点的过程中，也会提供代码示例展示相关应用场景。

本书讲解的顺序依次为 Node、MongoDB、React。在讲完 Node 和 Node 第三方包、Node 异步编程后，紧接着介绍 MongoDB 数据库；在了解了数据库操作后，就可以将应用数据进行持久化的存储，再往后介绍 art-template 模板引擎，其用于在浏览器中展示数据。为了让读者可以更加清晰地了解 Node 开发 Web 应用的过程，在一开始并没有引入基于 Node 的 Web 框架。接下来选取了 Node 比较常用的 Web 框架 Express 进行讲解，再通过一个文章管理系统示例项目来讲前面学习的知识点。再往后，介绍 React 这一前端 MVVM 框架及其相应的技术，在熟悉 React 后，就可以采用前后端完全分离的方式进行开发了，然后通过一个后台管理系统将前面所学的知识点串联起来。然后，简单介绍了 Java Script 的超集 TypeScript，有兴趣的读者可以尝试将本书中的所有项目用 TypeScript 的方式重写。

本书适用于计算机专业的老师和学生、前端工程师以及想要学习前端技术的开发者。

图书在版编目（CIP）数据

Node+MongoDB+React 项目实战开发 / 邹琼俊编著 .
—北京 : 中国水利水电出版社 , 2021.6

ISBN 978-7-5170-9524-8

Ⅰ . ① N… Ⅱ . ①邹… Ⅲ . ①软件开发 Ⅳ . ① TP311.52

中国版本图书馆 CIP 数据核字 (2021) 第 060485 号

书　　名	Node+MongoDB+React 项目实战开发 Node+MongoDB+React XIANGMU SHIZHAN KAIFA
作　　者	邹琼俊　编著
出版发行	中国水利水电出版社 （北京市海淀区玉渊潭南路 1 号 D 座 100038） 网址：www.waterpub.com.cn E-mail：zhiboshangshu@163.com 电话：（010）62572966-2205/2266/2201（营销中心）
经　　售	北京科水图书销售中心（零售） 电话：（010）88383994、63202643、68545874 全国各地新华书店和相关出版物销售网点
排　　版	北京智博尚书文化传媒有限公司
印　　刷	河北文福旺印刷有限公司
规　　格	190mm×235mm　16 开本　24 印张　579 千字
版　　次	2021 年 6 月第 1 版　2021 年 6 月第 1 次印刷
印　　数	0001—5000 册
定　　价	89.00 元

前　言

在笔者的大学时代，也就是 2010 年以前，国内很少有专门的前端工程师这样的岗位，公司职位更多的是网页设计师，只需要会网页设计三剑客，懂 PS，会切图，能用 HTML、CSS 和 JavaScript 等编写简单的界面就能找到工作。

如今，前端的发展可谓是突飞猛进，各种新技术更是层出不穷，现在如果想要从事前端的工作，Vue、React 和 Angular 这三大框架就至少得掌握一门，而在国内用得比较多的是 Vue 和 React，至于 Angular，如果不是公司特别要求，读者基本可以放弃。

Vue 的学习曲线和复杂度都比较平稳和简单，所以对于初级前端工程师或者刚入职场的前端工程师来说比较适合。但是如果想要进阶，精进自己的前端技术，React 是必经之路。React 更适合复杂而灵活的项目，生态更完善，其 jsx 写法更灵活，虽然 Vue 目前也支持 jsx，但其更侧重于 HTML 结构的三层模型。

在业内，如果你懂 React，那么就会被默认为也懂 Vue，因为如果你能掌握 React，Vue 就更不在话下了。所以，如果要成为一名合格的前端工程师，最好掌握 React 和 Vue。而 Node 是前端工程师晋升路上必须掌握的技能，如果同时能够再掌握一门数据库，就可以独立完成完整的中小型项目了。本书选择的数据库是 MongoDB，主要是因为 MongoDB 相较于 MySQL 或者 SQL Server 这样的关系型数据库来说更容易被前端工程师使用和接受。

通过下图可以看到，随着前端技术的不断发展和壮大，对前端开发人员的要求也相应地越来越高。

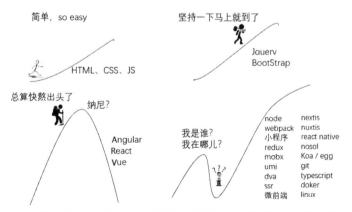

"雄关漫道真如铁，而今迈步从头越"，既然选择了做技术这条路，那么就永不止步吧！

本书相关代码下载网址：http://github.com/zouyujie/react book。

邹琼俊

目　录

第 1 章　Node.js 基础

本章学习目标
◆ 了解 Node 是什么
◆ 安装 Node 运行环境
◆ 了解系统环境变量 path 的作用
◆ 使用 Node 环境执行代码
◆ 熟悉 Node 基础语法

1.1　Node 开发概述

Node.js 的推出，不仅从工程化的角度自动化处理更多琐碎费时的工作，更打破了前端后端的语言界限，让 JavaScript 可流畅地运行在服务器端。

Node.js 作为 JavaScript 的运行环境，大大提高了前端开发的效率，增加了 Web 应用的丰富性。对 JavaScript 开发者来讲，几乎可以无障碍地深入实践服务器端开发，并且无须学习新的编程语言。目前 Node.js 的生态圈也是最为活跃的技术领域之一，大量的开源工具和模块让我们可以做出高性能的服务器端应用程序。

1.1.1　学习 Node.js 的原因

Node.js 现在非常火而且势头猛进，从 2009 年出现至今，已经风靡全球，微软的 VS（Visual Studio）也已经将其集成进来了，基于过往经验，我们知道微软喜欢将一些它觉得比较好的东西集成进来。

1. 学习 Node.js 的好处
● 能够和后端程序员更加紧密地配合。
● 可以将网站业务逻辑前置，学习前端技术需要后端技术支撑（Ajax）。
● 扩宽知识视野，能够站在更高的角度审视整个项目。

- 可以独立完成一些 Web 应用的开发。

2. 服务器端开发（后端）要做的事情

- 实现网站的业务逻辑。
- 数据的增删改查（CRUD）。

3. 选择 Node 的原因

- 可以使用 JavaScript 语法开发后端应用。
- 一些公司要求前端工程师掌握 Node 开发。
- 生态系统活跃，有大量开源库可以使用。
- 前端开发工具大多基于 Node 开发。

Node 不太适合从来没有接触过服务端的人学习，如果想要真正地学好服务端，还是老牌的
Java、PHP 和 .Net 这些平台更有优势。Node 不是特别适合入门服务端，但不代表 Node 不强大，
具有经验的人可以发挥出其强大的功能。不适合新手的原因在于其涉及的技术比较偏底层，而且
太灵活，而 Java、PH 和 .Net 好入门的原因就在于这些平台屏蔽了一些底层。

Node 对于前端开发人员来讲是进阶高级前端开发工程师必备的技能。

1.1.2　Node.js 是什么

Node.js 是一个由 C++ 编写的基于 Chrome V8 引擎的 JavaScript 运行环境。它的运行速度非常
快，性能良好，Node 对一些特殊用例进行了优化，提供了替代的 API，使得 Chrome V8 在非浏览
器环境下运行得更好。Node.js 使用了一个事件驱动、非阻塞式 I/O 的模型，使其轻量又高效。它
的包管理器 npm 是全球最大的开源库生态系统。

Node.js 既不是语言，也不是框架，它是一个平台。Node.js 中的 JavaScript 没有 BOM 和
DOM，只有 ECMAScript（简称 ES）基本的 JavaScript 语言部分，然而在 Node 中为 JavaScript
提供了一些服务器级别的 API，如文件操作的能力、HTTP 服务的能力等。我们知道浏览器中的
JavaScript 没有文件操作的能力。Node.js 让 JavaScript 具备了像 Java 和 .Net 一样开发 Web 应用的
功能。

ECMAScript 包含的内容如下：

- 变量
- 方法
- 数据类型
- 内置对象
- Array
- Object
- Date
- Math

运行环境如下：
- 浏览器（软件）能够运行 JavaScript 代码，浏览器就是 JavaScript 代码的运行环境，浏览器是不认识 Node 代码的。
- Node（软件）能够运行 JavaScript 代码，Node 就是 JavaScript 代码的运行环境。

目前最新版本：Node.js v14.3.0。

官方网站：https://nodejs.org。

中文网站：http://nodejs.cn。

1.1.3　Node.js 的特点

JavaScript 与非阻塞 Socket 结合，它与其他语言的一个明显区别就是处理 I/O 的方式。它永远不允许用户锁上程序，并且要求用户不断地处理新事务，因此它很适用于网络编程。在服务器上要与很多客户端进行通信，必须处理网络连接，而 Node 鼓励人们用非阻塞的模式正是由于这个特性，可以发现 Node 在开发服务器端上比传统编程语言更加方便。

1.1.4　开发工具

Node 的开发工具本书采用 VS Code。VS Code 官网地址：https://code.visualstudio.com/。

VS Code 的特点如下：
- 开源、免费
- 自定义配置
- 集成 git
- 智能提示功能强大
- 支持各种文件格式（html/jade/css/less/sass/xml 等）
- 调试功能强大
- 各种方便的快捷键
- 强大的插件扩展

VS Code 除了英文版也支持汉化，读者可以根据自己的喜好选择。

建议安装以下插件：
- Mongo Snippets for Node-js
- Node.js Modules Intellisense
- Bootstrap 3 Snippets
- ES7 React/Redux/GraphQL/React-Native snippets
- JS JSX Snippets

1.2　Node 运行环境搭建

1.2.1　Node 运行环境安装

进入官网 https://nodejs.org，下载 SDK: 12.17.0 LTS。笔者的计算机是 Windows 10、64bit 的系统，会看到如图 1-1 所示的界面。

图1-1

可以看到有两个版本，分别是：

● LTS（Long Term Support）：长期支持版、稳定版

● Current：拥有最新特性的实验版

这里我们选择左侧的稳定版进行下载，如果要下载其他 SDK，可以进入 https://nodejs.org/en/download/ 选择需要的安装包进行下载，如图 1-2 所示。

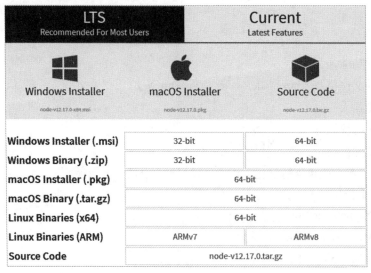

图1-2

下载完成后，直接双击安装包进行安装，不断单击"下一步"按钮即可完成安装。默认的安装路径为 D:\Program Files\nodejs。

按快捷键 Windows+R，在打开的"运行"对话框中输入 CMD，打开控制台窗口，进入 Node 所在的安装目录，然后输入"node -v"命令查看当前的 node 版本信息，操作如下：

```
C:\Users\zouqi>d:
D:\>cd D:\Program Files\nodejs
D:\Program Files\nodejs>node -v
v12.17.0
D:\Program Files\nodejs>
```

如果在控制台窗口中输入"node -v"时报错，出现如图 1-3 所示的错误信息。

图1-3

这是因为 Node 安装目录写入环境变量失败。解决办法：将 Node 安装目录添加到环境变量中。

如何配置系统环境变量（以 Windows 10 为例）？

右击"此电脑"→"属性"→"高级系统设置"→"环境变量"→"编辑"，在最后面添加分号和 Node.js 的安装路径。如"D:\Program Files\nodejs\"，如图 1-4 和图 1-5 所示。

图1-4

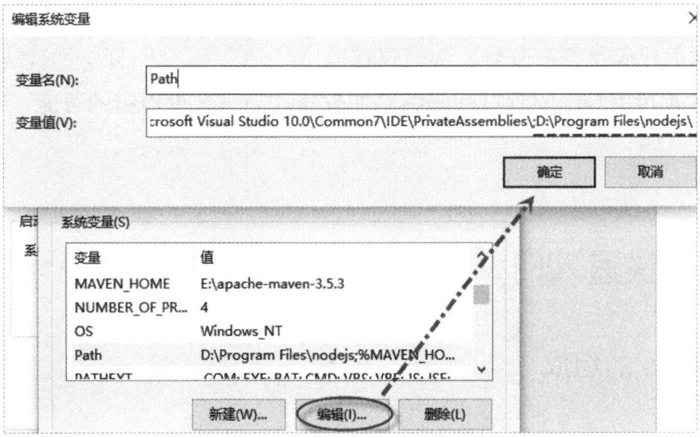

图1-5

1.2.2　Node 环境安装失败解决办法

如果在安装 Node 的时候报错，需要根据错误提示码来分析其错误原因。常见的错误代码为 2502 和 2503，错误提示如图 1-6 所示。

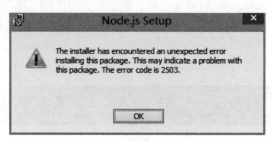

图 1-6

失败原因：系统账户权限不足。

解决办法：以管理员身份运行 powershell 命令行工具；输入运行安装包命令：msiexec /package node 来安装包位置。

安装过程中遇到错误时不要慌，要学会利用"百度"，可以去网上搜索解决方案，如在百度搜索框中输入 node.js 安装 2502。

1.2.3　代码有无分号的问题

代码结尾是否写分号是编码习惯的问题，有些人的编码风格就是代码后面不写分号，有些人又喜欢写分号。但是，在同一个项目中最好统一规则。

当你采用了无分号的代码风格时，只需要注意以下情况就不会有太大问题。

当一行代码是以"（""["和"`"开头时，在前面补上一个分号用以避免一些语法解析错误。所以你会发现在一些第三方代码中能看到一上来就以";"开头的代码。

结论：无论你的代码是否有分号，都建议在以"（""["和"`"开头的代码前补上一个分号。其实现在很多 IDE 都可以自动配置给代码结尾加分号，为了减少出错的可能，我个人建议还是加上分号为好。

1.3　Node.js 快速入门

1.3.1　Node.js 的组成

JavaScript 由三部分组成，即 ECMAScript、DOM 和 BOM。Node.js 是由 ECMAScript 及 Node

环境提供的一些附加 API 组成的，包括文件、网络和路径等一些更加强大的 API，如图 1-7 所示。

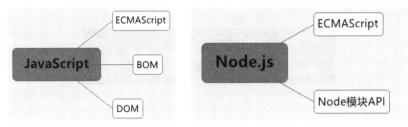

图1-7

1.3.2 Node.js 基础语法

所有 ECMAScript 语法在 Node 环境中都可以使用。在 Node 环境下执行代码，使用 node 命令执行后缀为 .js 的文件即可。

示例：新建一个 hello-china.js 文件，输入代码如下：

```
var msg = '中国，你好';
console.log(msg);
```

然后在当前文件所在目录下输入命令 node hello-china.js，运行结果如下：

```
PS D:\WorkSpace\react_book\codes\chapter1\js> node hello-china.js
中国，你好
```

1.3.3 Node.js 全局对象 global

在浏览器中全局对象是 window，在 Node 中全局对象是 global。

Node 中的全局对象有以下方法：

- console.log()：在控制台中输出
- setTimeout()：设置超时定时器
- clearTimeout()：清除超时定时器
- setInterval()：设置间歇定时器
- clearInterval()：清除间歇定时器

它们可以在任何地方使用，使用时 global 可以省略。

示例：新建一个 global.js 文件，输入代码如下：

```
global.console.log('信仰');
global.setTimeout(function () {
  console.log('是否对你承诺了太多');
}, 1000);
```

在 CMD 控制台或者 VS Code 终端中都可以执行。以 VS Code 终端为例，如图 1-8 所示可以新建一个终端。

图 1-8

运行结果如下：

```
PS D:\WorkSpace\react_book\codes\chapter1\js> node global.js
信仰
是否对你承诺了太多
```

第 2 章　模块加载及第三方包

本章学习目标

◆ 能够使用模块导入 / 导出方法

◆ 能够使用基本的系统模块

◆ 能够使用常用的第三方包

◆ 能够说出模块的加载机制

◆ 能够知道 package.json 文件的作用

◆ 能够熟悉 Node.js 模块加载机制

2.1　Node.js 模块化开发

2.1.1　JavaScript 开发的弊端

JavaScript 在使用时存在两大问题：文件依赖和命名冲突。假设存在如图 2-1 所示的依赖关系，common.js 引用了 base.js，main.js 引用了 common.js，index.js 引用了 main.js。在 base.js 和 main.js 中都存在同一个变量 num，此时就会出现命名冲突。

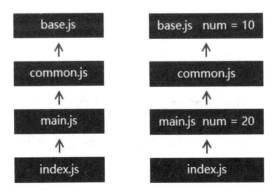

图2-1

2.1.2　模块化

日常生活中的模块化，最常见的就是计算机的组装。以计算机主机为例，它由主板、CPU、风扇、内存条和连接线等不同的元器件组成，如图 2-2 所示。

图 2-2

软件中的模块化开发就是将一些独立的功能进行抽取和封装，从而实现复用的目的。一个功能就是一个模块，多个模块可以组成完整的应用，抽离一个模块不会影响其他功能的运行，如图 2-3 所示。

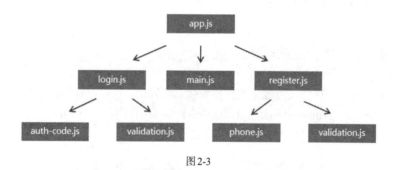

图 2-3

2.1.3　Node.js 中模块化开发规范

Node.js 规定一个 JavaScript 文件就是一个模块，模块内部定义的变量和函数默认情况下在外部无法得到。模块内部可以使用 exports 对象导出成员，然后使用 require 方法导入其他外部模块。

在 Node 中没有全局作用域的概念，只能通过 require 方法来加载执行多个 JavaScript 脚本文件。

模块完全是封闭的，外部无法访问内部，内部也无法访问外部。模块作用域固然带来了一些好处，比如可以加载执行多个文件以及避免变量命名冲突污染等问题，但是在某些情况下，模块与模块之间是需要互相通信的。在每个模块中都提供了一个对象 exports，该对象默认是一个空对象，你要做的就是把需要被外部访问使用的成员手动地加载到 exports 接口对象中。然后谁来导入这个模块，谁就可以得到模块内部的 exports 接口对象，如图 2-4 所示。

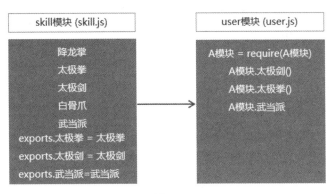

图 2-4

skill.js 文件的代码如下：

```
const xiangLong = () => {
  console.log(' 降龙掌 ');
};
// 在模块内部定义方法
const taijiQuan = () => {
  console.log(' 太极拳 ');
};
const taijiJian = () => {
  console.log(' 太极剑 ');
};
const baiguZhua = () => {
  console.log(' 白骨爪 ');
};
// 在模块内部定义变量
const wudang = ' 武当派 ';
// 向模块外部导出数据
exports.taijiQuan = taijiQuan;
exports.taijiJian = taijiJian;
exports.wudang = wudang;
```

user.js 文件的代码如下：

```
// 在 user.js 模块中导入模块 skill
const skill = require('./skill');
// 调用 skill 模块中的 taijiJian 方法
skill.taijiJian();
skill.taijiQuan();
```

```
// 输出 b 模块中的 wudang 变量
```

说明：在当前文件 user.js 中导入的实际上是 skill 模块中的 exports 对象。

控制台执行命令 node user.js，运行结果如下：

```
D:\WorkSpace\react_book\codes\chapter2\js> node user.js
太极剑
太极拳
武当派
```

如果执行如下命令：

```
skill.xiangLong();
```

会出现错误提示：skill.xiangLong is not a function。这是因为 skill 模块的 xiangLong 对象并没有被导出，所以其他模块无法访问。

模块成员导出的另一种方式：module.exports。exports 是 module.exports 的别名（地址引用关系），当 exports 对象和 module.exports 对象指向的不是同一个对象时，导出对象最终以 module.exports 为准。

```
// 另一种方式
module.exports.taijiQuan = taijiQuan;
module.exports.taijiJian = taijiJian;
module.exports.wudang = wudang;
```

除了使用前面 exports 的形式进行导出，还可以通过对象赋值的形式进行导出，例如：

```
module.exports = {
  taijiQuan,// 同名的时候可以简写
  taijiJian: taijiJian,
  wudang: wudang,
};
```

2.1.4 exports 与 module.exports 的区别

每个模块中都有一个 module 对象，而 module 对象中又有一个 exports 对象，我们可以把需要导出的成员都加载到 module.exports 对象中，即使用 module.exports.xx = xx 的方式，但是每次都使用这种方式会很麻烦，Node 为了方便，在每一个模块中都提供了一个成员：exports。

exports === module.exports 结果为 true。所以对于 module.exports.xx = xx 的方式完全可以使用 exports.xx = xx 来代替。

然而，当一个模块需要直接导出单个成员，而非加载的方式时，必须使用 module.exports = xx 的方式，而不是使用 exports = xx 的方式，因为每个模块最终向外返回的是 module.exports，而 exports 只是 module.exports 的一个引用，所以即便为 exports = xx 重新赋值，也不会影响 module.exports，例如：

```
function add(a, b) {
  return a + b;
}
// 错误的姿势
exports = add;
// 正确的姿势
module.exports = add;
```

但是有一种赋值方式比较特殊，exports = module.exports 可以用来重新建立引用关系。例如：

```
module.exports = {
  skill: '百步飞剑',
};
// 重新建立 exports 和 module.exports 之间的引用关系
exports = module.exports;
exports.name = '盖聂';
```

2.1.5　require 优先从缓存加载

require 加载模块时，会优先从缓存中加载，如果缓存中已经存在，不会重复加载，可以拿到已加载模块的接口对象，但是不会重复执行里面的代码，这样做的目的是为了避免重复加载，提高模块加载效率。

我们来看一个示例，新建 a.js 文件，代码如下：

```
console.log('a.js 被加载了');
var fn = require('./b');
console.log(fn);
```

新建 b.js 文件，代码如下：

```
console.log('b.js 被加载了')
module.exports = function () {
  console.log('我是大 B')
}
```

新建调用文件 index.js，代码如下：

```
require('./a');
// 由于在 a 中已经加载过 b 了
// 所以这里不会重复加载 b
var fn = require('./b');
console.log(fn);
```

运行 index.js，运行结果如下：

```
a.js 被加载了
b.js 被加载了
```

```
[Function]
[Function]
```

2.2　系统模块

2.2.1　什么是系统模块

Node 运行环境提供的 API 都是以模块化的方式进行开发的，所以我们又称其为系统模块。

系统模块是由 Node 提供的一个个具名的模块，它们都有自己特殊的名称标识，下面是一些常用的系统模块。

- fs：文件操作模块
- http：网络服务构建模块
- os：操作系统信息模块
- path：路径处理模块

所有核心模块在使用时都必须手动使用 require 方法进行加载，然后才可以使用，如图 2-5 所示。

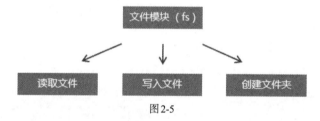

图2-5

2.2.2　fs 文件操作

浏览器中的 JavaScript 并没有文件操作能力，但是 Node 中的 JavaScript 具有文件操作的能力。在 Node 中如果想要进行文件操作，就必须引入 fs 这个核心模块。

fs 是 file-system 的简写，就是文件系统的意思。在 fs 这个核心模块中，提供了所有与文件操作相关的 API。

引用方式：

```
const fs = require('fs');
```

1. 读取文件内容

```
fs.readFile('文件路径/文件名称'[,'文件编码'], callback);
```

新建测试文件 hello-China.js，代码如下：

```
var msg = '中国, 你好';
console.log(msg);
```

新建 read-file.js 文件，代码如下：

```
//1.通过模块的名字 fs 对模块进行引用
const fs = require('fs');

//2.通过模块内部的 readFile 读取文件内容，res 是文件读取的结果
fs.readFile('./hello-China.js', 'utf8', (err, res) => {
  // 如果文件读取出错 err 是一个包含错误信息的对象
  // 如果文件读取正确 err 是 null
  console.log(err);
  console.log(res);
  console.log(res.toString());
});
```

说明：文件中存储的都是二进制数，即 0 和 1，而这里为什么看到的不是 0 和 1 呢？原因是二进制转为十六进制了，但是无论是二进制还是十六进制，人们通常都不认识，我们可以通过 toString 方法将其转为我们能认识的字符。

运行结果如下：

```
D:\WorkSpace\react_book\codes\chapter2\js> node read-file.js
null
var msg = ' 中国，你好 ';
console.log(msg);
```

2. 写入文件内容

```
fs.writeFile(' 文件路径 / 文件名称 ', ' 数据 ', callback);
```

其中，第一个参数为文件路径；第二个参数为文件内容；第三个参数为回调函数。

新建文件 write-file.js，代码如下：

```
const fs = require('fs');

fs.writeFile('./file.txt', ' 阳顶天 – 大九天手 ', (err) => {
  if (err != null) {
    console.log(err);
    return;
  }
  console.log(' 文件内容写入成功 ');
});
```

🔔 **注意：**

如果文件 file.txt 不存在，会自动创建一个 file.txt 文件。

执行命令：

```
node write-file.js
```

文件 file.txt 内容：

```
阳顶天 - 大九天手
```

不需要全部记住 Node 中的 API 模块内容，只需要知道有哪些模块，等到要用的时候，就去查 API 文档，以下是 API 在线文档地址。

官网英文版为 https://nodejs.org/dist/latest-v12.x/docs/api/。

中文版为 http://nodejs.cn/api/。

2.2.3　path 路径操作

由于不同操作系统的路径分隔符不统一，Windows 中是 \，而 Linux 中是 /，在编写程序时往往需要进行路径拼接。

路径拼接语法：

```
path.join('路径', '路径', ...)
```

path 模块包含一系列处理和转换文件路径的工具集，可以通过使用 require('path') 命令来访问这个模块。

新建文件 path.js，代码如下：

```
// 导入 path 模块
const path = require('path');
// 路径拼接
const finalPath = path.join('public', 'uploads', 'avatar');
// 输出结果：public/uploads/avatar
console.log(finalPath);
```

2.2.4　相对路径与绝对路径

大多数情况下使用绝对路径，因为相对路径相对的是 Node 命令行工具的当前工作目录，为了尽量避免这个问题，建议文件操作的相对路径都转为动态的绝对路径。

在读取文件或者设置文件路径时都会选择绝对路径，使用 _dirname 命令可以获取当前目录所在的绝对路径，使用 _filename 命令可以动态获取当前文件的绝对路径。

使用方式：

```
path.join(_dirname, '文件名')。
```

新建文件 relative-absolute.js，代码如下：

```
const fs = require('fs');
const path = require('path');
//D:\WorkSpace\react_book\codes\chapter2\js
console.log(_dirname);
// D:\WorkSpace\react_book\codes\chapter2\js\file.txt
console.log(path.join(_dirname, 'file.txt'));
```

```
fs.readFile(path.join(_dirname, 'file.txt'), 'utf8', (err, doc) => {
  console.log(err); //null
  console.log(doc); // 阳顶天 - 大九天手
});
```

2.3　第三方模块

2.3.1　什么是第三方模块

别人写好的、具有特定功能的、我们能直接使用的模块即为第三方模块，由于第三方模块通常都是由多个文件组成并且被放置在一个目录中，所以又称为包。

第三方模块有两种存在形式。

● 以 js 文件的形式存在，提供实现项目具体功能的 API 接口。

● 以命令行工具形式存在，辅助项目开发。

2.3.2　获取第三方模块

从何处获取第三方模块？

https://www.npmjs.com/ 是第三方模块的存储和分发仓库。

如何获取第三方模块？

使用 npm，当我们安装 node.js 时，会自动安装 npm 工具。

npm (node package manager)：node 的第三方模块管理工具。

由于 npm 安装插件需要从国外服务器下载，受网络影响大，速度慢而且可能出现异常。我们都在想 npm 的服务器如果在中国就好了，乐于分享的淘宝团队（阿里巴巴旗下业务阿里云）就做了这事。来自官网："这是一个完整 npmjs.org 镜像，你可以用此代替官方版本（只读），同步频率目前为 10 分钟一次以保证尽量与官方服务同步。"也就是说，我们可以使用阿里布置在国内的服务器来进行 node 安装。

1. 使用淘宝镜像

（1）使用阿里定制的 cnpm 命令行工具代替默认的 npm，输入下面代码进行安装：

```
npm install -g cnpm --registry=https://registry.npm.taobao.org
```

（2）输入如下命令检测 cnpm 版本，如果安装成功，可以看到 cnpm 的基本信息：

```
cnpm -v
```

（3）将淘宝镜像设置成全局的下载镜像。

直接在命令行输入 npm config set registry https://registry.npm.taobao.org。

17

（4）配置后可通过命令 npm config get registry 来验证是否成功。

如果看到运行结果是：

```
C:\Users\zouqi>npm config get registry https://registry.npm.taobao.org/
```

说明我们已经将 npm 的镜像改为淘宝镜像。

下载：npm install 模块名称。

卸载：npm unintall package 模块名称。

🔔 **注意：**

该命令在哪里执行就会把包下载到哪里，默认会下载到 node_modules 目录中，node_modules 会自动生成，不要更改这个目录，当然也不支持改。

2. 全局安装与本地安装

● 命令行工具：全局安装

● 库文件：本地安装

npm 后面的 -g 表示全局安装，默认本地安装。

npm install 和 npm i 是一样的；--save 和 -S 是一样的；--save-dev 和 -D 是一样的。它们的区别如下。

-S, --save：安装包信息将加入 dependencies 中（生产阶段的依赖，也就是项目运行时的依赖，即使程序上线后仍然需要依赖）。

-D, --save-dev：安装包信息将加入到 devDependencies 中（开发阶段的依赖，也就是在开发过程中需要的依赖，只在开发阶段起作用）。

2.3.3　第三方模块 nrm

除了 2.3.2 小节中介绍的使用淘宝镜像替代 npm 镜像外，我们还可以使用 nrm 模块工具来切换 npm 的下载地址。

nrm（npm registry manager）：npm 下载地址切换工具。

npm 默认的下载地址在国外，国外下载速度慢。

使用步骤：

（1）使用 npm install nrm-g 下载它。

（2）查询可用下载地址列表：nrm ls。

（3）切换 npm 下载地址：nrm use 下载地址名称。

2.3.4　第三方模块 nodemon

nodemon 是一个命令行工具，用以辅助项目开发。在 Node.js 中，每次修改文件都要在命令行工具中重新执行该文件，使用起来非常烦琐。

使用步骤：

（1）使用 npm install nodemon -g 下载它。

（2）在命令行工具中用 nodemon 命令替代 node 命令执行文件。

输入 nodemon user.js 命令，运行结果如下：

```
D:\zouqj\react_book_write\codes\chapter2\js> nodemon user.js
[nodemon] 2.0.4
[nodemon] to restart at any time, enter 'rs'
[nodemon] watching path(s): *.*
[nodemon] watching extensions: js,mjs,json
[nodemon] starting 'node user.js'
太极剑
太极拳
武当派
[nodemon] clean exit - waiting for changes before restart
```

2.3.5　第三方模块 gulp

gulp 是基于 Node 平台开发的前端自动化构建工具，它可以将机械化操作编写成任务，想要执行机械化操作时执行一个命令行任务就能自动执行了。

优点：用机器代替手工，提高开发效率。

官方描述：用自动化构建工具增强你的工作流程。

官网地址为 https://www.gulpjs.com.cn/。

1. gulp 能做什么

● 项目上线，HTML、CSS、JS 文件压缩合并

● 语法转换（es6、less、scss 等）

● 公共文件抽离

● 修改文件浏览器自动刷新

为了提升项目的加载速度，我们发布到线上的项目通常都会进行代码压缩合并。

es6 尽管已经出现很多年了，但是浏览器并没有做到很好的兼容，如果想要 es6 及以上语法编写的代码能够很好地在浏览器上运行，必须将其转换为 es5 语法。less、scss 等预编译 css，浏览器默认也是不支持的，我们必须将其转换为 CSS 样式，才能被浏览器所支持。当我们在各种代码编辑器中编写前端代码时，浏览器并不会自动刷新，如果我们修改了代码，在浏览器上能够自动刷新，看到最新的效果，这无疑能够提升开发效率。所有的这一切 gulp 都能够帮我们实现。

2. gulp 和 webpack 的区别

gulp 是基于流 (Stream) 的自动化构建工具。webpack 是文件打包工具，可以把项目的各种 js、css 文件等打包合并成一个或多个文件，主要用于模块化方案和预编译模块的方案。

总结：两者不是同一类工具，不具有可比性，更不冲突。

3. gulp 使用步骤

（1）使用 npm install gulp -g 命令下载 gulp 库文件，并进行全局安装。

添加环境变量：C:\Users\zouqi\AppData\Roaming\npm。

检查 npx 是否正确安装。

输入命令 npx -v，运行结果如下：

```
C:\Users\zouqj>npx -v
npx: installed 1 in 6.479s
Path must be a string. Received undefined
9.7.1
```

安装 gulp 命令行工具：npm install --global gulp-cli。

（2）创建项目目录并进入目录，在控制台执行如下命令。

```
npx mkdirp gulp-demo
cd gulp-demo
PS D:\zouqj\react_book_write\codes\chapter2> npx mkdirp gulp-demo
npx: 1 安装成功，用时 1.817 秒
Path must be a string. Received undefined
npx: 1 安装成功，用时 2.065 秒
C:\Users\zouqj\AppData\Roaming\npm-cache\_npx\19528\node_modules\mkdirp\bin\cmd.js
PS D:\zouqj\react_book_write\codes\chapter2> cd gulp-demo
PS D:\zouqj\react_book_write\codes\chapter2\gulp-demo>
```

（3）在项目目录下创建 package.json 文件（通过命令 npm init 来创建，不需要手动创建）。

输入命令 npm init，运行结果如下：

```
npm init
This utility will walk you through creating a package.json file.
It only covers the most common items, and tries to guess sensible defaults.

See 'npm help json' for definitive documentation on these fields
and exactly what they do.

Use 'npm install <pkg>' afterwards to install a package and
save it as a dependency in the package.json file.

Press ^C at any time to quit.
package name: (gulp-demo)
version: (1.0.0)
description:
entry point: (index.js)
test command:
git repository:
keywords:
```

```
author:
license: (ISC)
About to write to D:\zouqj\react_book_write\codes\chapter2\gulp-demo\package.json:

{
  "name": "y",
  "version": "1.0.0",
  "description": "",
  "main": "index.js",
  "scripts": {
    "test": "echo \"Error: no test specified\" && exit 1"
  },
  "author": "",
  "license": "ISC"
}

Is this ok? (yes) yes
```

上述命令将指引你设置项目名、版本、描述信息等。我们不断地按回车键，设置默认值，最终会在 gulp-demo 目录下产生一个 package.json 文件。

（4）安装 gulp，作为开发时的依赖项。

输入命令：npm install --save-dev gulp。

检查 gulp 版本：gulp –version。

```
PS D:\zouqj\react_book_write\codes\chapter2\gulp-demo> gulp -veri
on
CLI version: 2.3.0
Local version: 4.0.2
```

（5）在项目根目录下建立 gulpfile.js 文件，这个文件的名称不能更改。

（6）重构项目的目录结构，src 目录放置源代码文件，dist 目录放置构建后文件。

（7）在 gulpfile.js 文件中编写任务，并输入如下测试代码。

```
function defaultTask(cb) {
    // 这里执行默认任务
    cb();
  }
exports.default = defaultTask
```

（8）在命令行工具中执行 gulp 任务，在项目根目录下执行 gulp 命令。

```
PS D:\zouqj\react_book_write\codes\chapter2\gulp-demo> gulp
[15:40:42] Using gulpfile D:\zouqj\react_book_write\codes\chapter2\gulp-demo\
gulpfile.js
[15:40:42] Starting 'default'...
[15:40:42] Finished 'default' after 2.73 ms
PS D:\zouqj\react_book_write\codes\chapter2\gulp-demo>
```

默认任务（task）将执行，因为任务为空，因此没有实际动作。

如需运行多个任务（task），可以执行命令 gulp <task> <othertask>。

4. gulp 中提供的方法

● gulp.src()：获取任务要处理的文件

● gulp.dest()：输出文件

● gulp.task()：建立 gulp 任务

● gulp.watch()：监控文件的变化

5. gulp 插件

● gulp-htmlmin：压缩 html 文件

● gulp-csso：压缩 css 文件

● gulp-babel：JavaScript 语法转化

● gulp-less: less 语法转化

● gulp-uglify：压缩混淆 JavaScript

● gulp-file-include：公共文件包含

● browsersync：浏览器实时同步

插件的使用步骤：安装插件；引入插件；调用。

说明：gulp 的插件非常多，我们只需要记住一些常用的插件名字和用途即可，具体要用到的时候，再去查看文档。插件的使用方法不需要全部记下来，事实上，我们也很难全部记住。

接下来，我们通过一个示例来演示如果利用 gulp 提供的方法和 gulp 插件相结合使用。

（1）在 gulp-demo 目录下，新建目录 src 和 disc。

src 目录用于存放项目源代码，disc 是源代码编译打包后的输出目录。

（2）安装插件。

输入命令 cd gulp-demo，进入 gulp-demo 目录，然后依次安装如下插件。

npm i gulp-htmlmin -D

npm i gulp-csso -D

npm i gulp-babel -D

npm i gulp-less -D

npm i gulp-uglify -D

npm i gulp-file-include -D

说明：-D 是 --save-dev 的简写，表示安装的是开发依赖。插件安装完成之后，会在 package. json 文件中新增相应的插件依赖信息。代码如下：

```
"devDependencies": {
  "gulp": "^4.0.2",
  "gulp-babel": "^8.0.0",
  "gulp-csso": "^4.0.1",
  "gulp-file-include": "^2.2.2",
```

```
    "gulp-htmlmin": "^5.0.1",
    "gulp-less": "^4.0.1",
    "gulp-uglify": "^3.0.2"
}
```

（3）准备项目代码。

在这里为了方便演示，从 mui 中复制一个 login 的项目源码全部放到 src 目录下。mui 官网地址为 https://dev.dcloud.net.cn/mui/。

最终代码的目录结构如图 2-6 所示。

图 2-6

（4）在 gulpfile.js 文件中创建任务。

gulpfile.js 完成代码如下：

```
//1. 引用 gulp 模块
const gulp = require('gulp');
//2. 引入其他模块
const htmlmin = require('gulp-htmlmin');
const fileinclude = require('gulp-file-include');
const less = require('gulp-less');
const csso = require('gulp-csso');
const babel = require('gulp-babel');
const uglify = require('gulp-uglify');
//3. 使用 gulp.task 建立任务
// 参数 1：任务的名称
// 参数 2：任务的回调函数
gulp.task('first', () => {
  console.log(' 第一个 gulp 任务执行了 ');
```

```javascript
    // 使用 gulp.src 获取要处理的文件
    gulp.src('./src/css/feedback-page.css').pipe(gulp.dest('dist/css'));
  });

//html 任务
//1.html 文件中代码的压缩操作
//2. 抽取 html 文件中的公共代码
gulp.task('htmlmin', async () => {
  await gulp
    .src('./src/*.html')
    .pipe(fileinclude()) // 抽取 html 文件中的公共代码
    // 压缩 html 文件中的代码, collapseWhitespace：表示是否压缩代码中的空格
    .pipe(htmlmin({ collapseWhitespace: true }))
    .pipe(gulp.dest('dist'));
});

//CSS 任务
//1.less 语法转换
//2.CSS 代码压缩
gulp.task('cssmin', async () => {
    // 选择 CSS 目录下的所有 less 文件以及 CSS 文件
  await gulp
    .src(['./src/css/*.less', './src/css/*.css'])
    // 将 less 语法转换为 CSS 语法
    .pipe(less())
    // 压缩 CSS 代码
    .pipe(csso())
    // 输出处理结果
    .pipe(gulp.dest('dist/css'));
});
//js 任务
//1.es6 代码转换
//2. 代码压缩
gulp.task('jsmin', async () => {
  await gulp
    .src('./src/js/*.js')
    .pipe(
      babel({
        // 它可以判断当前代码的运行环境，然后将代码转换为当前运行环境所支持的代码
        presets: ['@babel/env'],
      })
    )
    .pipe(uglify()) // 代码混淆
    .pipe(gulp.dest('dist/js'));
});
```

```
// 复制目录
gulp.task('copy', async () => {
await gulp.src('./src/images/*').pipe(gulp.dest('dist/images'));
await gulp.src('./src/libs/*').pipe(gulp.dest('dist/libs'));
});
// 构建任务
gulp.task('default', gulp.series('htmlmin', 'cssmin', 'jsmin', 'copy'));
```

说明：为了演示 less 文件样式转换，将 css 目录下的 style.css 文件重命名为 style.less。

抽取 login.html 中的公共代码，将 login.html 中 header 节点剪切，在 src 目录下新建目录 common，在 common 下新建 header.html，将代码复制到 header.html 中去，代码如下：

```
<header class="mui-bar mui-bar-nav">
    <h1 class="mui-title">登录</h1>
</header>
```

然后在 login.html 中引入公共代码：

```
@@include('./common/header.html')
```

node + 文件的形式执行的是文件本身，而这里我们想要的是执行文件中的任务，就要采用 gulp+ 任务名的方式。gulp 命令执行的时候，会自动在当前根目录下去查找 gulpfile.js 文件，然后去这个文件中查找相应的任务名，如果 gulp 后面没有指定任何任务名，则默认去 gulpfile.js 中查找任务名为 default 的任务进行执行。

gulp 的 pipe 方法是来自 nodejs stream API 的，并不是 gulp 本身源码所定义的。pipe 跟它的字面意思一样，只是一个管道，pipe 方法传入的是一个 function，这个 function 的作用无非是接收上一个流（stream）的结果，并返回一个处理后流的结果（返回值应该是一个 stream 对象）。

运行结果：

```
D:\WorkSpace\react_book_write\codes\chapter2\gulp-demo>gulp
[22:31:38] Using gulpfile D:\WorkSpace\react_book_write\codes\chapter2\gulp-demo\
gulpfile.js
[22:31:38] Starting 'default'...
[22:31:38] Starting 'htmlmin'...
[22:31:38] Finished 'htmlmin' after 12 ms
[22:31:38] Starting 'cssmin'...
[22:31:38] Finished 'cssmin' after 5.64 ms
[22:31:38] Starting 'jsmin'...
[22:31:38] Finished 'jsmin' after 4.18 ms
[22:31:38] Starting 'copy'...
[22:31:38] Finished 'copy' after 4.9 ms
[22:31:38] Finished 'default' after 37 ms

D:\WorkSpace\react_book_write\codes\chapter2\gulp-demo>
```

查看 dist 目录下的代码文件，我们发现已经进行了压缩、混淆、less 文件转 css 文件、抽离公共 html，访问 dist 目录下的 login，如图 2-7 所示。

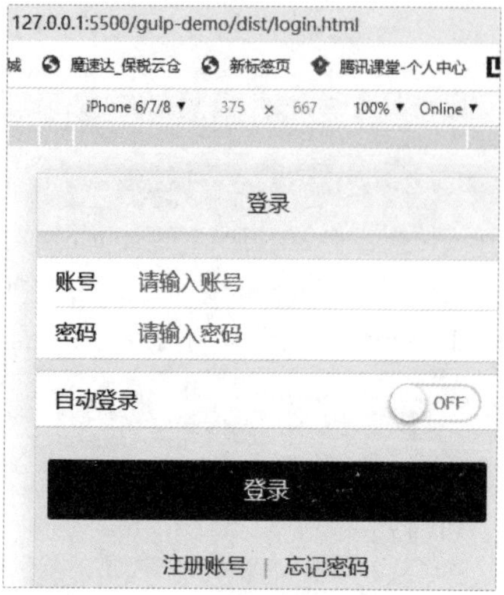

图 2-7

我们看到浏览器中自动添加了 header.html 中的内容。

2.3.6 npx

npx 是执行 Node 软件包的工具，它从 npm 5.2 版本开始就与 npm 捆绑在一起了。

npx 的作用如下：

① 默认情况下，首先检查路径中是否存在要执行的包（即在项目中）。

② 如果存在，它将执行。

③ 若不存在，意味着尚未安装该软件包，npx 将安装其最新版本，然后执行它。

上文已说明，此行为是 npx 的默认行为之一，但它具有可用来阻止的标志。

例如，如果执行命令 npx some-package --no-install，意味着告诉 npx，它应该仅执行。some-package 命令的作用是如果之前未安装，则不安装。

使用 npx 的好处是不需要全局安装任何工具，只需要执行命令 npx <command>。

全局安装劣势如下：

① 占用本机空间。

② npm 会在 machine 中创建一个目录（mac 是usr/local/lib/node_modules）存放所有 global 安装的包，其实 node_module 占用的空间是比较大的。

版本问题：假如一个项目中的某一个依赖是全局安装的，也就意味着不同的开发人员使用的这个依赖版本完全基于本地的版本，也就会导致不同的开发人员使用不同的版本，而当在执行 npx <command> 的时候，npx 会做什么事情？会帮你在本地（可以是项目中的也可以是本机的）寻找这个 command，如果找到了，就用本地的版本；如果没找到，直接下载最新版本，完成命令要求。使用完之后不会在你的本机或者项目中留下任何东西。

因此，npx 优势可以总结如下：

● 不会污染本机

● 永远使用最新版本的依赖

2.4 package.json 文件

2.4.1 node_modules 目录的问题

虽然我们只安装了几个包，但是当我们打开 node_modules 目录的时候，会发现这里面包含了 gulp-demo 项目 gulp 的所有依赖包，如图 2-8 所示。

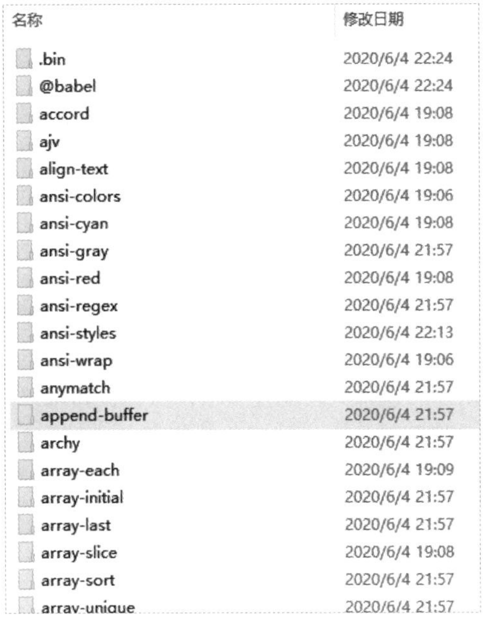

名称	修改日期
.bin	2020/6/4 22:24
@babel	2020/6/4 22:24
accord	2020/6/4 19:08
ajv	2020/6/4 19:08
align-text	2020/6/4 19:08
ansi-colors	2020/6/4 19:06
ansi-cyan	2020/6/4 19:08
ansi-gray	2020/6/4 21:57
ansi-red	2020/6/4 19:08
ansi-regex	2020/6/4 21:57
ansi-styles	2020/6/4 22:13
ansi-wrap	2020/6/4 19:06
anymatch	2020/6/4 21:57
append-buffer	2020/6/4 21:57
archy	2020/6/4 21:57
array-each	2020/6/4 19:09
array-initial	2020/6/4 21:57
array-last	2020/6/4 21:57
array-slice	2020/6/4 19:08
array-sort	2020/6/4 21:57
array-unique	2020/6/4 21:57

图2-8

存在的问题如下：

➢ 目录以及文件过多过碎，当我们将项目整体复制给别人的时候，传输速度会很慢。

➢ 复杂的模块依赖关系需要被记录，确保模块的版本和当前保持一致，否则会导致当前项目运行报错。

2.4.2　package.json 文件的作用

package.json 包描述文件相当于产品的说明书，它记录了当前项目的信息，如项目名称、版本、作者、github 地址、当前项目依赖了哪些第三方模块等。

使用 npm init -y 命令可快捷生成 package.json 文件。init 是初始化的意思，-y 就是 yes 的意思，就是不填写任何信息，全部采用默认配置。

2.4.3　项目依赖和开发依赖

dependencies 属性表示项目依赖，用来保存项目的第三方包依赖项信息。在项目的开发阶段和线上运营阶段，都需要依赖第三方包，称为项目依赖，使用 "npm install 包名" 命令下载的文件会默认被添加到 package.json 文件的 dependencies 字段中。

例如：

```
"dependencies": {
  "vue": "^2.6.11",
},
```

在项目的开发阶段需要依赖，线上运营阶段不需要依赖的第三方包称为开发依赖，使用 npm install 包名 --save-dev 命令将包添加到 package.json 文件的 devDependencies 字段中。

例如：

```
"devDependencies": {
  "gulp": "^4.0.2"
}
```

总结：项目运行必须要用到的包就应该配置为项目依赖，如果只是开发环境用到的，如压缩、样式转换等包都应该配置为开发依赖。项目依赖中只保留必要的包，这样可以减少开发环境项目包的大小。建议每个项目都要有且只有一个 package.json（存放在项目的根目录）。

2.4.4　package.json 文件各个选项含义

package.json 文件就是一个 JSON 对象，该对象的每一个成员就是当前项目的一项设置。以前面 gulp-demo 项目中的 package.json 文件为例。

```
{
  "name": "gulp-demo",
  "version": "1.0.0",
  "description": "",
  "main": "index.js",
  "scripts": {
    "test": "echo \"Error: no test specified\" && exit 1"
```

```
  },
  "author": "",
  "license": "ISC",
  "devDependencies": {
    "@babel/core": "^7.10.2",
    "gulp": "^4.0.2",
    "gulp-babel": "^8.0.0",
    "gulp-csso": "^4.0.1",
    "gulp-file-include": "^2.2.2",
    "gulp-htmlmin": "^5.0.1",
    "gulp-less": "^4.0.1",
    "gulp-uglify": "^3.0.2"
  },
  "dependencies": {
    "@babel/preset-env": "^7.10.2"
  }
}
```

➤ name：项目名称。

➤ version：项目版本号，版本号遵守"大版本 . 次要版本 . 小版本"的格式。

➤ description：项目描述。

➤ main：指定了加载的入口文件，require('moduleName') 会按照顺序来查找文件，如果前面都找不到模块，最后就会加载这个文件。这个字段的默认值是模块根目录下面的 index.js。

➤ scripts：指定了运行脚本命令的 npm 命令行的缩写，比如 test 指定了在运行 npm run test 时所要执行的命令。

➤ author：项目作者。

➤ license：许可证类型，如 ISC 许可证是一种开放源代码许可证。

➤ devDependencies：指定项目开发所依赖的模块。

➤ dependencies：指定项目运行所依赖的模块。

一些其他属性如下。

➤ browser：指定该模板提供给浏览器使用的版本。Browserify 这样的浏览器打包工具，通过它就知道该打包哪个文件。

➤ engines：指明了该模块运行的平台，如 Node 的某个版本或者浏览器。

➤ preferGlobal：布尔值，表示当用户不将该模块安装为全局模块时（即不用 -global 参数），是否要显示警告，表示该模块的本意就是安装为全局模块。

➤ style：指定供浏览器使用时，样式文件所在的位置。样式文件打包工具 parcelify，通过它知道样式文件的打包位置。

➤ config：用于添加命令行的环境变量。

➤ bin：用来指定各个内部命令对应的可执行文件的位置。

➤ private：布尔值，true 表示 npm 将拒绝发布它，通过它可以防止意外发布私有存储库。

2.4.5　package-lock.json 文件的作用

锁定包的版本，确保再次下载时不会因为包版本不同而产生问题。

加快下载速度，因为该文件中已经记录了项目所依赖的第三方包的树状结构和包的下载地址，重新安装时只需下载即可，不需要做额外的工作。

package-lock.json 诞生的目的是为了防止出现同一个 package.json 却产生不同运行结果的问题，package-lock.json 在 npm 5 的版本时被添加进来，所以如果你使用的是 npm 5 以上的版本，就会看到这个文件，除非你手动禁用它。有了 package-lock.json 后，npm 会根据 package-lock.json 里的内容来处理和安装依赖，而不是根据 package.json。 因为 pacakge-lock.json 给每个依赖标明了版本，获取地址和哈希值，使得每次安装都会出现相同的结果，而不用管你在什么设备上面安装或什么时候安装。

package-lock.json 代码示例。

```
{
  "name": "gulp-demo",
  "version": "1.0.0",
  "lockfileVersion": 1,
  "requires": true,
  "dependencies": {
    "ansi-colors": {
      "version": "1.1.0",
        "resolved": "https://registry.npm.taobao.org/ansi-colors/download/ansi-
          colors-1.1.0.tgz",
      "integrity": "sha1-Y3S03V1HGP884npnGjscrQdxMqk=",
      "dev": true,
      "requires": {
        "ansi-wrap": "0.1.0"
      }
    },
...
```

2.5　Node.js 中模块的加载机制

凡是第三方模块，都必须通过 npm［yarn（后面介绍）］来下载，使用的时候可以通过 require('包名')的方式进行加载使用。需要注意的是，不可以有任何一个第三方包和核心模块的名字是一样的。

2.5.1 模块查找规则：当模块拥有路径但没有后缀时

当模块拥有路径但没有后缀时，require 方法会根据模块路径查找模块，如果是完整路径，直接引入模块；如果模块后缀省略，先找同名 JS 文件再找同名 JS 目录。如果找到了同名目录，找目录中的 index.js 文件。如果目录中没有 index.js 文件，就会去当前目录中的 package.json 文件中查找 main 选项中的入口文件。如果指定的入口文件不存在或者没有指定入口文件，就会报错。

例如，require('./user.js') 和 require('./user')。

2.5.2 模块查找规则：当模块没有路径且没有后缀时

当模块没有路径且没有后缀时，Node.js 会假设它是系统模块。然后去 node_modules 目录中查是否有该名字的 JS 文件，再看是否有该名字的目录。如果有，看里面是否有 index.js 文件，如果没有找到 index.js 文件，则查看该目录中的 package.json 文件中的 main 选项确定模块入口文件。如果都找不到，则会报错。

例如，require('fs')。

接下来，通过一个示例来演示模块查找规则。

新建目录 module-find-rules，然后在目录下依次添加如图 2-9 所示的代码结构。

图2-9

通过命令 cd knife 进入到 knife 目录，然后运行命令 npm init -y，可在该目录下快速生成一个 package.json 文件，修改 main 属性，将默认的 index.js 改为 main.js。

```
{
  "name": "knife",
  "version": "1.0.0",
  "description": "",
  "main": "main.js",
  "scripts": {
    "test": "echo \"Error: no test specified\" && exit 1"
  },
```

```
    "keywords": [],
    "author": "",
    "license": "ISC"
}
```

knife 目录中的 index.js 代码如下：

```
console.log(' 刀 ');
```

main.js 代码如下：

```
console.log(' 刀是什么样的刀，金丝大环刀 ');
```

sword 目录中 index.js 代码如下：

```
console.log(' 剑是什么样的剑，闭月羞光剑 ');
```

user 目录中 index.js 代码如下：

```
console.log(' 人是什么样的人，飞檐走壁的人 ');
```

user.js 代码如下：

```
console.log(' 他是横空出世的英雄 ');
```

require.js 文件用于模块加载测试，测试代码如下：

```
require('./user.js');
require('./sword');
require('./knife');
```

执行 node require.js，运行结果如下：

```
PS D:\zouqj\react_book_write\codes\chapter2\module-find-rules> nod
e require.js
他是横空出世的英雄
剑是什么样的剑，闭月羞光剑
刀是什么样的刀，金丝大环刀
```

第 3 章　HTTP 及 Node 异步编程

本章学习目标

◆ 能够了解 B/S 软件体系结构

◆ 能够搭建 Web 服务器

◆ 能够使用 GET、POST 方法获取参数

◆ 能够掌握如何制作路由

◆ 能够了解同步异步的概念

◆ 能够了解回调函数的概念

3.1　C/S、B/S 软件体系结构分析

目前两种流行的软件体系结构就是 C/S 和 B/S，下面对两种体系结构进行总结。

1. C/S（客户端 / 服务器模式）

C/S 是 Client/Server 的简称，客户端和服务器都是独立的计算机，客户端是面向最终用户的应用程序或一些接口设备，是服务器的消耗者，可以简单地将客户端理解为那些用于访问服务器资料的计算机；服务器是一台联入网络的计算机，它负责向其他计算机提供各种网络服务。C/S架构如图 3-1 所示。

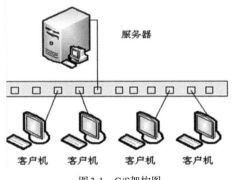

图3-1　C/S架构图

常见的 C/S 应用有微信、QQ、今日头条、抖音和 360 杀毒等。

2. B/S（浏览器 / 服务器模式）

B/S 是 Browser/Server 的简称，这种模式是随着互联网技术的兴起而出现的一种网络结构模式，将系统大部分的逻辑功能集中到服务器上，客户端只实现极少的事务逻辑，使系统的开发和维护都更简洁。B/S 架构如图 3-2 所示。

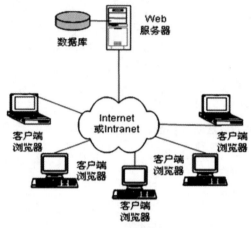

图3-2　B/S架构图

常见的 B/S 应用有淘宝网、京东商城等。

3. 两者的区别

- C/S 是建立在局域网上的，B/S 是建立在广域网上的。
- C/S 的软件重用性没有 B/S 好。
- C/S 结构的系统升级困难，要实现升级可能要重新实现一个系统；B/S 结构中可以实现系统的无缝升级，降低维护的开销，升级简单。
- B/S 结构使用浏览器作为展示的界面，表现更加丰富，C/S 的表现有局限性。
- C/S 结构和操作系统相关，B/S 结构可以面向不同的用户群，与操作系统的关系较小。

3.2 服务器端的基础概念

3.2.1 网站的组成

网站应用程序主要分为两大部分：客户端和服务器端。

客户端：在浏览器中运行的部分，即用户看到并与之交互的界面程序，是使用 HTML、CSS、JavaScript 构建的 Web 应用。

服务器端：在服务器中运行的部分，负责存储数据和处理应用逻辑。服务器和客户端关系如图 3-3 所示。

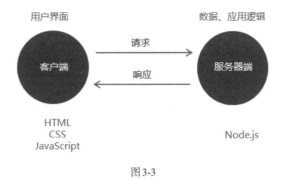

图3-3

3.2.2　网站服务器

网站服务器（Website Server）是指在互联网数据中心存放网站的服务器，主要用于网站在互联网中的发布、应用，是网络应用的基础硬件设施。服务器如图 3-4 所示。

图3-4　服务器

网站服务器由软件和硬件组成。硬件是指具体的机器设备，计算机主机也可以看作一个微型的硬件服务器；软件是指在硬件服务器上搭建的 Web 服务器。

Web 服务器一般是指网站服务器，用于搭载于因特网上某种类型计算机的程序向浏览器等 Web 客户端提供文档，可以放置网站文件，让全世界的用户浏览；也可以放置数据文件，让全世界的用户下载。目前主流的三个 Web 服务器是 Apache、Nginx 和 IIS。

能够提供网站访问服务的机器就是网站服务器，它能够接收客户端的请求并对请求作出响应。

3.2.3 IP 地址

IP（Internet Protocol，互联网协议），是分配给网络上使用 IP 协议的设备的数字标签。现在经常使用的是 IPv4，由 32 位二进制数字组成，常以 XXX.XXX.XXX.XXX 形式显示。IP 是互联网中设备的唯一标识，所以 IP 地址用来定位计算机。

我们可以直接在控制台输入命令 ipconfig，查看我们的计算机 IP，如下所示：

```
C:\Users\zouqj>ipconfig

Windows IP 配置

以太网适配器 以太网：

   连接特定的 DNS 后缀 . . . . . . . :
   本地链接 IPv6 地址. . . . . . . . : fe80::684e:b140:5efa:ecf0%7
   IPv4 地址. . . . . . . . . . . . : 192.168.1.95
   子网掩码 . . . . . . . . . . . . : 255.255.255.0
   默认网关. . . . . . . . . . . . . : 192.168.1.1
```

我们同样可以以可视化的方式查看计算机 IP，如图 3-5 所示。

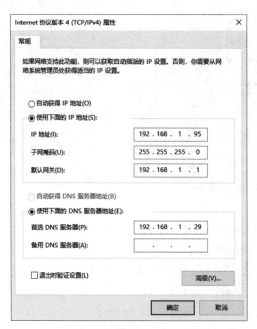

图 3-5

🔔 **注意：**

此时我们查看到的是内网 IP，如果要查看外网 IP，直接在百度中搜索"IP 地址查询"，如

图 3-6 所示，看到的就是外网 IP。

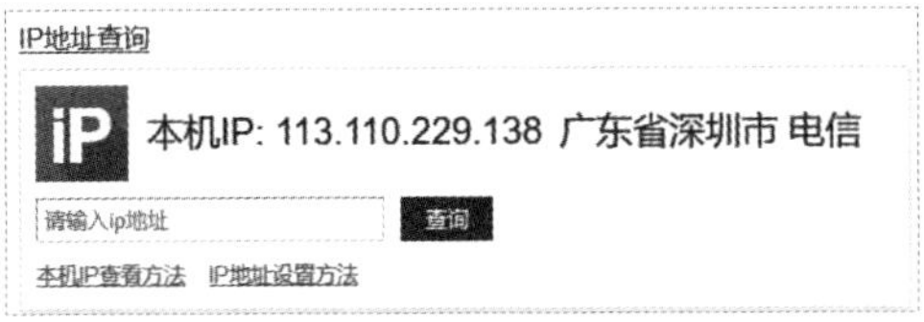

图3-6

3.2.4 域名

域名是由一串用"."分隔的字符组成的 Internet 上某一台计算机或计算机组的名称，用于在数据传输时标识计算机的电子方位。

域名按域名系统（DNS）的规则流程组成，在 DNS 中注册的任何名称都是域名，域名用于各种网络环境和应用程序特定的命名和寻址。

域名和 IP 有区别也有联系，域名通常会和 IP 绑定起来，通过访问域名来访问网络主机上的服务。IP 地址通常是指主机，而域名通常表示一个网站。一个域名可以绑定到多个 IP，多个域名也可以绑定到一个 IP。

由于 IP 地址难以记忆，所以产生了域名的概念，所谓域名，就是平时上网所使用的网址。例如，https://www.baidu.com/ 就是 http://39.156.69.79/。

虽然在地址栏中输入的是网址，但是最终还是会将域名转换为 IP 才能访问到指定的网站服务器。

在 cmd 命令窗口中 ping 百度的域名会返回一串 IP 地址，内容如下：

```
C:\Users\zouqj>ping baidu.com
正在 Ping baidu.com [39.156.69.79] 具有 32 字节的数据：
来自 39.156.69.79 的回复：字节 =32 时间 =44ms TTL=50
来自 39.156.69.79 的回复：字节 =32 时间 =42ms TTL=50
```

3.2.5 端口

端口（port）主要分为物理端口和逻辑端口。一般说的端口指的都是逻辑端口，用于区分不同的服务。网络中一台主机只有一个 IP，但是一个主机可以提供多个服务，端口号就用于区分一个主机上的不同服务。一个 IP 地址的端口通过 16bit 进行编号，最多可以有 65536 个端口，标识号为 0~65535。端口号分为公认端口（0~1023）、注册端口（1024~49151）和动态端口（49152~65535）。我们自己开发的服务一般都绑定在注册端口上。

端口是计算机与外界通信交流的出口，用来区分服务器中提供的不同服务。

端口很难记，为了方便起见，将浏览器访问网站的端口默认设置为 80 端口，形如 http://39.156.69.79:80/。此规则之后，大家都使用 80 端口作为默认的端口。因此所有可以自由访问的网站基本上都是默认 80 端口访问的。端口号定位具体的应用程序，所有需要联网通信的应用程序都会占用一个端口号。

常见的服务器软件（应用程序）分配端口如下：

- FTP：21
- SSH：22
- MYSQL：3306
- DNS：53
- HTTP：80
- POP3：109
- https：443
- SMTP：25

不同的软件端口号不能重复，否则会出现冲突。

3.2.6　URL

URL（Uniform Resource Locator，统一资源定位符）是专为标识因特网上资源位置而设的一种编址方式，平时所说的网页地址指的即是 URL。

URL 的组成如下。

传输协议 :// 服务器 IP 或域名 : 端口 / 资源所在位置标识。例如，https://www.cnblogs.com/jiekzou/p/12870676.html。

HTTP：超文本传输协议，提供了一种发布和接收 HTML 页面的方法。

HTTPS：可以理解为 HTTP 协议的升级，就是在 HTTP 的基础上增加了数据加密。在数据进行传输之前，对数据进行加密，然后再发送到服务器。这样，就算数据被第三方所截获，但由于数据是加密的，你的个人信息仍然是安全的。这就是 HTTP 和 HTTPS 的最大区别。

3.2.7　客户端和服务器端

在开发阶段，通常客户端和服务器端使用同一台计算机，即开发人员计算机，如图 3-7 所示。

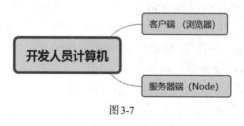

图 3-7

本机域名：localhost。

本地 IP：127.0.0.1。

3.3 创建 Web 服务器

Node 中专门提供了一个核心模块：http，http 模块的职责就是创建和编写服务器。

服务器的作用如下：

- 提供对数据的服务
- 发送请求、接收请求、处理请求
- 发送响应
- 注册 request 请求事件

当客户端发送请求过来，就会自动触发服务器的 request 请求事件，然后执行第二个参数：回调处理函数。

新建目录 node-server，在目录下新建文件 server.js。代码如下：

```javascript
//require：引用系统模块
//http：用于创建网站服务器的模块
const http = require('http');
// 创建 Web 服务器
const app = http.createServer();
// 监听请求，当客户端发送请求的时候执行
app.on('request', (req, res) => {
  // 设置响应内容的编码，不设置的话，中文可能会出现乱码
  res.writeHead(200, {
    'content-type': 'text/html;charset=utf8',
  });
  // 响应内容
  res.end(' 欢迎来到 2020');
});
// 监听 3000 端口
app.listen(3000);
console.log(' 服务器已启动，监听 3000 端口，请访问 localhost:3000');
```

request 请求事件处理函数，需要接收两个参数：

① request 请求对象：请求对象可以用来获取客户端的一些请求信息，如请求路径。

② response 响应对象：响应对象可以用来给客户端发送响应消息。

response 对象有一个方法：write，它可以用来给客户端发送响应数据，write 可以使用多次，但是最后一定要使用 end 方法来结束响应，否则客户端会一直等待。我们也可以直接通过 end 带参数的形式，它相当于同时调用 write(参数) 和 end() 方法，是一种简写形式。

执行命令 node server.js，运行结果如下：

```
PS D:\WorkSpace\react_book_write\codes\chapter3\node-server> node
server.js
服务器已启动，监听 3000 端口，请访问 localhost:3000
```

打开浏览器，在浏览器中输入地址 http://localhost:3000/，运行结果如图 3-8 所示。

至此，一个简单的 Web 服务器已经搭建好了，在这里只需要先了解即可，后面章节将会做更加详细的介绍。

创建 Web 服务器的基本步骤如下：

（1）引用网站服务器模块 http。

（2）通过 http 的 createServer 方法返回一个 Web 服务器对象。

（3）监听 Web 服务器对象的请求事件。

（4）可以获取到两个对象，一个是请求对象 req（request 的简写），一个是响应对象 res（response 的简写）。

（5）输出响应内容。

（6）监听指定的端口。

图 3-8

3.4　HTTP 协议

3.4.1　HTTP 协议的概念

HTTP（HyperText Transfer Protocol，超文本传输协议）规定了如何从网站服务器传输超文本到本地浏览器，它基于 C/S 架构工作，是客户端（用户）和服务器端（网站）请求和应答的标准。

客户端要和服务器端进行通信需要一个协议，这个协议就是 HTTP 协议。HTTP 协议规定了如何从客户端发送数据，指定客户端发送数据的方式和服务器返回数据的形式，如图 3-9 所示。

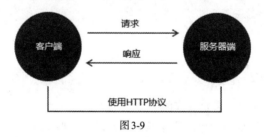

图 3-9

3.4.2　报文

在 HTTP 请求和响应的过程中传递的数据块就称为报文，包括要传送的数据和一些附加信息，并且要遵守规定好的格式。

请求报文就是客户端发送数据到服务器端，响应报文就是服务器端返回给客户端的数据信息。

报文格式是用冒号"："分隔的键值对数据。

客户端和服务器端交互如图 3-10 所示。

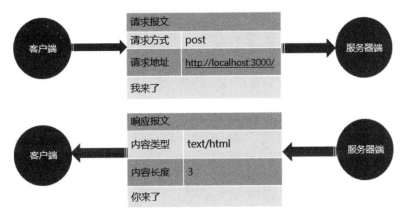

图 3-10

查看报文信：在浏览器中打开网址，这里以网址 https://www.cnblogs.com/ 为例，然后按 F12 键进入开发者工具，初次打开开发者工具，要刷新一下页面才能看到请求信息，选择任意一个请求地址，如图 3-11 所示。

图 3-11

Headers 页签可以查看报文信息；Response Headers 是响应报文；Request Headers 是请求报文头。Response 页签中显示的是服务器端发送给客户端的响应内容。

3.4.3　请求报文

（1）请求方式（Request Method）。
- GET：请求数据
- POST：发送数据

说明：请求方式有很多，常用的就只有 GET 和 POST。POST 请求相对于 GET 请求更加安全，GET 请求会把所有请求参数写到 URL 地址中去，并且 URL 地址还有长度限制的问题。

（2）请求地址（Request URL）。

```
app.on('request', (req, res) => {
    req.headers        // 获取请求报文
    req.url            // 获取请求地址
    req.method         // 获取请求方法
});
```

请求报文格式：

```
Request URL: https://account.cnblogs.com/user/userinfo
Request Method: POST
Status Code: 200
Remote Address: 116.62.93.118:443
Referrer Policy: unsafe-url

:authority: account.cnblogs.com
:method: POST
:path: /user/userinfo
:scheme: https
accept: text/html, */*; q=0.01
accept-encoding: gzip, deflate, br
accept-language: zh-CN,zh;q=0.9
content-length: 0
cookie: _ga=GA1.2.1108691230.1504019593; __gads=ID=9b60abca9684ac3e:T=1583068608:S=
ALNI_MbpgRaYajR7ysNpGBZ5TFT_M8Hceg; UM_distinctid=170ed265cb1228-06e26d32c82341-
5040231b-1fa400-170ed265cb21e5; SERVERID=5008be7c83db547211556bacd0f3
0b75|1591363814|1591363814; _gid=GA1.2.1607172664.1591363809; _gat=1
origin: https://www.cnblogs.com
referer: https://www.cnblogs.com/
sec-fetch-dest: empty
sec-fetch-mode: cors
sec-fetch-site: same-site
user-agent: Mozilla/5.0 (Windows NT 10.0; WOW64) AppleWebKit/537.36 (KHTML, like
Gecko) Chrome/83.0.4103.61 Safari/537.36
```

响应报文格式：

```
access-control-allow-credentials: true
access-control-allow-origin: https://www.cnblogs.com
content-encoding: gzip
content-type: text/html; charset=utf8
date: Fri, 05 Jun 2020 13:30:22 GMT
set-cookie: SERVERID=5008be7c83db547211556bacd0f30b75|1591363822|1591363814;Path=/
status: 200
strict-transport-security: max-age=2592000
vary: Accept-Encoding
```

```
vary: Origin
x-content-type-options: nosniff
x-frame-options: SameOrigin
```

在 node.js 中获取请求报文信息，新建 app.js 文件，输入如下代码：

```
// 用于创建网站服务器的模块
const http = require('http');
// 用于处理 url 地址
const url = require('url');
//app 对象就是网站服务器对象
const app = http.createServer();
// 监听请求，当客户端有请求来的时候执行
app.on('request', (req, res) => {
  // 获取请求方式
  console.log(req.method);
  // 获取请求地址
  console.log(req.url);
  // 获取请求报文信息 req.headers
  console.log(req.headers);

  res.writeHead(200, {
    'content-type': 'text/html;charset=utf8',
  });
});
// 监听 5000 端口
app.listen(5000);
console.log(' 网站服务器启动成功 ');
```

🔔 **注意：**

req.headers 可以获取请求报文信息，它获取的是一个对象，如果要获取这个对象中的具体属性值，可以通过 req.headers[" 属性名 "] 的方式进行获取。

执行命令 node app.js：

```
PS D:\WorkSpace\react_book_write\codes\chapter3\node-server> node
app.js
网站服务器启动成功
```

这里监听的是 5000 端口，打开浏览器，在浏览器地址中输入 http://localhost:5000/，此时控制台将会打印出如下请求信息：

```
GET
/
{
  host: 'localhost:5000',
  connection: 'keep-alive',
```

```
'upgrade-insecure-requests': '1',
'user-agent': 'Mozilla/5.0 (Windows NT 10.0; WOW64) AppleWebKit/537.36 (KHTML, like
Gecko) Chrome/83.0.4103.61 Safari/537.36',
accept: 'text/html,application/xhtml+xml,application/xml;q=0.9,image/webp, image/
apng,*/*;q=0.8,application/signed-exchange;v=b3;q=0.9',
'sec-fetch-site': 'none',
'sec-fetch-mode': 'navigate',
'sec-fetch-user': '?1',
'sec-fetch-dest': 'document',
'accept-encoding': 'gzip, deflate, br',
'accept-language': 'zh-CN,zh;q=0.9',
cookie: 'Idea-b1d64bf7=c86c710a-cafa-49a2-a9f1-0998c2b8c5f2; Webstorm-c5e82e10 =
39a49443-9951-4628-bb2b-1af2244c04df; Hm_lvt_fffba4526d43301ecb10cceaf968f17d=
1574165159; Vshop-Member=8756; Vshop-Member-Verify=DE6FFF84EB248EBDFB; Vshop-
ReferralId=0'
}
```

这里我们获取的是 GET 请求报文,那么如何获取 POST 方式的请求报文呢?我们可以通过表单的形式。

新建一个 login.html 页面,代码如下:

```
<form method="post" action="http://localhost:5000">
    <input type="text" name="username">
    <input type="password" name="password">
    <input type="submit">
</form>
```

表单 form 中有两个属性。

● method 指定当前表单提交的方式。

● action 指定当前表单提交的地址。

在浏览器中打开 login.html 页面输入内容,然后单击“提交”按钮,运行结果如图 3-12 所示。

图 3-12

此时控制台就会输出 POST 的请求报文,内容如下:

```
POST
/
{
  host: 'localhost:5000',
...
```

客户端输入不同的地址，如何响应不同的内容？既然我们可以接收到客户的请求报文信息，那么可以从请求报文信息中获取请求地址，然后根据不同的请求地址来输出不同的响应内容。

在 app.js 文件中增加如下代码：

```
// 指定响应内容类型和编码
res.writeHead(200, {
  'content-type': 'text/html;charset=utf8',
});
let urlPath = req.url; // 获取请求地址
if (urlPath == '/' || urlPath == '/index') {
  res.end('<h2>这是首页</h2>');
} else if (urlPath == '/list') {
  res.end('这是列表页');
} else {
  res.end('没有找到');
}
```

res 对象中的 writeHead 方法，可以指定响应编码和响应报文类型，如果不指定，默认报文类型是 text/plain，也就是纯文本类型。在这里我们指定为 html 类型，并设置编码格式为 utf8，不然浏览器端可能会出现中文乱码，而且浏览器还会把服务器返回的内容信息当成纯文本解析。

在浏览器中输入 http://localhost:5000/ 和 http://localhost:5000/index，运行结果相同，如图 3-13 所示。

图3-13

然后在服务器控制台中我们会看到如下信息：

```
PS D:\WorkSpace\react_book_write\codes\chapter3\node-server> node
app.js
网站服务器启动成功
GET
/
GET
/favicon.ico
/index
GET
/favicon.ico
```

再在浏览器中输入 http://localhost:5000/list，浏览器运行结果如图 3-14 和图 3-15 所示。

图3-14

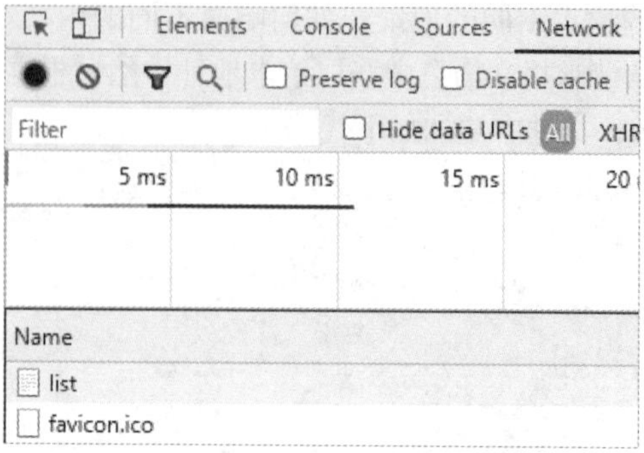

图3-15

服务器控制台打印信息如下：

```
GET
/list
GET
/favicon.ico
```

我们发现每次浏览器发送请求的时候，都额外请求了一个名为 favicon.ico 的资源文件，服务器控制台也都监听到了请求地址 /favicon.ico。

所谓 favicon，便是其可以让浏览器的收藏夹中除显示相应的标题外，还能以图标的方式区别不同的网站。favicon 中文名称为网页图标，英文名称为 favorites icon。当然，这不是 favicon 的全部，根据浏览器的不同，favicon 显示也有所区别。

直接访问 url 时 favicon.ico 请求在各浏览器的实现是不同的。

● chrome：每次访问请求（自动）

● firefox：第一次访问请求（自动）

● ie：不请求（需页面设置）

你可以认为这是浏览器自带的请求，我们暂时先不用理会它。

3.4.4 响应报文

常见的 HTTP 状态码如下。

● 200：请求成功

● 301：永久重定向，浏览器会记住

● 302：临时重定向，浏览器不记忆

● 400：客户端请求有语法错误

● 404：请求的资源没有被找到

● 500：服务器端错误

HTTP 的状态码，值越大表示越严重，记住常见的状态码即可，其他的状态码有需要时可查文档。完整的 HTTP 状态码可以参照 https://tool.oschina.net/commons。

内容类型（Content-Type）如下：

- text/html
- text/css
- application/javascript
- image/jpeg
- application/json

服务器最好把每次响应的数据是什么内容类型都正确地告诉客户端，虽然现在有一些高级浏览器会自动根据响应内容进行解析，但是为了保证不同浏览器都能很好地解析，我们都会指定响应内容类型。

不同的资源对应的 Content-Type 是不一样的，具体可参照 http://tool.oschina.net/commons。

通过网络发送文件，发送的并不是文件，从本质上来讲发送的是文件的内容。当浏览器收到服务器响应内容之后，就会根据 Content-Type 进行对应的解析处理。

在服务器端默认发送的数据，其实是 utf8 编码的内容，但是浏览器不知道服务器端发送的内容是 utf8 编码格式，浏览器在不知道服务器响应内容编码的情况下会按照当前操作系统的默认编码去解析，中文操作系统默认是 gbk 编码。

解决方法就是正确地告诉浏览器服务器端发送的内容是什么类型的编码，在 HTTP 协议中，Content-Type 就是用来告知浏览器服务器端发送的数据内容是什么类型。

如果服务器端发送的是 html 格式的字符串，则也要告诉浏览器发送的是 text/html 格式的内容。对于文本类型的数据，最好都加上编码，目的是防止出现中文解析乱码的问题，设置方法如下：

```
app.on('request', (req, res) => {
    // 设置响应报文
    res.writeHead(200, {
        'Content-Type': 'text/html;charset=utf8'
    });
});
```

3.5　HTTP 请求与响应处理

3.5.1　请求参数

客户端向服务器端发送请求时，有时需要携带一些客户信息，客户信息需要通过请求参数的形式传递到服务器端，如登录操作。

3.5.2 GET 请求参数

参数被放置在浏览器地址栏中，如 http://localhost:3000/?name=zhangsan&age=20。参数获取需要借助系统模块 URL，URL 模块可以用来处理 URL 地址。

新建文件 req-params.js，输入如下代码：

```javascript
// 用于创建网站服务器的模块
const http = require('http');
// 用于处理url地址
const url = require('url');
//app对象就是网站服务器对象
const app = http.createServer();
// 监听请求，当客户端有请求来的时候执行
app.on('request', (req, res) => {
  if (req.url == '/favicon.ico') return;
  // 指定响应内容类型和编码
  res.writeHead(200, {
    'content-type': 'text/html;charset=utf8',
  });
  //1) 要解析的url地址
  //2) 将查询参数解析成对象形式
  let { query, pathname } = url.parse(req.url, true);
  res.write(query.name);
  res.write(' : ');
  res.write(query.age);
  res.end();
});
// 监听5001端口
app.listen(5001);
console.log(' 网站服务器启动成功，监听端口 5001');
```

输入命令 node req-params.js，运行 req-params.js 文件。

浏览器中输入 http://localhost:5001/index?name= 邹琼俊 &age=18，运行结果如图 3-16 所示。

图 3-16

🔔 **注意：**

node.js 中提供了 URL 的内置模块，可以用于处理 URL 地址，url.parse 方法可以解析 URL 地址。第二个参数为 true 时，query 属性会生成一个对象；为 false 时，则返回 URL 对象上的 query 属性会是一个未解析、未解码的字符串，参数默认值为 false。

res.write 方法将内容写入到浏览器页面。

"res.write('a'); res.end();" 等同于 "res.end('a');"。

"let {query, pathname} = url.parse(req.url, true);" 这样的写法是 ES6 中的对象解构。

3.5.3　POST 请求参数

特点：参数被放置在请求体中进行传输。

获取 POST 参数需要使用 data 事件和 end 事件。

使用 querystring 系统模块将参数转换为对象格式。

新建文件 login.js，代码如下：

```
// 用于创建网站服务器的模块
const http = require('http');
//app 对象就是网站服务器对象
const app = http.createServer();
// 处理请求参数模块
const querystring = require('querystring');
// 当客户端有请求来的时候
app.on('request', (req, res) => {
  //post 参数是通过事件的方式接收的
  let postParams = '';
  //data 当请求参数传递的时候触发data 事件
  req.on('data', (params) => {
    postParams += params;
  });
  //end 当参数传递完成的时候触发end 事件
  req.on('end', () => {
    console.log(querystring.parse(postParams));
  });
  res.end('ok');
});
// 监听端口 5000
app.listen(5000);
console.log(' 网站服务器启动成功，监听 5000 端口 ');
```

POST 参数不是一次就接收完的，所以如果要接收所有的数据，要用一个变量将其拼接起来。POST 请求的参数需要使用 node.js 中的 querystring 模块来处理。

执行命令 node login.js，运行前面创建的 login.html 页面，在文本框中分别输入 admin，123，然后单击"提交"按钮，运行结果如图 3-17 所示。

图3-17

此时 node 服务器控制台显示内容如下：

```
PS D:\WorkSpace\react_book_write\codes\chapter3\node-server> node
login.js
网站服务器启动成功，监听 5000 端口
[Object: null prototype] {username: 'admin', password: '123'}
[Object: null prototype] {}
```

3.5.4　路由

如果我们了解 MVC 框架，就会知道路由属于 Controller（控制器）中的一部分，而 MVC 框架就是通过 URL 地址来对应到不同路由的，这便是我们所指的后端路由。

1. 后端路由

对于普通的网站，所有的超链接都是 URL 地址，所有的 URL 地址都对应服务器上相应的资源。

2. 前端路由

对于单页面应用程序来说，主要通过 URL 中的 hash(# 号) 来实现不同页面之间的切换，同时，hash 有一个特点：HTTP 请求中不会包含 hash 相关的内容。所以，单页面程序中的页面跳转主要用 hash 实现，URL 的改变不会发送新的页面请求，它只在一个页面中跳来跳去，就跟超级链接中的锚点一样。在单页面应用程序中，这种通过 hash 改变来切换页面的方式称作前端路由（区别于后端路由）。

路由是指客户端请求地址与服务器端程序代码的对应关系。简单来说，就是请求什么响应什么。路由的作用如图 3-18 所示。

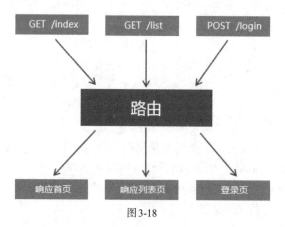

图3-18

新建文件 router.js，代码如下：

```
const http = require('http');
const url = require('url');
const app = http.createServer();
```

```
app.on('request', (req, res) => {
  // 获取请求方式
  const method = req.method.toLowerCase();
  // 获取请求地址
  const pathname = url.parse(req.url).pathname;
  res.writeHead(200, {
    'content-type': 'text/html;charset=utf8',
  });

  if (method == 'get') {
    if (pathname == '/' || pathname == '/index') {
      res.end('这是首页');
    } else if (pathname == '/login') {
      res.end('这是登录页');
    } else {
      res.end('您访问的页面不存在');
    }
  } else if (method == 'post') {
    //post 请求执行
    res.end();
  }
});

app.listen(5000);
console.log('服务器启动成功，监听5000端口');
```

🔔 注意：

路由变化是根据 URL 地址变化来识别的，所以要判断请求方式，只有 get 方式才会产生 URL 地址变化。

在浏览器中输入如下地址来访问：

http://localhost:5000/index

http://localhost:5000/login

3.5.5　静态资源

服务器端不需要处理，可以直接响应给客户端的资源就是静态资源，如 HTML、CSS、JavaScript、image 文件等。

例如，https://images.cnblogs.com/cnblogs_com/jiekzou/673528/o_psu.jpg，浏览器收到 HTML 响应内容之后，会开始从上到下依次解析，当在解析的过程中发现 link、script、img、iframe、 video、audio 等带有 src 或者 href（link）属性标签（具有外链的资源）的时候，浏览器会自动对这些资源发起新的请求。

3.5.6 动态资源

相同的请求地址有不同的请求参数、不同的响应资源，这种资源就是动态资源。例如：

https://zzk.cnblogs.com/s?t=b&w=java

https://zzk.cnblogs.com/s?t=b&w=.net

准备如图 3-19 所示代码结构。

执行命令 npm install mime，下载 mime 模块。

简单地说，mime 是一个互联网标准，它可以设置文件在浏览器中的打开方式。例如，http://localhost:5000/，访问的是 default.html 页面，如图 3-20 所示。

图 3-19

图 3-20

在浏览器中输入 http://localhost:5000/index，如图 3-21 所示。

在浏览器中输入 http://localhost:5000/index.html，如图 3-22 所示。

图 3-21

图 3-22

在浏览器中输入 http://localhost:5000/img/yang.jpg，如图 3-23 所示。

图3-23

3.5.7 客户端请求方式

1. GET 方式
- 浏览器地址栏
- link 标签的 href 属性
- script 标签的 src 属性
- img 标签的 src 属性
- form 表单提交

示例：

```
<link rel="stylesheet" href="base.css">
<script src="index.js"></script>
<img src="logo.png">
<form action="/login"></form>
```

2. POST 方式

form 表单提交：

```
<form method="post" action="http://localhost:5000">
```

3.6 Node.js 异步编程

3.6.1 同步 API 与异步 API

同步 API：只有当前 API 执行完成后，才能继续执行下一个 API，也就是说代码会从上至下一行一行地执行。

```
// 同步
console.log(' 第一关 ');
console.log(' 第二关 ');
```

异步 API：当前 API 的执行不会阻塞后续代码的执行。

```
console.log(' 第一关 ');
// 异步
setTimeout(() => {
  console.log(' 最后一关 ');
}, 1000);
console.log(' 第二关 ');
```

执行代码如下：

```
D:\WorkSpace\react_book_write\codes\chapter3>node 同步异步 .js
第一关
第二关
第一关
第二关
最后一关
```

3.6.2　同步 API 和异步 API 的区别

（1）获取返回值不同。

同步 API 可以从返回值中拿到 API 执行的结果，但是异步 API 不可以。

（2）代码执行顺序不同。

同步 API 从上到下依次执行，前面代码会阻塞后面代码的执行；异步 API 不会等待 API 执行完成后再向下执行代码。

同步 API 方法调用可以获取返回值。

```
// 获取当前日期
function getCurFormatDate() {
  var date = new Date();
  var seperator1 = '-';
  var year = date.getFullYear();
  var month = date.getMonth() + 1;
  var strDate = date.getDate();
  if (month >= 1 && month <= 9) {
    month = '0' + month;
  }
  if (strDate >= 0 && strDate <= 9) {
    strDate = '0' + strDate;
  }
  var currentdate = year + seperator1 + month + seperator1 + strDate;
```

```
   return currentdate;
}
const dt = getCurFormatDate();
console.log(dt);//2020-06-06
```

异步 API 调用无法获取返回值。

```
// 异步
function getMsg() {
  setTimeout(function () {
    return '每个人都是生活的导演';
  }, 1000);
}
const msg = getMsg();
console.log(msg);//undefined
```

代码执行顺序的区别。

同步 API 有序执行：

```
const names = ['衍悔', '龙千山', '凌日'];
for (let name of names) {
  console.log(name);
}
console.log('遍历结束');
```

运行结果：

```
衍悔
龙千山
凌日
遍历结束
```

异步 API 无序执行：

```
console.log('代码开始执行');
setTimeout(() => {
console.log('1秒后执行的代码');
}, 1000);
setTimeout(() => {
  console.log('0秒执行的代码');
}, 0);
console.log('代码结束执行');
```

运行结果：

```
代码开始执行
代码结束执行
0秒执行的代码
1秒后执行的代码
```

代码执行顺序分析：Node.js 中代码执行的时候，会将同步代码提取出来放置到同步代码执行区，异步代码提取出来放置到异步代码执行区，然后按顺序优先执行同步代码执行区中的代码，待同步代码执行区的代码执行完之后，再从异步代码区中把回调函数提取到回调函数队列中，最后根据先后顺序把回调函数有序放到同步代码执行区依序执行，如图 3-24 所示。

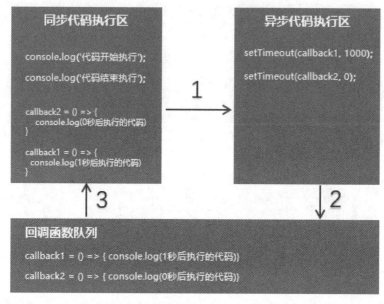

图 3-24

3.6.3　回调函数

回调函数就是自己定义函数让别人去调用。

```
//fun 函数定义
function fun(callback) {}
//fun 函数调用
fun(() => {});
```

我们通过一个示例来演示使用回调函数获取异步 API 执行结果。新建文件 callback.js，代码如下：

```
function getData(callback) {
  callback('江湖最后一个大侠');
}
// 将匿名函数作为一个参数进行传递
getData(function (msg) {
  console.log('callback 函数被调用了');
```

```
    console.log(msg);
});
```

执行命令 node callback.js，结果如下：

```
PS D:\WorkSpace\react_book_write\codes\chapter3> node callback.js
callback 函数被调用了
江湖最后一个大侠
```

3.6.4　Node.js 中的异步 API

Node.js 中常见的异步 API 有文件操作、HTTP 请求。

1. 文件读取

fs.readFile() 方法：第一个参数就是要读取的文件路径；第二个参数是一个回调函数。

成功：

● data 数据

● error null

失败：

● data undefined 没有数据

● error 错误对象

新建文件"异步 .js"，代码如下：

```
// 文件读取
const fs = require('fs');
fs.readFile('./book.txt', (err, result) => {
  // 在这里就可以通过判断 err 来确认是否有错误发生
  if (err) {
    console.log('读取文件失败了 ');
  } else {
    // console.log(result);//<Buffer e3 80 8a e6 80
    console.log(result.toString());
  }
});
console.log(' 文件读取完毕 ');
```

执行命令 node 异步 .js，运行结果如下：

```
PS D:\WorkSpace\react_book_write\codes\chapter3> node 异步 .js
文件读取完毕
《怜花宝鉴》是一代怪侠王怜花倾尽毕生心血所著。上面不但有他的武功心法，也记载着他的下毒术、易容术、苗
人放盘、波斯传来的摄心术。
```

文件中存储的其实都是二进制数据 0 和 1，这里为什么看到的不是 0 和 1 呢？原因是二进制

转换为十六进制了。但无论是二进制 0、1 还是十六进制，我们都不认识，我们可以通过 toString 方法把其转换为我们能认识的字符。

2. HTTP 操作

（1）加载 HTTP 核心模块。

（2）使用 http.createServer() 方法创建一个 Web 服务器。

（3）注册 request 请求事件：server.on('request', function () {})。

（4）绑定端口号，启动服务器。

当客户端发送请求过来时，就会自动触发服务器的 request 请求事件，然后执行第二个参数：回调处理函数。

```
//http 操作
const http = require('http');
var server = http.createServer();
server.on('request', (req, res) => {});
server.listen(3000, function () {
  console.log(' 服务器启动成功了，可以通过 http://127.0.0.1:3000/ 来进行访问 ');
});
```

如果异步 API 后面代码的执行依赖当前异步 API 的执行结果，但实际上后续代码在执行的时候异步 API 还没有返回结果，这个问题要怎么解决呢？例如，依次读取 a.txt 文件、b.txt 文件。先来看一下回调的实现方式，在 callback.js 中添加如下代码：

```
const fs = require('fs');
fs.readFile('a.txt', 'utf8', (err, res1) => {
  console.log(res1.toString());
  fs.readFile('b.txt', 'utf8', (err, res2) => {
    console.log(res2.toString());
  });
});
```

执行命令 node callback.js，运行结果如下：

```
PS D:\WorkSpace\react_book_write\codes\chapter3> node callback.js
a 文件是独孤九剑
b 文件是吸星大法
```

3.6.5　Promise

Promise 是异步编程的一种解决方案，为 es6 中新增。它可以将异步操作队列化，使操作按照期望的顺序执行，最终返回符合预期的结果；同时可以在对象之间传递和操作 Promise，帮助我们处理队列。

Promise 出现的目的是解决 Node.js 异步编程中回调地狱的问题。

回调地狱：比如说要把一个函数 a 作为回调函数，但是该函数又把函数 b 作为参数，甚至 b 又把 c 作为参数使用，就这样层层嵌套，称之为回调地狱，其代码阅读性非常差。

Promise 是一个对象，对象和函数的区别就是对象可以保存状态，而函数不可以（闭包除外）。它并未剥夺函数 return 的能力，因此无须层层传递 callback，进行回调获取数据。Promise 的基本结构：

```
Promise(resolve, reject)
```

resolve 的作用是将 Promise 对象的状态从"未完成"变为"成功"（即从 pending 变为 resolved），在异步操作成功时调用，并将异步操作的结果作为参数传递出去。

reject 的作用是将 Promise 对象的状态从"未完成"变为"失败"（即从 pending 变为 rejected），在异步操作失败时调用，并将异步操作报出的错误作为参数传递出去。

Promise 有三个状态。

① pending [待定] 初始状态。

② resolved [已完成]（又称 fulfilled[实现]）操作成功。

③ rejected [被否决] 操作失败。

当 Promise 状态发生改变，就会触发 then 方法里的响应函数处理后续步骤。

🔔 **注意：**

Promise 状态一经改变，不会再变。

关于 Promise 基本用法，新建文件 promise.js，添加代码如下：

```
const fs = require('fs');
let promise = new Promise((resolve, reject) => {
  setTimeout(() => {
    if (true) {
      resolve({ name: '张三丰' });
    } else {
      reject('失败');
    }
  }, 1000);
});
promise
  .then(
    (result) => console.log(result)          //{name: '张三丰'}
  )
  .catch((error) => console.log(error));    // 失败
```

接下来，我们通过 Promise 的方式来实现前面 3.6.4 小节中回调的例子，在 promise.js 文件中添加如下代码：

```
const fs = require('fs');
// 封装 Promise 对象到方法中
function p1() {
  return new Promise((resolve, reject) => {
```

```
    fs.readFile('a.txt', 'utf8', (err, res) => {
      resolve(res);
    });
  });
}
function p2() {
  return new Promise((resolve, reject) => {
    fs.readFile('b.txt', 'utf8', (err, res) => {
      resolve(res);
    });
  });
}
// 调用
p1()
  .then((res) => {
    console.log(res);
    return p2();
  })
  .then((res) => {
    console.log(res);
  });
```

执行命令 node promise.js，运行结果如下：

```
PS D:\WorkSpace\react_book_write\codes\chapter3> node promise.js
a 文件是独孤九剑
b 文件是吸星大法
```

3.6.6　异步函数 async 和 await

async 和 await 最早应该出现在 C# 语言中，后来在 es8 中对这一语法进行了支持。

async function 用来定义一个返回 AsyncFunction 对象的异步函数。异步函数是指通过事件循环异步执行的函数，它会通过一个隐式的 Promise 返回其结果。如果你在代码中使用了异步函数，就会发现它的语法和结构更像是标准的同步函数。

```
async function name([param[, param[, ... param]]]) { statements }
```

参数说明如下：

● name：函数名称

● param：要传递给函数的参数

● statements：函数体语句

1. 返回值

返回的 Promise 对象会运行执行 (resolve) 异步函数的返回结果，或者运行拒绝 (reject)——如果异步函数抛出异常的话。

异步函数是异步编程语法的终极解决方案，它可以让我们将异步代码写成同步的形式，让代码不再有回调函数嵌套，使代码变得清晰明了。

使用方式可以是字面量和函数的形式。

```
const fn = async () => {};
async function fn () {}
```

2. async 关键字

（1）在普通函数定义前加 async 关键字，普通函数会变成异步函数。

（2）异步函数默认返回 promise 对象。

（3）在异步函数内部使用 return 关键字进行结果返回，结果会被包裹在 promise 对象中，此时 return 关键字代替了 resolve 方法。

（4）在异步函数内部使用 throw 关键字抛出程序异常。

（5）调用异步函数再链式调用 then 方法获取异步函数执行结果。

（6）调用异步函数再链式调用 catch 方法获取异步函数执行的错误信息。

3. await 关键字

（1）await 关键字只能出现在异步函数中。

（2）await promise，await 后面只能写 promise 对象，其他类型的 API 是不可以的。

（3）await 关键字可以暂停异步函数向下执行，直到 promise 返回结果。

util 是一个 Node.js 核心模块，提供常用函数的集合，用于弥补核心 JavaScript 的功能过于精简的不足。使用方法如下：

```
const util = require('util');
```

util.promisify(original) 方法新增于 Node v8.0.0 版本。

传入一个遵循常见的错误优先的回调风格的函数（即以 (err, value) => ... 回调作为最后一个参数），并返回一个 Promise 的版本。

下面我们用 await 和 async 关键字来改写 3.6.5 小节中的例子。新建文件 await.js，添加代码如下：

```
const fs = require('fs');
const util = require('util');
// 调用 promisify 方法改造现有异步 API, 让其返回 Promise 对象
const readFile = util.promisify(fs.readFile);

async function run() {
  const res1 = await await readFile('a.txt', 'utf8');
  console.log(res1);
  const res2 = await await readFile('b.txt', 'utf8');
  console.log(res2);
}
```

```
// 调用
run();
```

执行命令 node await.js，运行结果如下：

```
PS D:\WorkSpace\react_book_write\codes\chapter3> node await.js
a 文件是独孤九剑
b 文件是吸星大法
```

第 4 章　MongoDB 数据库

本章学习目标

◆ 能够安装 MongoDB 数据库软件
◆ 能够知道集合和文档的概念
◆ 能够对 MongoDB 进行导入 / 导出、备份和恢复操作
◆ 能够使用 mongoose 进行增删改查
◆ 能够对 MongoDB 中的数据进行增删改查操作

4.1　数据库概述

4.1.1　为什么要使用数据库

➢ 动态网站中的数据都是存储在数据库中的。
➢ 数据库可以用来持久存储客户端通过表单收集的用户信息。
➢ 数据库软件本身可以对数据进行高效的管理。

4.1.2　什么是数据库

数据库即存储数据的仓库，可以将数据进行有序的分门别类的存储。它是独立于语言之外的软件，可以通过 API 去操作它。

常见的数据库软件有 MySQL、SQL Server、Oracle、MongoDB，其中 MongoDB 属于非关系型数据库（NoSQL），其他的则属于关系型数据库，在本书中我们讲的数据库是 MongoDB。Node.js 和数据库的交互如图 4-1 所示。

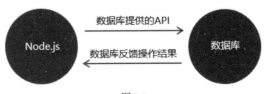

图 4-1

4.1.3 MongoDB 数据库的相关概念

MongoDB 是一个高性能、开源、无模式的文档型数据库，是当前 NoSQL 数据库中比较热门的一种。它在许多场景下可用于替代传统的关系型数据库或键 / 值存储方式。

传统的关系数据库一般由数据库（database）、表（table）、记录（record）三个层次概念组成，MongoDB 是由数据库（database）、集合（collection）、文档对象（document）三个层次组成。MongoDB 中的集合对应关系型数据库里的表，但是集合中没有列、行和关系概念，这体现了模式自由的特点。

MongoDB 和关系型数据库的对比如图 4-2 所示。

MongoDB 和关系型数据库的对比图.		
对比项	MongoDB	MySQL Oracl
表	集合list	二维表table
表的一行数据	文档document	一条记录record
表字段	键key	字段field
字段值	值value	值value
主外键	无	PK,FK
灵活度扩展性	极高	差

图4-2

MongoDB 特点：高性能、易部署、易使用，存储数据非常方便。表 4-1 中列出了 MongoDB 中的常用术语。

表4-1　MongoDB常用术语

术　语	说　　明
database	数据库，MongoDB数据库软件中可以建立多个数据库
collection	集合，一组数据的集合，可以理解为JavaScript中的数组
document	文档，一条具体的数据，可以理解为JavaScript中的对象
field	字段，文档中的属性名称，可以理解为JavaScript中的对象属性

MongoDB 主要功能特性如下：
➢ 面向集合存储，易存储对象类型的数据。
➢ 模式自由。
➢ 支持动态查询。
➢ 支持完全索引，包含内部对象。
➢ 支持查询。
➢ 支持复制和故障恢复。

- 使用高效的二进制数据存储，包括大型对象（如视频等）。
- 自动处理碎片，以支持云计算层次的扩展性。
- 支持 Python、PHP、Ruby、Java、C、C#、JavaScript、Node.js、Perl 及 C++ 语言的驱动程序，社区中也提供了对 Erlang 及 .net 等平台的驱动程序。
- 文件存储格式为 BSON（一种 JSON 的扩展）。
- 可通过网络访问。

MongoDB 主要功能如下。

- 面向集合的存储：适合存储对象及 JSON 形式的数据。
- 动态查询：MongoDB 支持丰富的查询表达式。查询指令使用 JSON 形式的标记，可轻易查询文档中内嵌的对象及数组。
- 完整的索引支持：包括文档内嵌对象及数组。MongoDB 的查询优化器会分析查询表达式，并生成一个高效的查询计划。
- 查询监视：MongoDB 包含一个监视工具用于分析数据库操作的性能。
- 复制及自动故障转移：MongoDB 数据库支持服务器之间的数据复制，支持主 / 从模式及服务器之间的相互复制。复制的主要目标是提供冗余及自动故障转移。
- 高效的传统存储方式：支持二进制数据及大型对象（如照片或图片）的存储。
- 自动分片以支持云级别的伸缩性：自动分片功能支持水平的数据库集群，可动态添加额外的机器。

MongoDB 的适用场合如下。

- 网站数据：MongoDB 非常适合实时插入、更新与查询，并具备网站实时数据存储所需的复制及高度伸缩性。
- 缓存：由于性能很高，MongoDB 也适合作为信息基础设施的缓存层。在系统重启之后，由 MongoDB 搭建的持久化缓存层可以避免下层的数据源过载。
- 大尺寸、低价值的数据：使用传统的关系型数据库存储一些数据时可能会比较昂贵，在此之前，很多时候程序员往往会选择传统的文件进行存储。
- 高伸缩性的场景：MongoDB 非常适合由数十或数百台服务器组成的数据库。MongoDB 的路线图中已经包含对 MapReduce 引擎的内置支持。
- 用于对象及 JSON 数据的存储：MongoDB 的 BSON 数据格式非常适合文档化格式的存储及查询。

MongoDB 在一个数据库软件中可以包含多个数据仓库，在每个数据仓库中可以包含多个数据集合，每个数据集合中可以包含多条文档（具体的数据）。

MongoDB 数据库非常灵活，不用设计数据表，业务的改动不需要关心数据表结构，DBA、架构师、高级工程师都需要掌握这项技能。

4.2 MongoDB 数据库环境搭建

4.2.1 MongoDB 数据库下载安装

下载地址 https://www.mongodb.com/download-center/community，下载界面如图 4-3 所示。

图 4-3

下载安装包后，双击安装包进行安装，安装界面如图 4-4 所示。

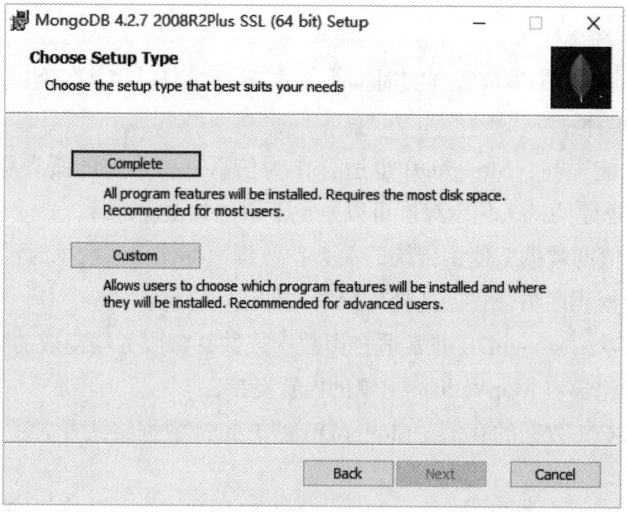

图 4-4

MongoDB 数据和日志存放的路径默认是在 C 盘下，我们将其改到 D 盘（像数据这样的重要信息尽量不要存放在 C 盘，以免重装系统时导致数据丢失），然后单击 Next 按钮，如图 4-5 所示。

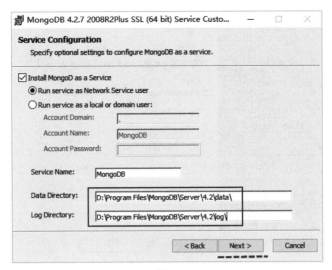

图4-5

这里有一个 Install MongoDB as a Service 的复选项，默认是选中的，我们保留该配置，它会在系统中让 MongoDB 数据库作为一个服务运行，这样我们每次要使用 MongoDB 数据库的时候，就不需要手动去使用命令开启了。

MongoDB Compass 是可视化管理工具，默认是勾选，这里我们不勾选 Install MongoDB Compass，勾选的话可能很长时间都一直在执行安装，然后单击 Next 按钮，如图 4-6 所示。

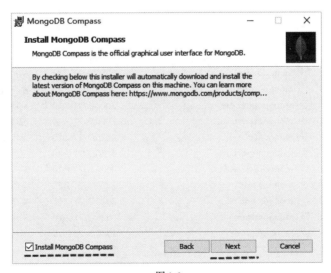

图4-6

最后单击"安装"按钮，稍等片刻后，出现如图 4-7 所示的界面，表示 MongoDB 安装完成。

MongoDB 4.2.7 2008R2Plus SSL (64 bit) Setup
Completed the MongoDB 4.2.7 2008R2Plus SSL (64 bit) Setup Wizard
Click the Finish button to exit the Setup Wizard.
Back
Finish
Cancel

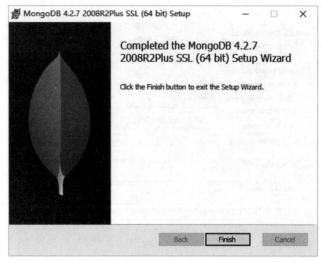

图4-7

安装程序默认会把 MongoDB 安装在目录 C:\Program Files\MongoDB 下，进入 C:\Program Files\MongoDB\Server\4.2\bin 目录，如图 4-8 所示。

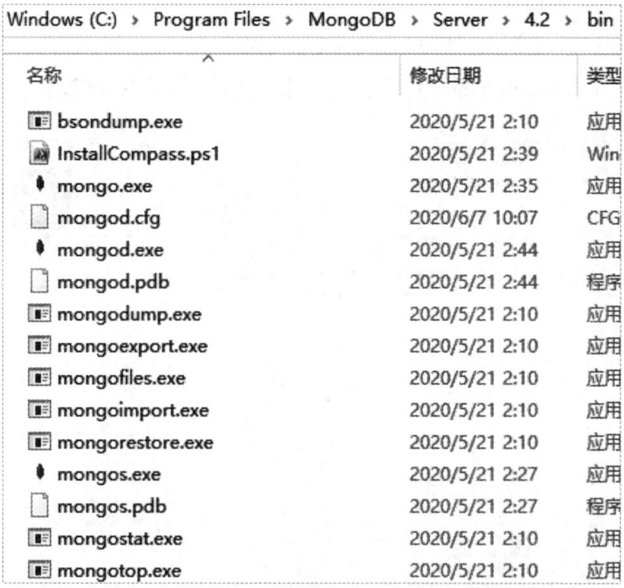

Windows (C:) › Program Files › MongoDB › Server › 4.2 › bin
名称
修改日期
类型
bsondump.exe 2020/5/21 2:10 应用
InstallCompass.ps1 2020/5/21 2:39 Win
mongo.exe 2020/5/21 2:35 应用
mongod.cfg 2020/6/7 10:07 CFG
mongod.exe 2020/5/21 2:44 应用
mongod.pdb 2020/5/21 2:44 程序
mongodump.exe 2020/5/21 2:10 应用
mongoexport.exe 2020/5/21 2:10 应用
mongofiles.exe 2020/5/21 2:10 应用
mongoimport.exe 2020/5/21 2:10 应用
mongorestore.exe 2020/5/21 2:10 应用
mongos.exe 2020/5/21 2:27 应用
mongos.pdb 2020/5/21 2:27 程序
mongostat.exe 2020/5/21 2:10 应用
mongotop.exe 2020/5/21 2:10 应用

图4-8

MongoDB 中主要的程序文件说明如表 4-2 所列。

表4-2　MongoDB主要程序文件说明

文 件 名	说　　　　　明
bsondump.exe	MiscellaneousTools 其他工具
mongo.exe	用来启动MongoDB shell，即客户端
mongod.cfg	配置文件
mongod.exe	用来连接到mongo数据库服务器，即服务器端
mongos.exe	Router 路由
mongodump.exe	逻辑备份工具
mongorestore.exe	逻辑恢复工具
mongoexport.exe	数据导出工具
mongoimport.exe	数据导入工具

4.2.2　启动 MongoDB

如果我们在前面安装的时候没有勾选 Install MongoDB as a Service 选项，那么就必须在命令行工具中运行命令 net start MongoDB，手动启动 MongoDB，否则 MongoDB 将无法连接。

如何验证是否已经启动 MongoDB？在浏览器中输入 http://localhost:27017/，如果出现如下信息，表示安装成功：

```
It looks like you are trying to access MongoDB over HTTP on the native driver port.
```

4.3　MongoDB 操作

4.3.1　MongoDB 的 Shell 操作

打开 CMD 控制台窗口，输入 mongo，提示：'mongo' 不是内部命令或外部命令，也不是可运行的程序或批处理文件。

这是因为没有配置环境变量，需要给 MongoDB 的安装目录配置环境变量，这里安装的是 MongoDB 4.2 版本，所以路径是 C:\Program Files\MongoDB\Server\4.2\bin，配置好环境变量后，记得重新打开 CMD 控制台，然后输入 mongo，运行结果如下：

```
C:\Users\zouqi>mongo
MongoDB shell version v4.2.7
connecting to: mongodb://127.0.0.1:27017/?compressors=disabled&gssapiServiceName=mongodb
Implicit session: session { "id" : UUID("bffa6f94-e5e4-499c-bba3-0c6199a1d872") }
MongoDB server version: 4.2.7
```

环境变量配置成功，可以输入命令 mongod --help 来查看相关的帮助信息。

1. 创建一个数据库——use[databaseName]

此时数据库并没有被真正创建，而是处于 mongoDB 的一个预处理缓存池当中，如果什么也不做就退出的话，这个空数据库就会被删除。

```
> use test
switched to db test
```

2. 查看所有数据库——show dbs

```
switched to db test
> show dbs
admin    0.000GB
config   0.000GB
local    0.000GB
>
```

这个时候可以看到 test 这个数据库还没有创建。

3. 给指定数据库添加集合并且添加记录 ——db.[documentName].insert({...})

```
> db.user.insert({name:' 龙啸天 '})
WriteResult({ "nInserted" : 1 })
>
```

执行上面语句后才真正创建数据库，重新运行 show dbs 查看数据库。

```
> show dbs
admin    0.000GB
config   0.000GB
demo     0.000GB
local    0.000GB
test     0.000GB
>
```

可以看到多了一个 test 数据。

4. 查看数据库中的所有文档——show collections

```
> show collections
user
```

可以看到有一个 user 文档，这个是之前给 test 数据库添加记录时创建的。

5. 查看指定文档的数据——db.[documentName].find()&db.[documentName].findOne()

在此之前，我们再来往 user 文档中插入一条记录。

```
> db.user.insert({name:' 龙啸云 '})
WriteResult({ "nInserted" : 1 })
```

查找 user 文档中的所有记录。

```
> db.user.find()
```

```
{ "_id" : ObjectId("5edcbf49baa8d1ed135d6567"), "name" : "龙啸天" }
{ "_id" : ObjectId("5edcbf5abaa8d1ed135d6568"), "name" : "龙啸云" }
>
```

查找 user 文档中的第一条记录。

```
> db.user.findOne()
{ "_id" : ObjectId("5edcbf49baa8d1ed135d6567"), "name" : "龙啸天" }
>
```

6. 更新文档数据——db.[documentName].update({ 查询条件 },{ 更新内容 })

这里用到了一个 update 方法，来看下它的几个参数分别代表什么。

● 参数 1 : 查询的条件。

● 参数 2 : 更新的字段。

● 参数 3 : 如果不存在，则插入。

● 参数 4 : 是否允许修改多条记录。

更新 name 为龙啸云的记录：

```
> db.user.update({name:'龙啸云'},{$set:{name:'李寻欢'}})
WriteResult({ "nMatched" : 1, "nUpserted" : 0, "nModified" : 1 })
>
```

7. 删除文档中的数据——db.[documentName].remove({...})

插入一条测试记录：

```
db.user.insert({name:'test'})
```

插入后：

```
> db.user.find()
{ "_id" : ObjectId("5edcbf49baa8d1ed135d6567"), "name" : "龙啸天" }
{ "_id" : ObjectId("5edcbf5abaa8d1ed135d6568"), "name" : "李寻欢" }
{ "_id" : ObjectId("5edcc0d0baa8d1ed135d6569"), "name" : "test" }
```

删除文档中的数据：

```
> db.user.remove({name:'test'})
WriteResult({ "nRemoved" : 1 })
>
```

删除后：

```
> db.user.find()
{ "_id" : ObjectId("5edcbf49baa8d1ed135d6567"), "name" : "龙啸天" }
{ "_id" : ObjectId("5edcbf5abaa8d1ed135d6568"), "name" : "李寻欢" }
>
```

8. 删除数据库——db.dropDatabase()

为了演示，再添加一个数据库 myTest：

```
use myTest
switched to db myTest
> db.role.insert({name:'管理员'})
WriteResult({ "nInserted" : 1 })
```

查看所有数据库：

```
> show dbs
admin    0.000GB
config   0.000GB
local    0.000GB
myTest   0.000GB
test     0.000GB
>
```

假设要删除 test 数据库，先使用 use test 切换到 test 数据库下，然后执行命令 db.dropDatabase()，执行结果如下：

```
> use test
switched to db test
> db.dropDatabase()
{ "dropped" : "test", "ok" : 1 }
>
```

再次查看所有数据库：

```
> show dbs
admin    0.000GB
config   0.000GB
local    0.000GB
myTest   0.000GB
>
```

可以看到数据库 test 已经被删除了。

9. Shell 的 help

运行 help 命令，可以显示所有 shell 有关的命令帮助，例如全局的 help 数据库相关的 db.help()、集合相关的 db.[documentName].help()。

MongoDB 的文档可以参考 https://www.mongodb.org.cn/manual/。表 4-3 中列出了 MongoDB Shell 语法与 MySQL 语法的对比。

表4-3　MongoDB Shell语法与MySQL语法比较

MongoDB语法	MySQL语法
db.test.find({'name':'foobar'})	select * from test where name='foobar'
db.test.find()	select * from test
db.test.find({'ID':10}).count()	select count(*) from test where ID=10

续表

MongoDB语法	MySQL语法
db.test.find().skip(10).limit(20)	select * from test limit 10,20
db.test.find({'ID':{$in:[25,35]}})	select * from test where ID in (25,35)
db.test.find().sort({'ID':−1})	select * from test order by ID desc
db.test.distinct('name',{'ID':{$lt:20}})	select distinct(name) from test where ID<20
db.test.group({key:{'name':true},cond:{'name':'foo'},reduce:function(obj,prev){prev.msum+=obj.marks;},initial:{msum:0}})	select name,sum(marks) from test group by name
db.test.find('this.ID<20',{name:1})	select name from test where ID<20
db.test.insert({'name':'foobar','age':25})	insert into test ('name','age') values('foobar',25)
db.test.remove({})	delete * from test
db.test.remove({'age':20})	delete test where age=20
db.test.remove({'age':{$lt:20}})	delete test where age<=20
db.test.remove({'age':{$lte:20}})	delete test where age<20
db.test.remove({'age':{$gt:20}})	delete test where age>20
db.test.remove({'age':{$gte:20}})	delete test where age>=20
db.test.remove({'age':{$ne:20}})	delete test where age!=20
db.test.update({'name':'foobar'},{$set:{'age':36}})	update test set age=36 where name='foobar'
db.test.update({'name':'foobar'},{$inc:{'age':3}})	update test set age=age+3 where name='foobar'

🔔 **注意:**

以上命令区分大小写。

4.3.2　MongoDB 可视化软件

MongoDB 可视化操作软件是使用图形界面操作数据库的一种方式。MongoDB Compass 就是一款 MongoDB 可视化操作软件。

Compass 和 MongoDB 的关系如图 4-9 所示。

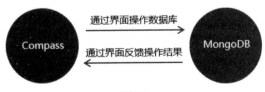

图4-9

我们可以去 https://www.mongodb.com/download-center/compass 中下载安装，如图 4-10 所示。

图4-10

下载后解压，然后双击 MongoDBCompass.exe 即可运行，运行结果如图 4-11 所示。

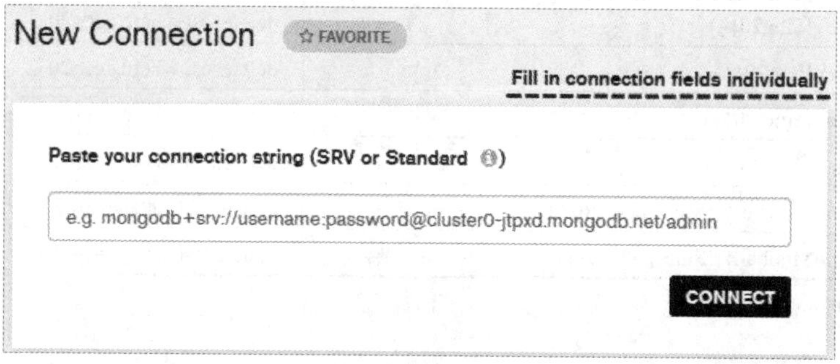

图4-11

单击 Fill in connection fields individually，界面如图 4-12 所示。

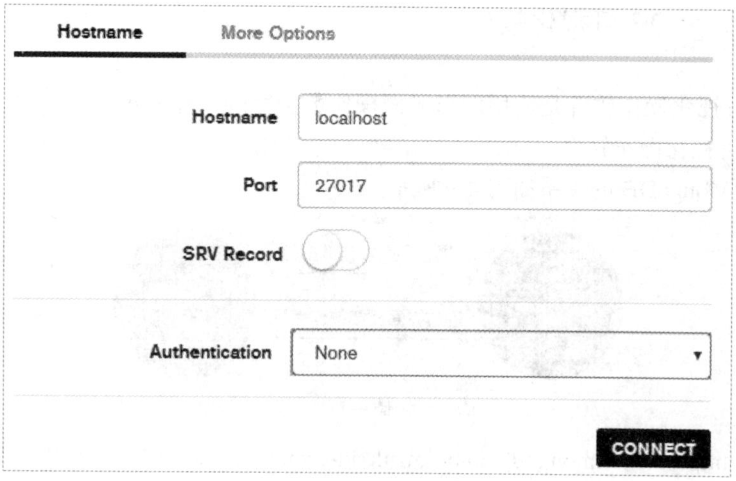

图4-12

在 Hostname 后面的文本框中输入 localhost 或 127.0.0.1，MongoDB 端口默认是 27017。单击 CONNECT 按钮进入数据库管理界面，如图 4-13 所示。

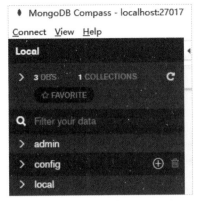

图 4-13

左侧默认会有三个数据仓库，分别是 admin、config、local，这是系统自带的，不要去修改它们。

4.3.3 MongoDB 导入 / 导出数据

1. 导入

导入文件：

```
mongoimport -d 数据库名称 -c 集合名称 -file 要导入的数据文件
```

准备一个 book.json 文件，代码如下：

```
{ "bookName": " 无字天书 ", "author": " 霹雳邪神 ", "isPublished": true }
{ "bookName": " 玉女心经 ", "author": " 林朝英 ", "isPublished": true }
{ "bookName": " 弹指神通 ", "author": " 黄药师 ", "isPublished": true }
```

然后执行如下导入命令：

```
C:\Program Files\MongoDB\Server\4.2\bin>mongoimport -d test -c boo
ks --file
D:\WorkSpace\react_book_write\codes\chapter4\mongodb-demo\book.json
2020-06-07T21:18:26.182+0800    connected to: mongodb://localhost/
2020-06-07T21:18:26.387+0800    3 document(s) imported successfully. 0 document(s)
failed to import.

C:\Program Files\MongoDB\Server\4.2\bin>
```

打开可视化工具 MongoDB Compass 查看，如图 4-14 所示。

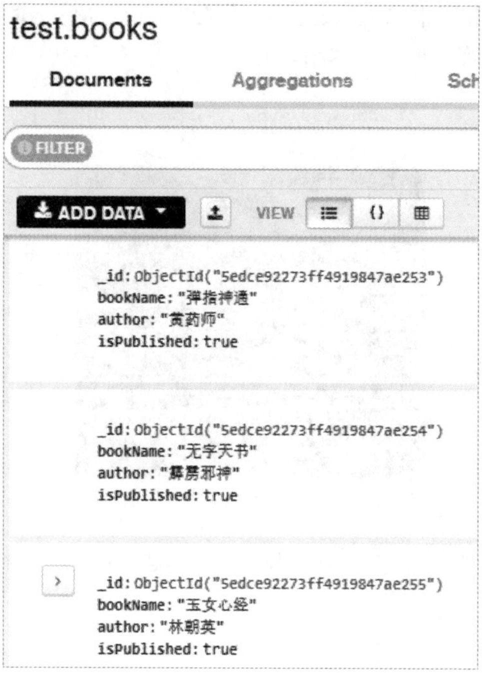

test.books

Documents   Aggregations   Sch

🔘 FILTER

⬇ ADD DATA ▾   ⬆   VIEW ▤   {}   ▦

```
_id:ObjectId("5edce92273ff4919847ae253")
bookName:"弹指神通"
author:"黄药师"
isPublished:true
```

```
_id:ObjectId("5edce92273ff4919847ae254")
bookName:"无字天书"
author:"葵花邪神"
isPublished:true
```

```
_id:ObjectId("5edce92273ff4919847ae255")
bookName:"玉女心经"
author:"林朝英"
isPublished:true
```

图4-14

2. 导出

导出为 json 格式文件：

```
mongoexport -d <数据库名称> -c <collection 名称> -o <输出文件名称>
```

3. 按条件导出

大部分时候都不是全库导出，而是需要在一定的查询条件下导出，mongoexport 命令是支持查询语句的，例如：

```
mongoexport -u user -p pwd! -d dbName -c users -q '{age:20}' -o /data/date.json
```

4.4　MongoDB 索引介绍及数据库命令操作

4.4.1　创建简单索引

执行命令 use books 创建数据库 books。

Shell 是支持 js 操作的，所以可以在 CMD 命令窗口中输入如下命令初始化脚本：

```
> for(var i=0;i<200000;i++){db.books.insert({number:i,name:"book"+
i})}
```

```
WriteResult({ "nInserted" : 1 })
> db.books.find().count()
200000
>
```

由于要插入的记录很多，所以需要等待一段时间，执行完成之后，在 test 数据中就有了 books 集合，books 集合中有 20 万条记录。

1. 检查查询性能

执行如下脚本，查询 number 值为 20270 的那条记录：

```
> var start=new Date().getTime()
>  db.books.find({number:20270})
{ "_id" : ObjectId("5edccc69ad4e185d78f90611"), "number" : 20270, "name" : "book20270" }
>  var end=new Date().getTime()
>  end - start
166
```

可以看到耗费了 166ms。

2. 为 number 创建索引

```
> db.books.ensureIndex({number:1})
{
        "createdCollectionAutomatically" : false,
        "numIndexesBefore" : 1,
        "numIndexesAfter" : 2,
        "ok" : 1
}
>
```

说明：number 的值，1 代表升序，-1 代表降序。在创建索引的时候，由于数据量比较大，会比较耗时，所以我们会看到执行创建索引脚本的时候，光标会有一定的延时。

创建完索引后，再来测试查询性能。

```
> var start=new Date().getTime()
>  db.books.find({number:20270})
{ "_id" : ObjectId("5edccc69ad4e185d78f90611"), "number" : 20270, "name" :
"book20270" }
>  var end=new Date().getTime()
>  end - start
20
>
```

可以看到现在只耗费了 20ms，说明查询性能提升了 8 倍。登录可视化工具 MongoDB Compass，我们也能够在上面看到索引信息，如图 4-15 所示。

图4-15

索引使用需要注意的地方如下：
- 创建索引的时候要注意后面的参数，1是正序，-1是倒序。
- 索引的创建在提高查询性能的同时会影响插入的性能，对于经常查询而少插入的文档可以考虑使用索引。
- 组合索引要注意索引的先后顺序。
- 每个键都创建索引不一定就能够提高性能。
- 在做排序工作的时候，如果是超大数据量，也可以考虑加上索引来提高排序的性能。

4.4.2 唯一索引

如何让文档books不能插入重复的数值？建立唯一索引。
执行命令db.books.ensureIndex({name:-1},{unique:true})，运行结果如下：

```
> db.books.ensureIndex({name:-1},{unique:true})
{
        "createdCollectionAutomatically" : false,
        "numIndexesBefore" : 2,
        "numIndexesAfter" : 3,
        "ok" : 1
}
>
```

创建唯一索引后，我们再尝试连续两次插入相同的name值，例如，执行命令db.books.insert({name:"hello"})，运行结果如下：

```
> db.books.insert({name:"hello"})
WriteResult({ "nInserted" : 1 })
> db.books.insert({name:"hello"})
WriteResult({
        "nInserted" : 0,
```

```
            "writeError" : {
                    "code" : 11000,
                    "errmsg" : "E11000 duplicate key error collection: books.books index:
                    name_-1 dup key: { name: \"hello\" }"
            }
})
>
```

可以看到会有错误提示，告诉我们集合 books 中存在重复的 key，key 属性 name，值为 hello。

4.4.3 删除重复值

如果创建唯一索引之前已经存在重复数值该如何处理？可以在创建索引时删除重复值。
例如，db.books.ensureIndex({name:-1},{unique:true,dropDups:true})。

4.4.4 Hint

如何强制查询使用指定的索引？

```
db.books.find({name:"hello",number:1}).hint({name:-1})
```

🔔 **注意：**

指定索引必须是已经创建了的索引。

4.4.5 诊断工具 explain()

如何详细查看本次查询使用哪个索引和查询数据的状态信息？

```
db.books.find({name:"hello"}).explain()
> db.books.find({name:"hello"}).explain()
{
        "queryPlanner" : {
                "plannerVersion" : 1,
                "namespace" : "books.books",
                "indexFilterSet" : false,
                "parsedQuery" : {
                        "name" : {
                                "$eq" : "hello"
                        }
                },
                "queryHash" : "01AEE5EC",
                "planCacheKey" : "4C5AEA2C",
```

```
                        "winningPlan" : {
                                "stage" : "FETCH",
                                "inputStage" : {
                                        "stage" : "IXSCAN",
                                        "keyPattern" : {
                                                "name" : -1
                                        },
                                        "indexName" : "name_-1",
                                        "isMultiKey" : false,
                                        "multiKeyPaths" : {
                                                "name" : [ ]
                                        },
                                        "isUnique" : true,
                                        "isSparse" : false,
                                        "isPartial" : false,
                                        "indexVersion" : 2,
                                        "direction" : "forward",
                                        "indexBounds" : {
                                                "name" : [
                                                        "[\"hello\", \"hello\"]"
                                                ]
                                        }
                                }
                        },
                "rejectedPlans" : [ ]
        },
        "serverInfo" : {
                "host" : "DESKTOP-V7CFIC3",
                "port" : 27017,
                "version" : "4.2.7",
                "gitVersion" : "51d9fe12b5d19720e72dcd7db0f2f17dd9a19212"
        },
        "ok" : 1
}
>
```

4.4.6 索引管理

1. 查看索引——getIndexes()

在 Shell 里查看数据库中已经建立的索引：db.books.getIndexes()。

```
[
        {
                "v" : 2,
```

```
            "key" : {
                    "_id" : 1
            },
            "name" : "_id_",
            "ns" : "books.books"
    },
    {
            "v" : 2,
            "key" : {
                    "number" : 1
            },
            "name" : "number_1",
            "ns" : "books.books"
    },
    {
            "v" : 2,
            "unique" : true,
            "key" : {
                    "name" : -1
            },
            "name" : "name_-1",
            "ns" : "books.books"
    }
]
```

2. 删除索引——dropIndex()

不再需要的索引可以将其删除。删除索引时，既可以删除集合中的某一索引，也可以删除全部索引。
删除指定的索引：

```
db.COLLECTION_NAME.dropIndex("INDEX-NAME")
```

3. 删除所有索引——dropIndexes()

```
db.COLLECTION_NAME.dropIndexes()
```

4.5　MongoDB 备份与恢复

4.5.1　MongoDB 数据库备份

1. 语法

```
mongodump -h dbhost -d dbname -o dbdirectory
```

参数说明：

➤ -h 表示 MongoDB 所在服务器地址，如 127.0.0.1，当然也可以指定端口号 :127.0.0.1:27017。

> -d 表示需要备份的数据库实例，如 books。
> -o 表示备份的数据存放位置，如 E:\Database\bak_data，当然该目录需要提前建立，这个目录里面存放该数据库实例的备份数据。

2. 示例

先 在 服 务 器 上 面 创 建 文 件 目 录 E:\Database\bak_data，打 开 控 制 台，进 入 C:\Program Files\MongoDB\Server\4.2\bin 目录，执行如下命令：

```
C:\Program Files\MongoDB\Server\4.2\bin>mongodump -h 127.0.0.1:270
17 -d
books -o E:\Database\bak_data
2020-06-07T20:20:12.319+0800    writing books.books to
2020-06-07T20:20:12.832+0800    done dumping books.books (200001 documents)
```

备份完成之后，可以看到备份目录下面自动创建了一个和数据库名称一样的目录，备份文件如图 4-16 所示。

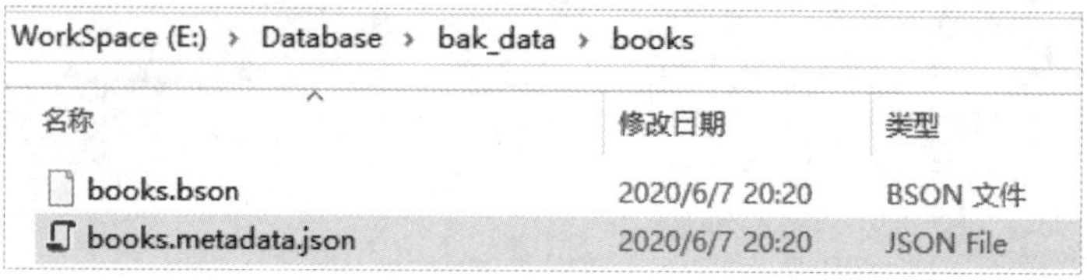

WorkSpace (E:) › Database › bak_data › books		
名称 ^	修改日期	类型
📄 books.bson	2020/6/7 20:20	BSON 文件
🎲 books.metadata.json	2020/6/7 20:20	JSON File

图 4-16

4.5.2　MongoDB 数据库恢复

1. 语法

```
mongorestore -h dbhost -d dbname --dir dbdirectory
```

参数说明：

> -h 表示 MongoDB 所在服务器的地址。
> -d 表示需要恢复的数据库实例，如 test，当然这个名称也可以和备份时候的不一样，比如 test2。
> --dir 表示备份数据所在位置，如 /home/mongodump/itcast/。
> --drop 表示恢复的时候，先删除当前数据，然后恢复备份的数据。就是说，恢复后，备份和添加修改的数据都会被删除，慎用！

2. 实例

执行命令 mongorestore -h 127.0.0.1:27017 -d，结果如下所示。

```
C:\Program Files\MongoDB\Server\4.2\bin>mongorestore -h 127.0.0.1:
27017 -d
books2 --dir E:\Database\bak_data\books
```

```
2020-06-07T20:24:34.423+0800      the --db and --collection args should only be used
when restoring from a BSON file. Other uses are deprecated and will not exist in the
future; use --nsInclude instead
2020-06-07T20:24:34.466+0800      building a list of collections to restore from
E:\Database\bak_data\books dir
2020-06-07T20:24:34.467+0800      reading metadata for books2.books from E:\Database\
bak_data\books\books.metadata.json
2020-06-07T20:24:34.716+0800      restoring books2.books from E:\Database\bak_
data\books\books.bson
2020-06-07T20:24:37.423+0800      [#######################.]  books2.books
10.8MB/11.2MB  (97.1%)
2020-06-07T20:24:37.497+0800      [########################]  books2.books
11.2MB/11.2MB  (100.0%)
2020-06-07T20:24:37.497+0800      restoring indexes for collection books2.books from
metadata
2020-06-07T20:24:39.833+0800      finished restoring books2.books (200001 documents, 0
failures)
2020-06-07T20:24:39.833+0800      200001 document(s) restored successfully. 0
document(s) failed to restore.
```

打开可视化工具后刷新，如图 4-17 所示，会看到一个新恢复的数据库 books。

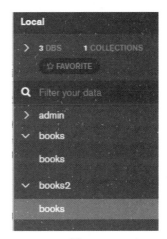

图4-17

4.6 Mongoose 数据库连接

使用 Node.js 操作 MongoDB 数据库需要依赖 Node.js 第三方包 Mongoose。

新建目录 mongodb-demo，在该文件目录下执行命令 npm install mongoose 去安装第三方包。

使用 mongoose 提供的 connect 方法即可连接数据库。新建 conn.js 文件，添加代码如下：

```
const mongoose = require('mongoose');
mongoose
  .connect('mongodb://localhost/admin')
  .then(() => console.log(' 数据库连接成功 '))
  .catch((err) => console.log(' 数据库连接失败 ', err));
```

connect 方法中 mongodb 是协议名称，localhost 是主机地址，admin 是数据仓库名称，这里连的是系统默认仓库 admin。

执行命令 node conn.js，运行结果如下：

```
(node:17732) DeprecationWarning: current URL string parser is depre
cated,
and will be removed in a future version. To use the new parser, pass option
{ useNewUrlParser: true } to MongoClient.connect.
(node:17732) DeprecationWarning: current Server Discovery and Monitoring engine is
deprecated, and will be removed in a future version. To use the new Server Discover
and Monitoring engine, pass option { useUnifiedTopology: true } to the MongoClient
constructor.
数据库连接成功
```

4.7　Mongoose 增删改查操作

本节主要讲解如何通过 Node.js 来操作 MongoDB，也就是通过 mongoose 对 MongoDB 进行增删改查操作。

4.7.1　创建数据库

在 MongoDB 中不需要显式创建数据库，如果需要使用的数据库不存在，MongoDB 会自动创建。

MongoDB 数据库和集合命名规范如下：
- 不能是空字符串
- 不得含有 ''（空格）、,、$、/、\ 和 \0（空字符）
- 应全部小写
- 最多 64 字节
- 数据库名不能与现有系统保留库同名，如 admin、local 及 config。

数据库命名为 db-text 这样的集合也是合法的，但是不能通过 db.[documentName] 命令获取数据库，要改为 db.getCollection("documentName")，因为 db-text 会被系统当成是一个算术表达式。

4.7.2 创建集合

创建集合分为两步，一是给集合设定规则；二是创建集合。创建 mongoose.Schema 构造函数的实例即可创建集合。

新建 create-data.js 文件，并添加如下代码：

```
// 引入 mongoose 第三方模块用来操作数据库
const mongoose = require('mongoose');

mongoose
  .connect('mongodb://localhost/demo')                    // 数据库连接
  .then(() => console.log('数据库连接成功'))              // 连接成功
  .catch((err) => console.log('数据库连接失败', err));    // 连接失败

//1.创建集合规则
const bookSchema = new mongoose.Schema({
  bookName: String,
  author: String,
  isPublished: Boolean,
});

//2.使用规则创建集合
//1.集合名称
//2.集合规则
const Book = mongoose.model('Book',bookSchema);      // 对应到 MongoDB 中的集合名 books
```

执行命令 node create-data.js，此时我们再去打开可视化工具 MongoDB Compass，刷新后，左侧仓库列表还是没有变化，因为此时我们虽然创建了数据仓库 demo 和数据集合 books，但是并没有插入数据。

🔔 **注意：**

集合名称的首字母必须大写，而 MongoDB 中的集合名会将这个集合名称改为小写，并在后面加一个 s。

4.7.3 创建文档

创建文档实际上就是向集合中插入数据。

文档的创建分为两步。

① 创建集合实例。

② 调用实例对象下的 save 方法将数据保存到数据库中。

继续在 create-data.js 中添加如下代码：

```
//1.创建文档
const book = new Book({
  bookName: '九阴真经',
  author: '黄裳',
  isPublished: true,
});
//2.将文档插入到数据库中
book.save();
```

重新执行命令 node create-data.js，再去 MongoDB Compass 中刷新，此时会看到左侧多了一个数据仓库 demo，并且仓库下有 books 集合，如图 4-18 所示。

单击 books 集合，左右侧可以看到如图 4-19 所示的文档数据。

图4-18

图4-19

还可以单击 VIEW 中的各种视图标签，用于切换数据的展示形式，这里支持树形、JSON 和表格三种形式。

另一种插入文档的方式：

```
Book.create(
  { bookName: '九阳神功', author: '斗酒僧', isPublish: true },
  (err, doc) => {
    if (err) {
      console.log(err);        // 错误对象
    } else {
      console.log(doc);        // 当前插入的文档
    }
  }
);
```

create 方法的第一个参数是数据对象，第二个参数是回调函数，方法返回一个 Promise 对象，所以还可以这样写：

```
Book.create({ bookName: '九阳神功', author: '斗酒僧', isPublish: true })
  .then((doc) => {
    console.log(doc);        // 当前插入的文档
  })
```

```
  .catch((err) => {
    console.log(err);              // 错误对象
  });
```

🔔 注意：

所有返回 Promise 对象的方法都是支持异步函数的（await & async）。

4.7.4　查询文档

查询方式如下所示，和 Shell 命令基本一样。

```
// 根据条件查找文档（条件为空，则查找所有文档）
Book.find().then((result) => console.log(result));
```

查询会返回所有文档集合。

```
node search.js
[
  {
    _id: 5edce92273ff4919847ae253,
    bookName: '弹指神通',
    author: '黄药师',
    isPublished: true
  },
  {
    _id: 5edce92273ff4919847ae254,
    bookName: '无字天书',
    author: '霹雳邪神',
    isPublished: true
  },
  {
    _id: 5edce92273ff4919847ae255,
    bookName: '玉女心经',
    author: '林朝英',
    isPublished: true
  }
]
```

根据条件查找文档：

```
Book.findOne({ author: '林朝英' }).then((result) => console.log(result));
```

findOne 方法最多只查询一条记录。

运行结果如下：

```
{
    _id: 5edce92273ff4919847ae255,
    bookName: '玉女心经',
    author: '林朝英',
    isPublished: true
}
```

为了演示其他一些较为复杂的查询方式，这里重新准备一份导入数据：user.json，代码如下：

```
{"name":"张无忌","age":30,"skill":"九阳神功、乾坤大挪移、圣火令武功","title":"明教教主"}
{"name":"杨逍","age":48,"skill":"弹指神通、乾坤大挪移","title":"明教光明左使"}
{"name":"谢逊","age":50,"skill":"七伤拳、狮吼功","title":"金毛狮王"}
{"name":"殷天正","age":70,"skill":"鹰爪擒拿手","title":"白眉鹰王"}
{"name":"张三丰","age":120,"skill":"太极拳、太极剑、纯阳无极功","title":"武当派祖师"}
```

导入到数据库 test 中，跳转到 mongoimport 所在的目录 C:\Program Files\MongoDB\Server\4.2\bin，执行命令 mongoimport -d test -c users --file D:\WorkSpace\react_book_write\codes\chapter4\mongodb-demo\user.json，导入后，数据库中的数据记录如图 4-20 所示。

name String	age Int32	skill String	title String
"张无忌"	30	"九阳神功、乾坤大挪移、圣火令武功"	"明教教主"
"杨逍"	48	"弹指神通、乾坤大挪移"	"明教光明左使"
"殷天正"	70	"鹰爪擒拿手"	"白眉鹰王"
"张三丰"	120	"太极拳、太极剑、纯阳无极功"	"武当派祖师"
"谢逊"	50	"七伤拳、狮吼功"	"金毛狮王"

图 4-20

1. 查询 age 在 50（含）和 80 之间的记录

新建文件 high-search.js，代码如下：

```
const mongoose = require('mongoose');
mongoose
  .connect('mongodb://localhost/test')                    // 数据库连接
  .then(() => console.log('数据库连接成功'))               // 连接成功
  .catch((err) => console.log('数据库连接失败', err));     // 连接失败
const userSchema = new mongoose.Schema({
  name: String,
  age: Number,
  skill: String,
  title: String,
});

const User = mongoose.model('User', userSchema);
// 1. 查询 age 在 50（含）和 80 之间的记录 age>=50&&age<80
User.find({ age: { $gte: 50, $lt: 80 } }).then((res) => console.log(res))
```

执行命令 node high-search.js，运行结果如下：

```
[ { _id: 5edd8c8ef89beaa2895ddaea,
    name: '殷天正',
    age: 70,
    skill: '鹰爪擒拿手',
    title: '白眉鹰王' },
  { _id: 5edd8c8ef89beaa2895ddaec,
    name: '谢逊',
    age: 50,
    skill: '七伤拳、狮吼功',
title: '金毛狮王' } ]
```

2. 匹配包含——in

查询 age 是 30 和 50 的记录，在 high-search.js 文件中继续添加如下代码：

```
//2. 匹配包含
User.find({ age: { $in: [30, 50] } }).then((res) => console.log(res));
```

运行结果如下：

```
[ { _id: 5edd8c8ef89beaa2895ddae8,
    name: '张无忌',
    age: 30,
    skill: '九阳神功、乾坤大挪移、圣火令武功',
    title: '明教教主' },
  { _id: 5edd8c8ef89beaa2895ddaec,
    name: '谢逊',
    age: 50,
    skill: '七伤拳、狮吼功',
title: '金毛狮王' } ]
```

3. 选择要查询的字段——select

查询 name 和 age 字段，代码如下：

```
User.find()
  .select('name age')
  .then((res) => console.log(res));
```

运行结果如下：

```
[ { _id: 5edd8c8ef89beaa2895ddae8, name: '张无忌', age: 30 },
  { _id: 5edd8c8ef89beaa2895ddae9, name: '杨道', age: 48 },
  { _id: 5edd8c8ef89beaa2895ddaea, name: '殷天正', age: 70 },
  { _id: 5edd8c8ef89beaa2895ddaeb, name: '张三丰', age: 120 },
  { _id: 5edd8c8ef89beaa2895ddaec, name: '谢逊', age: 50 } ]
```

4. 按照年龄进行排序——sort

```
//age 升序
```

```
User.find()
  .sort('age')
  .then((res) => console.log(res));
//age 降序
User.find()
  .sort({ age: -1 })  //sort(-age)
  .then((res) => console.log(res));
```

5. 分页查询——skip、limit

skip 指定跳过多少条数据，limit 限制查询数量。例如，跳过前面 3 条记录，取 2 条记录，代码如下：

```
User.find()
  .skip(3)
  .limit(2)
  .then((res) => console.log(res));
```

结果是：张三丰、谢逊。

6. 模糊查询

利用正则表达式可以进行模糊查询。例如，查询所有 name 中带有"张"的记录，代码如下：

```
User.find({ name: / 张 / }).then((res) => console.log(res));
```

4.7.5　删除文档

（1）单个文档删除

```
User.findOneAndDelete({ name: ' 张无忌 ' }).then(res=>{console.log(res)});
```

说明：查找到一条文档并且删除，操作成功会返回删除的文档，如果查询条件匹配了多个文档，那么只会删除第一个匹配的文档。

（2）批量删除

```
User.deleteMany({ 删除条件 }).then(result => console.log(result))
```

说明：当 deleteMany 方法中不设置条件时，默认删除所有文档。

4.7.6　更新文档

（1）更新单个文档

格式：

```
User.updateOne({ 查询条件 }, { 要修改的值 }).then(result => console.log(result))
```

说明：根据查询条件找到要更新的文档并更新，如果匹配了多个文档，只会更新匹配成功的第一个文档。

（2）更新多个文档

格式：

```
User.updateMany({ 查询条件 }, { 要更改的值 }).then(result => console.log(result))
```

4.7.7　Mongoose 验证

在创建集合规则时，可以设置当前字段的验证规则，验证失败则插入失败。

验证规则如下：

- required: true ——必传字段
- minlength : 3 —— 字符串最小长度为 3
- maxlength: 20 ——字符串最大长度为 20
- min: 2 ——数值最小为 2
- max: 100 —— 数值最大为 100
- enum: ——枚举值为 [' 九阴真经 ',' 蛤蟆功 ',' 降龙十八掌 ',' 一阳指 ']
- trim: true —— 去除字符串两边的空格
- validate: 自定义验证器
- default: 默认值

获取错误信息：error.errors[' 字段名称 '].message。

新建文件 validate.js，增加验证规则，添加代码如下：

```
const mongoose = require('mongoose');
mongoose
  .connect('mongodb://localhost/test')            // 数据库连接
  .then(() => console.log(' 数据库连接成功 '))      // 连接成功
  .catch((err) => console.log(' 数据库连接失败 ', err));   // 连接失败

const userSchema = new mongoose.Schema({
  name: {
    type: String,
    validate: {
      validator: val => {
        // 返回布尔值 :true 验证成功 ,false 验证失败
        //val: 要验证的值
        return val && val.length > 2
      },
      // 自定义错误信息
      message: ' 传入的值不符合验证规则 '
    }
  },
  age: {
```

```
    type: Number,
    // 数字的最小范围
    min: 18,
    // 数字的最大范围
    max: 100,
  },
  skill: {
    type: String,
    // 枚举，列举出当前字段可以拥有的值
    enum: {
      values: ['九阴真经', '蛤蟆功', '降龙十八掌', '一阳指'],
      message: '该武功不存在'
    }
  },
  title: {
    type: String,
    // 必选字段
    required: [true, '请传入头衔名称'],
    // 字符串的最小长度
    minlength: [2, '头衔长度不能小于2'],
    // 字符串的最大长度
    maxlength: [5, '头衔长度最大不能超过10'],
    // 去除字符串两边的空格
    trim: true,
  },
});
```

添加插入测试代码：

```
const User = mongoose.model('User', userSchema);
// 插入文档进行测试
User.create({
  name: '萧峰',
  age: 33,
  skill: '擒龙功',
  title: '丐帮帮主、辽国南院大王、完颜阿骨打的结拜兄弟',
})
  .then((result) => console.log(result))
  .catch((error) => {
    // 获取错误信息对象
    const err = error.errors;
    // 循环错误信息对象
    for (var attr in err) {
      // 将错误信息打印到控制台中
      console.log(err[attr]['message']);
    }
  });
```

执行代码，运行结果如下：

```
传入的值不符合验证规则
该武功不存在
头衔长度最大不能超过10
数据库连接成功
```

4.7.8 集合关联

通常不同集合的数据之间是有关系的，例如事件信息和用户信息存储在不同集合中，但事件是某个用户制造的，要查询事件的所有信息包括用户制造的事件，就需要用到集合关联。这其实就相当于关系型数据库中外键的概念，表和表之前的关联是通过外键进行关联的。

集合关联分为两步。

① 使用 id 对集合进行关联。

② 使用 populate 方法进行关联集合查询。

新建文件 union-search.js，添加代码如下：

```javascript
// 引入 mongoose 第三方模块用来操作数据库
const mongoose = require('mongoose');
mongoose
  .connect('mongodb://localhost/test')              // 数据库连接
  .then(() => console.log(' 数据库连接成功 '))        // 连接成功
  .catch((err) => console.log(' 数据库连接失败 ', err)); // 连接失败


// 事件集合规则
const eventSchema = new mongoose.Schema({
  name: {
    type: String,
  },
  createOn: {
    type: Date,
    default: Date.now,
  },
  // 使用ID将用户和事件关联
  createBy: {
    type: mongoose.Schema.Types.ObjectId,
    ref: 'User',
  },
});
const Event = mongoose.model('Event', eventSchema);
const userSchema = new mongoose.Schema({
  name: String,
  age: Number,
```

93

```
    skill: String,
    title: String,
});
const User = mongoose.model('User', userSchema);

// 创建事件
// 注意，这里的createBy值从数据库中去找到张三丰的 _id 属性值
Event.create({
    name: '一招击退玄冥二老',
    createBy: '5ede4fcbf0c7ffd2607409f9',
}).then((res) => console.log(res));
```

然后使用联合查询：

```
// 查找事件
Event.find()
    .populate('createBy')
    .then((res) => console.log(res));
```

执行命令 node union-search，运行结果如下：

```
[
  {
    _id: 5ede54a51abb422140c061f5,
    name: '一招击退玄冥二老',
    createBy: {
      _id: 5ede4fcbf0c7ffd2607409f9,
      name: '张三丰',
      age: 120,
      skill: '太极拳、太极剑、纯阳无极功',
      title: '武当派祖师'
    },
    createOn: 2020-06-08T15:09:25.347Z,
    __v: 0
  }
]
```

可以看到，当查询时间的时候，与其关联的 User 集合数据也一并查找出来了。

第 5 章　art-template 模板引擎

本章学习目标
- ◆ 能够使用模板引擎渲染数据
- ◆ 能够使用模板引擎进行原文输出
- ◆ 能够使用循环输出数据
- ◆ 能够知道如何引用子模板
- ◆ 能够知道如何进行模板继承
- ◆ 能够利用前面所学的知识自己动手编写一个简单的 CRUD 应用

5.1　模板引擎的基础概念

5.1.1　什么是模板引擎

模板引擎属于第三方模块，模板引擎是一个将页面模板和要显示的数据结合生成 HTML 页面的工具，它可以让开发者以更加友好的方式拼接字符串，使项目代码更加清晰、更加易于维护。

在服务器端使用模板引擎称为服务端渲染，模板引擎最早诞生于服务器端，后来才发展到了前端。

服务器端渲染和客户端渲染的区别在于，客户端渲染不利于 SEO 搜索引擎优化，服务器端渲染是可以被爬虫抓取到的，而客户端异步渲染很难被爬虫抓取到。

我们会发现真正的网站既不是纯异步也不是纯服务器端渲染出来的，而是两者结合来做的。例如，京东的商品列表采用的就是服务器端渲染，其目的是 SEO 搜索引擎优化。而它的商品评论列表是为了用户体验，而且也不需要 SEO 优化，所以采用的是客户端渲染。

如果我们做过 .Net Web 开发，一定熟悉 ASPX 视图引擎和 Razor 视图引擎，熟悉 Java Web 的开发者，想必也知道 Thymeleaf、Freemarker、Velocity 等视图引擎，视图引擎也叫模板引擎。

在 Node 中也有许多的模板引擎，如 pug（jade）、ejs、art-template 等。本章我们讲解的是 art-template。

先来总结一下各种模板引擎的优缺点。
- ● pug（原名 jade）

优点：语法为类 Python 游标卡尺，简练、优雅。

缺点：可视化弱、前端切换成本较大。

● ejs

优点：简单。

缺点：语法烦琐。

● art-template

优点：运行速度快，全中文文档，语法简单同时兼容 ejs 语法。

缺点：后缀名为 .art 而不是 .html。

5.1.2　art–template 模板引擎简介

art-template 官网地址为 http://aui.github.io/art-template/zh-cn/。

art-template 支持模板继承与子模板、Express、Koa、Webpack 等其他框架。

art-template 三个核心方法如下：

```
// 基于模板名渲染模板
template(filename, data);
// 将模板源代码编译成函数
template.compile(source, options);
// 将模板源代码编译成函数并立刻执行
template.render(source, data, options);
```

如果你使用的是 VS Code，建议安装插件 Art Template Helper。

VS Code 若要识别自定义后缀模板，需要修改配置文件，以 art 后缀模板为例，打开 VS 菜单 Preference 里面的 Settings，搜索 associations，修改 settings.json 文件，添加如下配置：

```
{
    "files.associations": {
        "*.art": "html"
    }
}
```

art-template 使用步骤如下：

（1）在命令行工具中使用 npm install art-template --save 命令进行下载。

（2）使用 const template = require('art-template') 引入模板引擎。

（3）使用 const html = template(' 模板路径 ', 数据)；告诉模板引擎要拼接的数据和模板在哪。

（4）使用模板语法告诉模板引擎，模板与数据应该如何进行拼接。

下面通过一个示例来演示模板引擎的用法。

（1）新建目录 tmpl，用于存放模板文件。

（2）在 tmpl 目录下新建文件 1.art，输入如下代码：

```
<!DOCTYPE html>
```

```
<html lang="en">
<head>
    <meta charset="utf8">
    <meta name="viewport" content="width=device-width, initial-scale=1.0">
    <title>Document</title>
</head>
<body>
    {{ name }}
    {{ age }}
</body>
</html>
```

（3）新建文件 1.js，输入代码如下：

```
// 导入模板引擎模块
const template = require('art-template');
const path = require('path');
const tmpl = path.join(__dirname, 'tmpl', '1.art');

// 将特定模板与特定数据进行拼接
const html = template(tmpl, {
  name: '石中玉',
  age: 20,
});
console.log(html);
```

执行命令 node 1.js，结果如下：

```
<!DOCTYPE html>
<html lang="en">
<head>
    <meta charset="utf8">
    <meta name="viewport" content="width=device-width, initial-scale=1.0">
    <title>Document</title>
</head>
<body>
    石中玉
        20
</body>
</html>
D:\WorkSpace\react_book_write\codes\chapter5\art-template>
```

可以看到模板中的变量已经替换为了数据的属性值。

小技巧：

可以先将模板文件的扩展名设置为 html，待添加好相应的 HTML 代码后，再改为 art 后缀，最后添加 art 模板代码。

5.2 模板引擎语法

art-template 同时支持两种模板语法，分别是标准语法和原始语法。标准语法可以让模板更容易读写，而原始语法具有强大的逻辑处理能力。

5.2.1 输出

标准语法：

```
{{ 数据 }}
```

原始语法：

```
<%= 数据  %>
```

标准语法：

```
{{if user}}
  <h2>{{user.name}}</h2>
{{/if}}
```

原始语法：

```
<% if (user) { %>
    <h2><%= user.name %></h2>
  <% } %>
```

5.2.2 原文输出

标准语法：

```
{{@ 数据 }}
```

原始语法：

```
<%- 数据 %>
```

如果数据中携带 HTML 标签，默认模板引擎不会解析标签，而是将其转义后输出，使用示例如下：

```
<!-- 标准语法 -->
<h2>{{@ value }}</h2>
<!-- 原始语法 -->
<h2><%- value %></h2>
```

5.2.3 条件判断

```
<!-- 标准语法 -->
{{if 条件}} ... {{/if}}
{{if v1}} ... {{else if v2}} ... {{/if}}
<!-- 原始语法 -->
<% if (value) { %> ... <% } %>
<% if (v1) { %> ... <% } else if (v2) { %> ... <% } %>
```

5.2.4 循环

标准语法：

```
{{each 数据}} {{/each}}
```

原始语法：

```
<% for() { %> <% } %>
```

target 支持 array 与 object 的迭代，其默认值为 $data。
$value 与 $index 可以自定义：{{each target val key}}。

```
<!-- 标准语法 -->
{{each target}}
    {{$index}} {{$value}}
{{/each}}
<!-- 原始语法 -->
<% for(var i = 0; i < target.length; i++){ %>
    <%= i %> <%= target[i] %>
<% } %>
```

5.2.5 子模板

使用子模板可以将网站公共区块(头部、底部)抽离到单独的文件中。
标准语法：

```
{{include '模板'}}
```

原始语法：

```
<%include('模板') %>
<!-- 标准语法 -->
{{include './header.art'}}
<!-- 原始语法 -->
<% include('./header.art') %>
```

5.2.6 模板继承

模板继承允许你构建一个包含你站点共同元素的基本模板"骨架"。使用模板继承可以将网站的HTML骨架抽离到单独的文件中，其他页面模板可以继承骨架文件。各模板之间的关系如图5-1所示。

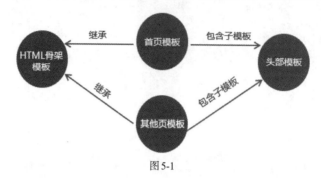

图 5-1

不同的页面引入的CSS、js文件、HTML内容不一样时，如何解决不同页面中独有的资源的问题? 我们可以在父模板页中指定占位，然后在子模板页面中填充内容到指定的占位位置。

骨架模板layout.art示例代码如下：

```
<!doctype html>
<html>
    <head>
        <meta charset="utf8">
        <title>HTML 骨架模板</title>
        {{block 'head'}}{{/block}}
    </head>
    <body>
        {{block 'content'}}{{/block}}
    </body>
</html>
```

注意用block指定占位的时候，需要起一个名字用于标识。

首页模板index.art示例代码如下：

```
<!--index.art 首页模板-->
{{extend "./layout.art"}}
{{block 'head'}}
<link rel="stylesheet" href="../css/index.css"> {{/block}}
{{block 'content'}} <p>{{ msg }}——我就是我</p> {{/block}}
```

渲染index.art文件后，将自动应用布局骨架layout.art，并将index.art文件中特有的内容渲染到指定位置。

文件2.js中的代码如下：

```
const template = require('art-template');
```

```
const path = require('path');
const views = path.join(__dirname, 'tmpl', 'index.art');
const html = template(views, {
  msg: '首页模板',
});
console.log(html);
```

执行命令 node 2.js，运行结果如下：

```
PS D:\WorkSpace\react_book_write\codes\chapter5\art-template> node
2.js
<!doctype html>
<html>
<head>
    <meta charset="utf8">
    <title>HTML 骨架模板</title>
<link rel="stylesheet" href="../css/index.css">
</head>
<body>
    <p>首页模板—我就是我</p>
</body>
</html>
```

5.2.7　模板配置

（1）向模板中导入变量。

```
template.defaults.imports.变量名 = 变量值;
```

以日期格式化组件 moment.js 为例，执行命令 npm install moment-save 安装 moment.js。

（2）设置模板根目录。

```
template.defaults.root = 模板目录;
```

（3）设置模板默认后缀 。

```
template.defaults.extname = '.art';
```

这其实就相当于全局配置。

date.html 中的代码如下：

```
当前日期是：{{moment(now).format('YYYY-MM-DD')}}
```

文件 03.js 中的代码如下：

```
const template = require('art-template');
const path = require('path');
const moment = require('moment');
// 导入模板变量
template.defaults.imports.moment = moment;
```

```
// 设置模板的根目录
template.defaults.root = path.join(__dirname, 'tmpl');
// 配置模板的默认后缀
template.defaults.extname = '.html';
const html = template('date', {
  now: new Date(),
});
console.log(html);
```

执行命令 node 3.js，运行结果如下：

当前日期是：2020-06-12

回顾一下 template 方法中的两个参数，第一个参数是模板的绝对路径，第二个参数是要在模板中显示的数据，是一个对象类型。

5.3 案例——用户管理

接下来，我们通过一个具体的案例来演示模板引擎的应用，以便强化 Node.js 项目制作流程。

5.3.1 案例介绍

案例需求：可以新增和删除用户，以列表的形式展示用户数据列表。
需要用到的知识点：http 请求响应、数据库、模板引擎、静态资源访问。
UI 界面样式使用的是 Bootstrap 3 框架。
案例界面展示效果如下：
添加页面如图 5-2 所示。

图 5-2

列表页面如图 5-3 所示。

图 5-3

1. 第三方模块 router

虽然在 3.5.4 小节中我们已经通过自己编码的形式实现了路由，但是这样的代码非常杂乱，很不友好。接下来我们使用第三方路由模块 router 来管理路由。

router 使用步骤如下：

① 获取路由对象。

② 调用路由对象提供的方法创建路由。

③ 启用路由，使路由生效。

示例代码如下：

```
const getRouter = require('router')
const router = getRouter();
router.get('/list', (req, res) => {
    res.end('大唐不良人何在')
})
server.on('request', (req, res) => {
    router(req, res)
})
```

2. 第三方模块 serve-static

功能：实现静态资源访问服务。

使用步骤如下：

① 引入 serve-static 模块获取创建静态资源服务功能的方法。

② 调用方法创建静态资源服务并指定静态资源服务目录。

③ 启用静态资源服务功能。

在前面 Node 服务器端只处理了动态请求，如果是一些静态资源请求，我们需要使用到第三方模板 serve-static。

示例代码如下：

```
const serveStatic = require('serve-static')
const serve = serveStatic('public')
server.on('request', () => {
    serve(req, res)
})
server.listen(3000)
```

5.3.2 操作步骤

（1）建立项目目录并生成项目描述文件。

新建目录 user-manage，在该目录下运行命令 npm init -y 进行项目初始化，初始化完成之后，会在根目录下生成 package.json 文件。

依次执行如下命令安装第三方模块：

npm i art-template -save

npm i mongoose -save

npm i moment -save

npm i serve-static -save

npm i router -save

（2）创建网站服务器实现客户端和服务器端通信。

网站根目录下添加入口文件 index.js，代码如下：

```
// 引入 http 模块
const http = require('http');

// 创建网站服务器
const app = http.createServer();
// 当客户端访问服务器端的时候
app.on('request', (req, res) => {
  res.end('sucess');
});
// 端口监听 80 端口
app.listen(80);
console.log(' 服务器启动成功 ');
```

看起来很完美，接下来执行命令 nodemon index.js，如果出现如下运行结果：

```
D:\WorkSpace\react_book_write\codes\chapter5\user-manage>nodemon
index
.js
[nodemon] 2.0.4
[nodemon] to restart at any time, enter 'rs'
[nodemon] watching path(s): *.*
[nodemon] watching extensions: js,mjs,json
[nodemon] starting 'node index.js'
服务器启动成功
events.js:292
      throw er; //Unhandled 'error' event
      ^

Error: listen EACCES: permission denied 0.0.0.0:80
...
```

这说明 80 端口已经被占用了，谁会占用 80 端口呢？很可能是 Web 服务器，笔者的计算机上安装了 IIS 服务器，接下来我们可以去停用 IIS 上默认站点占用的 80 端口，如图 5-4 所示。

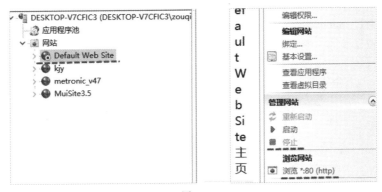

图 5-4

如果你嫌麻烦，也可以不监听 80 端口，换一个其他未被占用的端口，如：9999。

如果不确定是哪个应用占用了 80 端口，可以在 CMD 控制台执行命令 cd C:\Windows\system32\，即可将当前操作路径切换到 Windows 操作系统的系统目录下，然后再输入 netstat -an，查看当前运行的端口。

当我们停止这个 Default Web Site 默认站点后，再执行命令 nodemon index.js，运行结果如下：

```
D:\WorkSpace\react_book_write\codes\chapter5\user-manage>nodemon
index.js
[nodemon] 2.0.4
[nodemon] to restart at any time, enter 'rs'
[nodemon] watching path(s): *.*
[nodemon] watching extensions: js,mjs,json
[nodemon] starting 'node index.js'
服务器启动成功
```

此时说明我们的服务端程序正常运行了。最后，打开浏览器，输入地址 http://localhost/，会看到如图 5-5 所示结果。

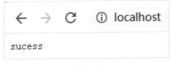

图 5-5

（3）连接数据库并根据需求设计人员信息表。

根据 MVC 设计规则，我们对各个模块进行抽离，新建目录 model，在这个目录下新建数据库连接文件 conn.js，并输入如下代码：

```
const mongoose = require('mongoose');
// 连接数据库
```

Node+MongoDB+React项目实战开发

```
mongoose.connect('mongodb://localhost/user-manage', { useNewUrlParser: true })
    .then(() => console.log('数据库连接成功'))
    .catch(() => console.log('数据库连接失败'))
```

这个文件是通过 mongoose 来连接 mongodb 数据库的。

接下来创建数据实体，继续在这个目录下新建 user.js 文件，构造实体模型，代码如下：

```
const mongoose = require('mongoose');
// 创建人员集合规则
const userSchema = new mongoose.Schema({
  // 姓名
  name: {
    type: String,
    required: true,
    minlength: 2,
    maxlength: 10,
  },
  // 年龄
  age: {
    type: Number,
    min: 10,
    max: 400,
  },
  // 性别
  sex: {
    type: String,
    enum: {
      values: ['男', '女'],
      message: '只能选男和女',
    },
  },
  // 门派
  school: {
    type: String,
    enum: {
      values: ['0', '1', '2', '3', '4', '5'],
    },
  },
  // 创建时间
  createOn: {
    type: Date,
    default: Date.now,
  },
});
// 创建人员信息集合
const User = mongoose.model('User', userSchema);
```

106

```
// 将人员信息集合进行导出
module.exports = User;
```

（4）创建路由并实现页面模板展示。

如果我们了解后端的 MVC 框架，应该就非常清楚，在控制器 controller 中可以实现路由，新建目录 controller，在目录下新建文件 user-controller.js，并输入如下代码：

```
// 引入 router 模块
const getRouter = require('router');
// 获取路由对象
const router = getRouter();
// 人员信息集合
const User = require('../model/user');
// 引入模板引擎
const template = require('art-template');
// 引入 querystring 模块
const querystring = require('querystring');
// 用于处理 URL 地址
const url = require('url');
const schools = require('../data/json.js');


// 添加人员信息页面
router.get('/add', (req, res) => {
  let html = template('add-user.art', {});
  res.end(html);
});
// 删除人员
router.get('/delete', async (req, res) => {
  let { query } = url.parse(req.url, true);
  let id = query.id;
  let delRes = await User.findOneAndDelete({ _id: id });
  console.log(delRes);
  res.writeHead(301, {
    Location: '/list?d=' + new Date(), // 刷新页面，改变 URL 地址
  });
  res.end();
});
// 人员信息列表页面
router.get('/list', async (req, res) => {
  // 查询人员信息
  let users = await User.find();
  console.log(users);
  let html = template('list.art', {
    users: users,
    schools: schools,
```

```
  });
    res.end(html);
});
// 实现人员信息添加功能路由——接收 post 请求参数
router.post('/add', (req, res) => {
  let formData = '';
  req.on('data', (param) => {
    formData += param;
  });
  req.on('end', async () => {
    let item = querystring.parse(formData);
    //console.log('item', item);
    await User.create(item).catch((err) => {
      res.write(err.message);
    });
    res.writeHead(301, {
      Location: '/list',
    });
    res.end();
  });
});
module.exports = router;
```

说明：响应码 301 是页面重定向的意思。删除人员信息后，在页面跳转的 URL 地址后面加一个变化的标识，可以是 guid 或者时间戳，这是为了和上一次的 URL 地址不一样。因为当进入页面跳转的时候，如果 URL 地址一样，浏览器不会重新发起新的请求。

这里用到了枚举数据，在 data 目录下创建一个 json.js 文件，用于存放静态的 json 数据，代码如下：

```
const schools = ['不良人', '玄冥教', '通文馆', '幻音坊', '天师府',
'万毒窟'];
module.exports = schools;
```

这里将枚举值设置成一个数组，数组的索引值对应枚举值以方便调用。

控制器完成之后，接下来我们开始做页面模板，也就是 MVC 中的视图 (view)，新建 view 目录，然后在该目录下新建文件 add-user.art 作为添加用户的页面模板，代码如下：

```
<!DOCTYPE html>
<html lang="en">

<head>
<meta charset="utf8">
<meta name="viewport" content="width=device-width, initial-scale=1.0">
    <title>添加人物</title>
    <!-- 最新版本的 Bootstrap 核心 CSS 文件 -->
    <link rel="stylesheet" href="/css/bootstrap.css">
    <style>
```

```
        .add-content {
            width: 400px;
            margin: 0 auto;
        }
        h4 {
            text-align: center;
        }
    </style>
</head>

<body>
    <div class="add-content">
        <h4>添加人物</h4>
        <form class="form-horizontal" action="/add" method="post">
            <div class="form-group">
                <label for="name" class="col-sm-2 control-label">姓名</label>
                <div class="col-sm-10">
                    <input type="text" class="form-control" id="name" name="name"
                    placeholder="请输入姓名">
                </div>
            </div>
            <div class="form-group">
                <label for="age" class="col-sm-2 control-label">年龄</label>
                <div class="col-sm-10">
                    <input type="number" class="form-control" name="age"
                    placeholder="请输入年龄">
                </div>
            </div>
            <div class="form-group">
                <label class="col-sm-2 control-label">性别</label>
                <div class="col-sm-10">
                    <label class="radio-inline">
                    <input type="radio" name="sex" value="男"> 男
                    </label>
                    <label class="radio-inline">
                     <input type="radio" name="sex" value="女"> 女
                    </label>
                </div>
            </div>
            <div class="form-group">
                <label for="school" class="col-sm-2 control-label">门派</label>
                <div class="col-sm-10">
                    <select class="form-control" name="school">
                        <option value='0'>不良人</option>
                        <option value='1'>玄冥教</option>
```

```
                        <option value='2'> 通文馆 </option>
                        <option value='3'> 幻音坊 </option>
                        <option value='4'> 天师府 </option>
                        <option value='5'> 万毒窟 </option>
                    </select>
                </div>
            </div>
            <div class="form-group">
                <div class="col-sm-offset-2 col-sm-10">
                  <button type="submit" class="btn btn-default"> 添加 </button>
                </div>
            </div>
        </form>
    </div>
</body>

</html>
```

说明：在 form 表单中设置 action，表示这个表单的请求地址；设置 method，指明请求的方式；表单提交通常设置为 post 方式。表单中的元素要设置 name 属性，name 属性值要和数据表中的字段名称保持一致，这样做是为了方便，不需要额外的处理，就可以直接将表单数据进行提交。触发表单提交的按钮，type 要设置为 submit。

接下来继续设置参加人员列表模板 list.art，代码如下：

```
<!DOCTYPE html>
<html lang="en">

<head>
    <meta charset="utf8">
    <meta name="viewport" content="width=device-width, initial-scale=1.0">
    <title> 画江湖之不良人 - 人物列表 </title>
    <link rel="stylesheet" href="./css/bootstrap.min.css">
    <style>
        .list-content {
            width: 600px;
            margin: 0 auto;
        }
        h4 {
            text-align: center;
            position: relative;
        }
        h4 a {
            position: absolute;
            right: 8px;
            top: 0px;
```

```
                }
            </style>
    </head>

    <body>
        <div class="list-content">
            <h4>画江湖之不良人 – 人物列表 <a href="/add" class="btn btn-default btn-sm
            active">添加 </a></h4>
        <table class="table table-hover">
            <thead>
                <tr>
                    <th>姓名 </th>
                    <th>年龄 </th>
                    <th>性别 </th>
                    <th>门派 </th>
                    <th>创建时间 </th>
                    <th>操作 </th>
                </tr>
            </thead>
            <tbody>
                {{each users}}
                <tr>
                    <td>{{$value.name}}</td>
                    <td>{{$value.age}}</td>
                    <td>{{$value.sex}}</td>
                    <td>{{schools[$value.school]}}</td>
                    <td>{{moment($value.createOn).format('YYYY-MM-DD')}}</td>
                    <td><a href="/delete?id={{@$value._id}}" class="btn btn-danger
                    btn-sm active">删除 </a></td>
                </tr>
                {{/each}}
            </tbody>
        </table>
        </div>
    </body>
</html>
```

在这里需要额外注意的是，在删除传参那个位置，绑定参数值时要加 @，否则传过去的参数
会带引号。

（5）实现静态资源访问。

UI 界面使用 Bootstrap 样式，可以去官网下载，Bootstrap 官网地址为 https://v3.bootcss.com/，
下载后解压安装包 bootstrap-3.3.7-dist.zip，将其目录下的文件全部复制到 public 目录中。由于我
们只用到了样式，所以暂时只需要引入样式文件即可，如果用到 Bootstrap 中的一些 js 功能，则
必须把 js 文件也引入过来。

如果你想使用 CDN，也可以去 https://www.bootcdn.cn/ 上找到你想要的 UI 库相对应的 CDN 地址。

```
// 引入 http 模块
const http = require('http');
// 引入模板引擎
const template = require('art-template');
// 引入 path 模块
const path = require('path');
// 引入静态资源访问模块
const serveStatic = require('serve-static');
// 引入处理日期的第三方模块
const moment = require('moment');

const router = require('./controller/user-controller');
// 实现静态资源访问服务
const serve = serveStatic(path.join(__dirname, 'public'));

// 配置模板的根目录
template.defaults.root = path.join(__dirname, 'view');
// 处理日期格式的方法
template.defaults.imports.moment = moment;

// 数据库连接
require('./model/connjs');

// 创建网站服务器
const app = http.createServer();
// 当客户端访问服务器端的时候
app.on('request', (req, res) => {
  // 启用路由功能
  router(req, res, () => {});
  // 启用静态资源访问服务功能
  serve(req, res, () => {});
});
// 端口监听
app.listen(80);
console.log('服务器启动成功');
```

🔔 **注意:**

如果页面中用到了静态资源，一定要对静态资源进行处理，否则浏览器中会一直加载，但什么内容也不显示。因为静态资源文件会单独发起一个 http 请求，我们要对这些请求做出响应，否则浏览器客户端会一直处于等待状态。

最终项目代码目录结构如图 5-6 所示。

图 5-6

接下来运行程序，在控制台窗体执行命令 nodemon index.js，显示如下信息：

```
[nodemon] restarting due to changes...
[nodemon] starting 'node index.js'
服务器启动成功
数据库连接成功
```

如果觉得每次手动输入命令麻烦，可以利用 VS Code 中的可视化操作或者按快捷键，如图 5-7 所示。

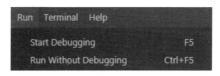

图 5-7

需要注意的是，需要运行哪个文件就打开哪个文件，再来执行运行操作。这里有两种运行方式，一种是在调试模式下运行；另一种是在非调试模式下运行。

当服务器运行成功之后，就打开浏览器，输入地址 http://localhost/list 就可以访问程序了。

这样一个简单的案例做下来，我们可能会发现，怎么实现起来这么麻烦？别急，下一章开始将会介绍基于 Node 的 Web 应用框架 Express，通过使用该框架进行项目开发。

第 6 章　Express 框架

本章学习目标

◆ 了解什么是 Express 框架

◆ 掌握 Express 一些中间件

◆ 熟悉 Express 请求处理

◆ 熟悉 express-art-template 模板引擎

◆ 熟悉 express-session

6.1　Express 框架简介

6.1.1　什么是 Express 框架

Express 是一个基于 Node 平台的 Web 应用开发框架，它提供了一系列强大的特性，帮助开发者们创建各种 Web 应用。可以使用 npm i express 命令进行下载安装。

在前面的章节中我们相当于自己搭建了 Node 的 Web 应用。而使用框架的目的就是让我们更加专注于业务，而不是底层细节。

6.1.2　Express 框架特性

● 提供了方法简洁的路由定义方式。

● 对获取 HTTP 请求参数进行了简化处理。

● 对模板引擎支持程度高，方便渲染动态 HTML 页面。Express 虽然没有内置模板引擎，但是对市面上主流的模板引擎都能够很好地支持。

● 提供了中间件机制，能够有效控制 HTTP 请求。

● 拥有大量第三方中间件对功能进行扩展。

6.2　中间件

6.2.1　什么是中间件

中间件就是一堆方法，它可以接收客户端发来的请求，可以对请求做出响应，也可以将请求继续交给下一个中间件处理，你可以先简单理解为对请求的拦截处理。

中间件主要由两部分组成：中间件方法和请求处理函数。中间件很像管道，在管道中我们可以设置各种各样的控制，如增加过滤器等。管道请求处理流程如图 6-1 所示。

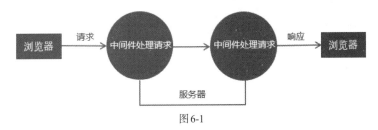

图6-1

中间件方法由 Express 提供，负责拦截请求；而请求处理函数则由开发人员提供，负责处理请求。

```
app.get('请求路径', '处理函数');
app.post('请求路径', '处理函数');
```

可以针对同一个请求设置多个中间件，对同一个请求进行多次处理。默认情况下，请求从上到下依次匹配中间件，一旦匹配成功，将会终止匹配。但是我们可以调用 next 方法将请求的控制权交给下一个中间件，直到遇到结束请求的中间件，才会终止匹配。

新建目录 express-demo，在该目录下新建文件 app.js 作为入口文件，在当前目录下的控制台中执行命令 npm init -y，生成 package.json 文件，然后执行命令 npm i express 安装 express。

新建 test.js 文件，代码如下：

```
//0. 安装 npm i express
//1. 引包
var express = require('express');
//2. 创建服务器应用程序, 也就是原来的 http.createServer
var app = express();

app.get('/about', function (req, res, next) {
  req.name = '参见大帅';
  next();
});
app.get('/about', function (req, res) {
  res.send(req.name);
});
```

```
// 相当于 server.listen
app.listen(80, function () {
  console.log(' 应用运行在 80 端口 ');
});
```

在 VS Code 中执行 Run → Run Without Debugging，然后选择 Node.js，如图 6-2 所示。

启动 Web 服务器，然后在浏览器地址栏中输入 http://localhost/about，运行结果如图 6-3 所示。

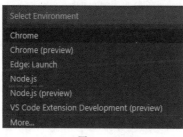

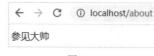

图 6-2   图 6-3

6.2.2　app.use 中间件用法

app.use 匹配所有的请求方式，可以直接传入请求处理函数，代表接收所有的请求，如下所示：

```
var express = require('express');
var app = express();
app.use((req,res,next)=>{
    console.log(req.url);
    next();
})
```

app.use 第一个参数也可以传入请求地址，代表不论什么请求方式，只要是这个请求地址，就接收这个请求，如下所示：

```
app.use('/about',(req,res,next)=>{
    console.log(req.url);
    next();
})
```

app.use 可以接收所有请求的特性，通常将其放置在其他路由请求的前面。

在原 test.js 文件中添加如下代码：

```
app.use((req, res, next) => {
  console.log(' 一天是不良人，一辈子都是 ');
  next();
});
```

```
app.use('/about, (req, res, next) => {
  console.log(' 本帅 300 年功力岂是你能撼动的 ');
  next();
});
```

运行代码，在浏览器中输入地址 http://localhost/about，服务器控制台运行结果如下：

```
应用运行在 80 端口
一天是不良人，一辈子都是
本帅 300 年功力岂是你能撼动的
```

6.2.3　中间件应用

（1）路由保护、权限验证。

客户端在访问需要登录的页面时，可以先使用中间件判断用户登录主题，用户如果未登录，则拦截请求，直接响应并禁止用户进入需要登录的页面。

新建文件 login-validate.js，并输入如下代码：

```
const express = require('express');
const app = express();

app.use('/admin', (req, res, next) => {
  let isLogin = false;
  if (isLogin == true) {
    next();
  } else {
    res.send(' 请先登录 ');
  }
});
app.use('/admin', (req, res) => {
  res.send(' 这是后台管理页面 ');
});
app.use('/login', (req, res) => {
  res.send(' 这是登录页面 ');
});
app.listen(80, function () {
  console.log(' 应用运行在 80 端口 ');
});
```

执行命令 nodemon login-validate.js，运行结果如下：

```
[nodemon] 2.0.4
[nodemon] to restart at any time, enter 'rs'
[nodemon] watching path(s): *.*
```

```
[nodemon] watching extensions: js,mjs,json
[nodemon] starting 'node login-validate.js'
应用运行在 80 端口
```

然后在浏览器中输入地址 http://localhost/admin，运行结果如图 6-4 所示。

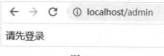

图 6-4

（2）网站维护公告。

在所有路由的最前面定义接收所有请求的中间件，直接为客户端做出响应：网站维护中…。代码如下：

```
app.use((req, res, next) => {
  res.send('网站维护中 ...');
});
app.u
```

（3）定义 404 页面。

当用户访问的页面不存在时，我们可以指定一个 404 的友好页面展示给客户，那么这个中间件要放到所有路由的最后面定义，因为中间件的匹配是按照从上至下的顺序来匹配的。比如：

```
app.use((req, res, next) => {
  res.status(404);                 // 指定响应状态码
  res.send('页面不存在 ');
});
```

6.2.4 错误处理中间件

在程序执行过程中，不可避免地会出现一些无法预料的错误，如数据库操作失败等。而错误处理中间件是一个集中处理错误的地方。

在程序中一旦出现错误，就会终止运行，所以我们应该捕获异常处理。

新建文件 error.js，添加如下代码：

```
const express = require('express');
const app = express();

app.get('/index', (req, res) => {
  throw new Error('报错了 ');        // 抛出一个异常
});
// 错误处理中间件
app.use((err, req, res, next) => {
  res.status(500).send('服务器错误 ');
});
```

```
app.listen(80);
console.log('网站服务器启动成功，监听80端口');
```

运行代码，然后在浏览器中输入地址 http://localhost/index，运行结果如图 6-5 所示。

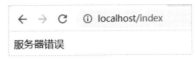

图 6-5

错误处理中间件默认只能捕获到同步代码执行出错，如果异步代码执行出错，需要调用 next 方法，将错误信息通过参数的形式传递给 next 方法触发错误处理中间件。

新建文件 async-error.js，输入如下代码：

```
const express = require('express');
const fs = require('fs');
const app = express();

app.get('/file', (req, res, next) => {
  // 读取一个不存在的文件，引发错误
  fs.readFile('/1.txt', (err, data) => {
    if (err) {
      next(err);
    }
  });
});
// 错误处理中间件
app.use((err, req, res, next) => {
  res.status(500).send(err.message);
});
app.listen(80);
console.log('网站服务器启动成功，监听80端口');
```

运行代码，然后在浏览器中输入地址 http://localhost/file，运行结果如图 6-6 所示。

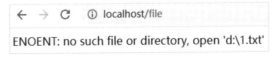

图 6-6

6.2.5　捕获异常

在 Node.js 中，异步 API 的错误信息都是通过回调函数获取的，支持 Promise 对象的异步 API 发生错误可以通过 catch 方法捕获。

try...catch 可以捕获异步函数以及其他同步代码在执行过程中发生的错误，但是不能捕获其他类型的 API 发生的错误。在我们编写的代码当中，在可能出现异常的地方要使用 try...catch 进行捕获，以提升代码的健壮性。

新建文件 try-catch.js，添加如下代码：

```
const express = require('express');
const fs = require('fs');
const app = express();

app.get('/file',async (req, res, next) => {
  // 捕获异常
  try{
    await fs.readFile('/1.txt')
  }
  catch(err){
      next(err);
  }
});
// 错误处理中间件
app.use((err, req, res, next) => {
  res.status(500).send(err.message);
});
app.listen(80);
console.log('网站服务器启动成功，监听80端口');
```

6.3　Express 请求处理

6.3.1　构建路由

添加 router.js 文件，代码如下：

```
// 引入 express 框架
const express = require('express');
// 创建网站服务器
const app = express();
// 创建路由对象
const admin = express.Router();
// 为路由对象匹配请求路径
app.use('/admin', admin);
// 创建二级路由
admin.get('/about', (req, res) => {
  res.send('我们是大唐不良人');
});
```

```
app.listen(80);
console.log(' 网站服务器启动成功，监听 80 端口 ');
```

运行代码，并在浏览器中输入地址 http://localhost/admin/about，运行结果如图 6-7 所示。

图6-7

6.3.2　构建模块化路由

那么如何将路由进行模块化呢？模块化意味着要将不同的路由抽取到不同的文件中。新建 router 目录，用于存放所有拆分的路由文件，新建文件 me.js，代码如下：

```
const express = require('express');
const me = express.Router();
me.get('/index', (req, res) => {
  res.send(' 我是画江湖之不良人 ');
});
module.exports = me;
```

新建文件 school.js，代码如下：

```
const express = require('express');
const school = express.Router();
school.get('/index', (req, res) => {
  res.send(' 这里是不良人总坛 ');
});
module.exports = school;
```

新建文件 module-router.js，代码如下：

```
// 引入 express 框架
const express = require('express');
// 创建网站服务器
const app = express();
// 引入路由
const me = require('./router/me');
const school = require('./router/school');
// 为路由对象匹配请求路径
app.use('/me', me);
app.use('/school', school);
app.listen(80);
console.log(' 网站服务器启动成功，监听 80 端口 ');
```

运行结果如图 6-8 所示。

图6-8

6.3.3 GET 参数的获取

在 Express 框架中使用 req.query 即可获取 GET 参数，框架内部会将 GET 参数转换为对象并返回。新建文件 get-params.js，代码如下：

```
const express = require('express');
const app = express();
app.get('/index', (req, res) => {
  // 获取 get 请求参数
  res.send(req.query);
});
app.listen(80);
console.log('网站服务器启动成功，监听80端口');
```

运行代码，并在浏览器中输入地址 http://localhost/index?name=yujie&age=31，运行结果如图 6-9 所示。

图6-9

6.3.4 POST 参数的获取

POST 中的参数通常是由表单提交过来的，以前表单是如何提交的？

表单中需要提交的表单控件元素必须具有 name 属性，表单提交分为默认的提交行为和表单异步提交。

表单的 action 属性就是表单提交的地址，即请求的 url 地址，method 属性表示请求方法（post/get）。

在 Express 中接收 post 请求参数需要借助第三方包 body-parser。

安装 body-parser 命令为 npm i body-parser。

新建文件 post-params.js，代码如下：

```
const express = require('express');
const app = express();
const bodyParser = require('body-parser');
```

```
// 拦截所有请求
app.use(bodyParser.urlencoded({ extended: false }));
app.post('/add', (req, res) => {
  res.send(req.body);
});
app.listen(80);
console.log('网站服务器启动成功，监听80端口');
```

说明：urlencoded 方法中，extended 参数的值的含义如下：

● extended:false，表示方法内部使用 queryString 模块处理请求参数的格式。

● extended:true，表示方法内部使用第三方模块 qs 处理请求参数的格式。

新建 HTML 页面 post.html，代码如下：

```html
<!DOCTYPE html>
<html lang="en">
<head>
    <meta charset="utf8">
    <meta name="viewport" content="width=device-width, initial-scale=1.0">
    <title>Document</title>
</head>
<body>
    <form action="http://localhost/add" method="POST">
        <div><label>姓名：</label><input type="text" value="" name="username" /></div>
        <div><label>年龄：</label><input type="text" value="" name="age" /></div>
        <div><input type="submit" value="提交" /></div>
    </form>
</body>
</html>
```

运行 post-params.js 代码，然后打开 post.html 页面，最终运行结果如图 6-10 所示。

图 6-10

6.3.5　Express 路由参数

可以直接在路由地址中以占位符的形式传递参数，新建文件 router-params.js，添加如下代码：

```javascript
const express = require('express');
const app = express();
```

123

```
app.get('/detail/:id', (req, res) => {
  res.send(req.params);
});
app.listen(80);
console.log('网站服务器启动成功，监听80端口');
```

在浏览器中输入 http://localhost/detail/12，运行结果如图 6-11 所示。

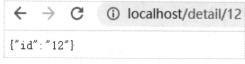

图6-11

6.3.6　静态资源处理

通过 Express 内置的 express.static 方法可以托管静态文件，如 css、img、js 等文件，添加如下代码：

```
const path=require('path');
const app = express();
// 实现静态资源访问
app.use(express.static(path.join(__dirname,'public')));
```

这样 public 目录下的资源文件就可以直接访问了。新建 public 目录，然后在 public 目录下新建目录 imgs，最后在 imgs 目录下存放文件 nv.jpg，此时要访问静态资源 nv.jpg，只需要在浏览器中输入路径 http://localhost/imgs/nv.jpg 即可。

6.4　express–art–template 模板引擎

为了使 art-template 模板引擎能够更好地和 Express 框架结合，模板引擎官方在原 art-template 模板引擎的基础上封装出了 express-art-template。

由于 express-art-template 建立在 art-template 模板引擎之上，要使用 express-art-template，必须同时安装 express-art-template 和 art-template。

安装命令如下：

```
npm i express-art-template art-template
```

新建文件 express-art-template.js，添加代码如下：

```
const express = require('express');
const app = express();
const path = require('path');
```

```
// 当渲染后缀为 art 的模板时, 使用 express-art-template
app.engine('art', require('express-art-template'));
// 设置模板存放的路径
app.set('views', path.join(__dirname, 'views'));
// 设置渲染模板时的默认后缀
app.set('view engine', 'art');
app.get('/my', (req, res) => {
  // 渲染模板
  res.render('my', { msg: '我就是我, 是颜色不一样的烟火 ' });
});

app.listen(80);
console.log('网站服务器启动成功, 监听 80 端口 ');
```

代码说明：app.engine 方法的作用是告诉 Express 框架使用哪一种模板引擎来渲染指定后缀的模板文件。app.set 方法中，第一个参数名 views 是固定写法，表示要设置模板的存放位置，第二个参数表示模板所在位置，建议使用绝对路径。第一个参数是模板的后缀，第二个参数是使用的模板引擎。

然后新建 views 目录，用于存放模板文件，在 views 目录下新建一个模板文件 my.art，代码如下：

```
<h4>{{msg}}</h4>
```

执行 nodemon express-art-template.js 命令启用程序，然后在浏览器地址中栏输入 http://localhost/my，运行结果如图 6-12 所示。

图 6-12

app.locals 对象：locals 对象用于将数据传递至所渲染的模板中，挂载到 app.locals 对象上的变量中，在所有模板中都可以直接访问。

在 express-art-template.js 文件中添加如下代码：

```
app.locals.songName='《我》';
```

然后在 my.art 文件中添加如下代码：

```
<h3>{{songName}}</h3>
```

运行结果如图 6-13 所示：

图 6-13

6.5   express–session

6.5.1   Session 简介

Session 是另一种记录客户状态的机制，不同的是，Cookie 保存在客户端浏览器中，而 Session 保存在服务器上。

Session 运行在服务器端，当客户端第一次访问服务器时，可以将客户的登录信息保存。当客户访问其他页面时，Session 可以判断客户的登录状态做出提示，如登录拦截。

Session 可以和 Redis 或数据库等应用结合做持久化操作，当服务器开机时也不会导致某些客户的信息（购物车）丢失。

6.5.2   express–session 的使用

（1）安装 express-session：

```
cnpm i express-session --save
```

（2）引入 express-session：

```
var session = require("express-session");
```

（3）设置 express-session：

```
app.use(session({
    secret: 'keyboard cat',
    esave: true,
    saveUninitialized: true
}))
```

（4）使用：

```
设置值 req.session.username = "张子凡";
获取值 req.session.username
```

6.5.3   express–session 的常用参数

```
app.use(session({
    secret: '123456',
    name: 'name',
    cookie: {maxAge: 60000},
    resave: false,
    saveUninitialized: true
}));
```

参数说明如下。

➢ secret：一个 String 类型的字符串，作为服务器端生成 Session 的签名。

➢ name：返回客户端的 key 名称，默认为 connect.sid，也可以自己设置。

➢ cookie：设置返回到前端 key 的属性，默认值为 { path: '/', httpOnly: true, secure: false, maxAge: null }。

➢ resave：强制保存 Session，即使它并没有变化，默认为 true，建议设置成 false。

➢ saveUninitialized：强制将未初始化的 Session 存储，当新建了一个 Session 且未设定属性或值时，它就处于未初始化状态。这对于登录验证、减轻服务器端存储压力以及权限控制是有帮助的，默认为 true，建议手动添加。

➢ rolling：在每次请求时强行设置 Cookie，这将重置 Cookie 的过期时间，默认为 false。

总结：插件其实也是工具，只需要明确自己的目标就可以了，最终的目标是使用 Session 管理一些敏感信息的数据状态，如保存登录状态。

● 写 Session：req.session.xxx = xx

● 读 Session：req.session.xxx

● 删除 Session：req.session.xxx = null

● 删除 Session 更严谨的做法是 delete 语法：delete req.session.xxx

第 7 章　文章管理系统

本章学习目标

◆ 学会使用 express-generator 搭建 Express 项目

◆ 学会使用 mongo shell 连接 MongoDB 服务并执行数据库的常用操作

◆ 学会使用 mongoDB 模块完成数据库的增删改查任务

◆ 学会注册、登录 / 登出、登录拦截、Session 会话的实现逻辑

◆ 学会使用富文本工具 ckeditor5，实现文章的发布

◆ 学会文件上传的原理以及如何实现图片上传

◆ 学会分页查询的原理与实现

◆ 学会文章新增、修改、删除与详情的实现

7.1　项目环境搭建

7.1.1　项目介绍

本章通过一个文章管理系统帮助大家了解 Node.js Web 服务端的开发流程，学会 Node.js 服务的搭建、MongoDB 数据库的增删改查操作，并能够构建一个完整的 Web 系统。本案例项目是我们对前面所学知识的一个总结和实践。

本项目目前实现了四大模块的功能开发，分别是登录注册模块、用户管理模块、文章管理模块、内容展示模块。

登录注册模块和内容展示模块是所有用户都能访问的界面，用户管理、文章管理则需要管理员登录之后才能访问。内容展示模块相当于网站的前台展示，用户管理、文章管理则相当于网站的后台管理。

前台内容展示界面如图 7-1 所示。

图 7-1

后台管理界面如图 7-2 所示。

图 7-2

7.1.2　项目框架搭建

（1）初始化项目描述文件。

新建目录 cms-app，跳转到 cms-app 所在目录下执行初始化命令 npm init -y。此时会在 cms-app 根目录下自动生成一个文件 package.json。

（2）建立项目所需目录。

- public：静态资源
- models：数据库操作
- controllers：控制器路由

- views：视图模板

代码目录结构如图 7-3 所示。

图 7-3

（3）下载项目所需第三方模块。

执行命令 npm install express mongoose art-template express-art-template，下载第三方模块。
参数说明如下。

- express：创建网站服务器和路由
- mongoose：连接和操作数据库
- art-template、express-art-template：视图引擎，渲染模板

此时会在 package.json 文件的 dependencies 对象中创建如下依赖：

```
"dependencies": {
  "art-template": "^4.13.2",
  "express": "^4.17.1",
  "express-art-template": "^1.0.1",
  "mongoose": "^5.9.19"
}
```

下载的所有第三方模块都会记录在 package.json 文件中。

（4）创建网站服务器。

新建服务器入口文件 app.js，代码如下：

```
const express = require('express');


const app = express();
app.listen(80);
console.log(' 网站服务器启动成功，监听端口 80，请访问 http://localhost');
```

（5）构建模块化路由。

在 controllers 目录下新建首页路由文件 home-controller.js，用于管理前台内容展示相关的所有
路由操作，代码如下：

```
const express = require('express');
const home = express.Router();
home.get('/', (req, res) => {
```

```
// 设置 response 编码为 utf8
res.writeHead(200, { 'Content-Type': 'text/html;charset=utf8' });
res.end(' 欢迎进入网站首页 ');
});
module.exports = home;
```

新建用户管理控制文件 user-controller.js，代码如下：

```
const express = require('express');
const admin = express.Router();
admin.get('/', (req, res) => {
// 设置 response 编码为 utf8
res.writeHead(200, { 'Content-Type': 'text/html;charset=utf8' });
res.end(' 欢迎进入网站后台管理页 ');
});
module.exports = admin;
```

新建文章管理控制文件 article-controller.js，代码如下：

```
const express = require('express');
const article = express.Router();
article.get('/', (req, res) => {
// 设置 response 编码为 utf8
res.writeHead(200, { 'Content-Type': 'text/html;charset=utf8' });
res.end(' 欢迎进入文章管理页面 ');
});
module.exports = article;
```

新建登录注册控制文件 login-controller.js，代码如下：

```
const express = require('express');
const login = express.Router();
login.get('/', (req, res) => {
// 设置 response 编码为 utf8
res.writeHead(200, { 'Content-Type': 'text/html;charset=utf8' });
res.end(' 欢迎进入登录注册页面 ');
});
module.exports = login;
```

接下来，在 app.js 文件中添加如下代码引入模块化路由：

```
const home = require('./routes/home');
const admin = require('./routes/admin');
app.use('/home', home);
app.use('/admin, admin);
```

执行 nodemon app.js 命令，重新运行 app.js，然后浏览器地址中分别输入 http://localhost、http://localhost/user、http://localhost/article、http://localhost/login，运行结果如图 7-4 所示。

图7-4

（6）构建文章管理页面模板。

可以去 http://sc.chinaz.com/tag_moban/bootstrap.html 中下载一套基于 Bootstrap 的静态模板，这样就可以省去自己做界面的时间，这里下载的是 http://sc.chinaz.com/moban/190531035580.htm 这套模板。大家可以下载自己喜欢的模板，下载后解压，然后将所有需要用到的静态文件全部复制到 public 目录中。

这里我整理了静态资源文件，大家可以直接复制过来使用，如图 7-5 所示。

图7-5

接下来开放静态资源，在 app.js 中添加如下代码：

```
const path = require('path');
const app = express();
app.use(express.static(path.join(__dirname, 'public')));
```

执行命令 node app.js 运行代码，然后在浏览器中直接输入 http://localhost/ 静态资源文件，就可以访问这些静态资源了。

可是许多页面都需要从数据库中去填充数据，也就是说不能做成静态页面，只能作为模板页面，我们将需要用到的页面复制到 views 目录中，然后将其做成模板页面。

在 views 目录下，新建 layout 目录用于存放后台系统布局用的模板页，仔细观察后台系统，顶部模块和左侧菜单导航是共用的，可以将其抽取出来作为独立的模板文件，实现复用。

提取顶部文件 header.art：

```
<div class="header">
  <div class="pull-left">
    <div class="logo">
        <a href="/">
            <img id="logoImg" src="/logo/logo.png" data-logo_big="/logo/logo.png"
                data-logo_small="/logo/logoSmall.png" alt="Nixon" />
        </a>
    </div>
    <div class="hamburger sidebar-toggle">
        <span class="ti-menu"></span>
    </div>
  </div>
  <div class="pull-right p-r-15">
```

```
            <ul>
                <li class="header-icon dib">
                    <img class="avatar-img" src="/assets/images/avatar/1.jpg" alt="" />
                    <span class="user-avatar">
                        <!-- 用户名 -->
                        {{userInfo&&userInfo.username}}
                        <i class="ti-angle-down f-s-10"></i></span>
                    <div class="drop-down dropdown-profile">
                        <div class="dropdown-content-body">
                            <ul>
                                <li><a href="/logout"><i class="ti-power-off"></i> <span>
                                退出登录</span></a></li>
                            </ul>
                        </div>
                    </div>
                </li>
            </ul>
        </div>
</div>
```

提取左侧导航栏文件 sidebar.art：

```
<div class="sidebar sidebar-hide-to-small sidebar-shrink sidebar-gestures">
    <div class="nano">
        <div class="nano-content">
            <ul>
                    <li class="{{currentLink=='user'?'active':''}}"><a href="/admin/
                    user"><i class="ti-user"></i>
                        用户列表</a></li>
                <li class="{{currentLink=='article'?'active':''}}"><a href="/admin/
                article"><i class="ti-layout-grid2-alt"></i> 文章列表</a></li>
                <li><a href="/logout"><i class="ti-close"></i> 退出登录</a></li>
            </ul>
        </div>
    </div>
</div>
```

而用户管理、文章管理这两个界面会用到一些公共的样式和脚本，也可以抽取出一个母版页
layout.art，代码如下：

```
<!DOCTYPE html>
<html lang="en">

<head>
    <meta charset="utf8">
    <meta http-equiv="X-UA-Compatible" content="IE=edge">
```

```html
    <meta name="viewport" content="width=device-width, initial-scale=1">
    <title>Home</title>
    <!-- ================= Favicon =================== -->
    <!-- Standard -->
    <link rel="shortcut icon" href="http://placehold.it/64.png/000/fff">
    <!-- Retina iPad Touch Icon-->
    <link rel="apple-touch-icon" sizes="144x144" href="http://placehold.it/144.png/000/fff">
    <!-- Retina iPhone Touch Icon-->
    <link rel="apple-touch-icon" sizes="114x114" href="http://placehold.it/114.png/000/fff">
    <!-- Standard iPad Touch Icon-->
    <link rel="apple-touch-icon" sizes="72x72" href="http://placehold.it/72.png/000/fff">
    <!-- Standard iPhone Touch Icon-->
    <link rel="apple-touch-icon" sizes="57x57" href="http://placehold.it/57.png/000/fff">
    <!-- Styles -->
    <link href="/assets/fontAwesome/css/fontawesome-all.min.css" rel="stylesheet">
    <link href="/assets/css/lib/themify-icons.css" rel="stylesheet">
    <!-- <link href="/assets/css/lib/mmc-chat.css" rel="stylesheet" /> -->
    <link href="/assets/css/lib/sidebar.css" rel="stylesheet">
    <link href="/assets/css/lib/bootstrap.min.css" rel="stylesheet">
    <link href="/assets/css/lib/nixon.css" rel="stylesheet">
    <link href="/assets/lib/lobipanel/css/lobipanel.min.css" rel="stylesheet">
    <link href="/assets/css/style.css" rel="stylesheet">
    <link href="/assets/css/lib/toastr/toastr.min.css" rel="stylesheet">
    <link href="https://cdnjs.cloudflare.com/ajax/libs/bootstrap-datepicker/1.9.0/css/
            bootstrap-datepicker.min.css"
        rel="stylesheet">
    {{block 'link'}}{{/block}}
</head>

<body>
    {{block 'main'}} {{/block}}
    <!-- /# content wrap -->
    <script src="/assets/js/lib/jquery.min.js"></script>
    <!-- jquery vendor -->
    <script src="/assets/js/lib/jquery.nanoscroller.min.js"></script>
    <!-- nano scroller -->
    <script src="/assets/js/lib/sidebar.js"></script>
    <!-- sidebar -->
    <script src="/assets/js/lib/bootstrap.min.js"></script>
    <!-- bootstrap -->
    <script src="/assets/js/lib/mmc-common.js"></script>
    <!-- <script src="/assets/js/lib/mmc-chat.js"></script> -->
    <script src="/assets/lib/lobipanel/js/lobipanel.js"></script>
    <!-- //Datamap -->
    <script src="/assets/js/scripts.js"></script>
```

```
<script src="/assets/lib/toastr/toastr.min.js"></script>
<script src="https://cdnjs.cloudflare.com/ajax/libs/bootstrap-datepicker/1.9.0/js/
        bootstrap-datepicker.min.js"></script>
<script src=https://cdnjs.cloudflare.com/ajax/libs/bootstrap-datepicker/1.9.0/
        locales/bootstrap-datepicker.zh-CN.min.js></script>


<!-- scripit init-->
<script>
    $(document).ready(function () {
        $('#lobipanel-custom-control').lobiPanel({
            reload: false,
            close: false,
            editTitle: false
        });
    });
</script>
{{block 'script'}} {{/block}}
</body>
</html>
```

在 layout.art 中创建了三个占位模块，分别是 link、main、script，link 用于子界面引入页面特有的样式文件，main 用于填充子界面的 html 内容，script 用于填充子界面特有的 js 脚本。

文件目录如图 7-6 所示。

至此，项目的基本框架已经搭建完成。

图 7-6

7.2 项目功能实现

在 views 目录中，新建两个目录 home 和 admin，这两个目录的名称和控制路由模块的文件名称保持一致，这是一种约定，方便我们统一管理代码结构。下面我们自己动手做模板页面，需要的样式可以直接到下载好的 html 模板文件中复制。

进行全局配置，修改 app.js，代码如下：

```
// 导入 art-tempate 模板引擎
const template = require('art-template');
// 设置模板位置
app.set('views', path.join(__dirname, 'views'));
// 配置模板默认后缀
app.set('view engine', 'art');
// 当渲染后缀为 art 的模板时，指定所使用的模板引擎是什么
app.engine('art', require('express-art-template'));
```

需要注意的是，这些配置要放在引用控制器路由代码之前。

7.2.1　登录

登录实现步骤如下：

（1）创建用户集合，初始化用户。

● 连接数据库

● 创建用户集合

● 初始化用户

（2）为登录表单项设置请求地址、请求方式以及表单项 name 属性。

（3）当用户单击"登录"按钮时，客户端验证用户是否填写了登录表单。

（4）如果其中一项没有输入，则阻止表单提交。

（5）服务器端接收请求参数，验证用户是否填写了登录表单。

（6）如果其中一项没有输入，为客户端做出响应，阻止程序向下执行。

（7）根据用户名查询用户信息。

（8）如果用户不存在，为客户端做出响应，阻止程序向下执行。

（9）如果用户存在，将用户名和密码进行比对。

（10）比对成功，用户登录成功。

（11）比对失败，用户登录失败。

（12）保存登录状态。

（13）密码加密处理。

1. 创建登录页面

在 views 目录下新建 login.art 模板页，代码如下：

```html
<!DOCTYPE html>
<html lang="en">

<head>
    <meta charset="utf8">
    <meta http-equiv="X-UA-Compatible" content="IE=edge">
    <meta name="viewport" content="width=device-width, initial-scale=1">

    <title>{{title}}</title>

    <!-- ================= Favicon ================== -->
    <!-- Standard -->
    <link rel="shortcut icon" href="http://placehold.it/64.png/000/fff">
    <!-- Retina iPad Touch Icon-->
    <link rel="apple-touch-icon" sizes="144x144" href="http://placehold.it/144.png/000/fff">
    <!-- Retina iPhone Touch Icon-->
    <link rel="apple-touch-icon" sizes="114x114" href="http://placehold.it/114.png/000/fff">
    <!-- Standard iPad Touch Icon-->
```

```
    <link rel="apple-touch-icon" sizes="72x72" href="http://placehold.it/72.png/000/fff">
    <!-- Standard iPhone Touch Icon-->
    <link rel="apple-touch-icon" sizes="57x57" href="http://placehold.it/57.png/000/fff">

    <!-- Styles -->
    <link href="/assets/fontAwesome/css/fontawesome-all.min.css" rel="stylesheet">
    <link href="/assets/css/lib/themify-icons.css" rel="stylesheet">
    <link href="/assets/css/lib/bootstrap.min.css" rel="stylesheet">
    <link href="/assets/css/lib/nixon.css" rel="stylesheet">
    <link href="/assets/css/style.css" rel="stylesheet">
    <style>
        #msg-username,
        #msg-password {
            display: none;
        }
    </style>
</head>

<body class="bg-primary">
    <div class="container">
        <div class="row">
            <div class="col-lg-6 col-lg-offset-3">
                <div class="login-content">
                    <div class="login-logo">
                        <a href="index.html"><span>{{title}}</span></a>
                    </div>
                    <div class="login-form">
                        <h4>后台登录</h4>
                        <form action="/login" method="post" id="loginForm">
                            <div class="form-group">
                                <label>用户名</label>
                                 <input type="text" name="username" class="form-control"
                                 placeholder="请输入用户名">
                            </div>
                            <div class="form-group">
                                <label>密码</label>
                                <input type="password" name="password" class="form-
                                control" placeholder="请输入密码">
                            </div>
                            <div class="checkbox">
                                <label>
                                    <input type="checkbox"> 记住我
                                </label>
                            </div>
                            <button type="submit" class="btn btn-primary btn-flat m-b-30
```

```
                              m-t-30">登 录 </button>
                          <div class="register-link m-t-15 text-center">
                              <p>还没有账号 ？ <a href="/reigister"> 注册 </a></p>
                          </div>
                      </form>
                  </div>
              </div>
          </div>
          <div id="msg-username" class="alert alert-warning alert-dismissable" role="alert">
              <button class="close" type="button">×</button>
              请输入用户名
          </div>
          <div id="msg-password" class="alert alert-warning alert-dismissable" role="alert">
              <button class="close" type="button">×</button>
              请输入密码
          </div>
      </div>
</body>
<script src="/assets/js/lib/jquery.min.js"></script>
<script src="/assets/js/lib/bootstrap.min.js"></script>
<script src="/assets/js/common.js"></script>
<script>
    // 监听表单提交事件
    $('#loginForm').on('submit', function () {
        // 获取到表单中用户输入的内容
        var result = serializeToJson($(this))
        // 如果用户没有输入用户名的话
        if (result.username.trim().length == 0) {
            $("#msg-username").show();
            return false;          // 阻止程序向下执行
        }
        $("#msg-username").hide();
        // 如果用户没有输入密码
        if (result.password.trim().length == 0) {
            $("#msg-password").show();
            return false;            // 阻止程序向下执行
        }
        $("#msg-password").hide();
    });
    // 监听关闭提示框
    $('.close').click(function () {
        $('.alert').alert('close');
    });
```

```
</script>
</html>
```

🔔 **注意:**

静态资源的引用路径采用绝对路径,"/"就表示绝对路径,没有斜杠或者"."和".."表示相对路径。相对路径相对的并不是当前模板文件的路径,而是浏览器请求地址的路径。资源由谁来解析,相对的就是谁,link 这样引入的外部资源文件是由浏览器解析的。

在上述代码当中,有如下注意事项:

● 为登录表单项设置请求地址、请求方式以及表单项 name 属性

● 当用户单击"登录"按钮时,客户端验证用户是否填写了登录表单

● 如果其中一项没有输入,阻止表单提交

2.登录控制路由

修改 login-controller.js,将路由和页面进行关联。

```
login.get('/', (req, res) => {
res.render('login');
});
```

在浏览器中访问地址 http://localhost/login,页面运行效果如图 7-7 所示。

图7-7

3.创建用户集合,初始化用户

在讲解创建用户集合之前,先来讲一下 config。

1)第三方模块 config。

作用:允许开发人员将不同运行环境下的应用配置信息抽离到单独的文件中,模块内部自动判断当前应用的运行环境,并读取对应的配置信息,这样极大地降低了应用配置信息的维护成本,

避免了当运行环境重复的多次切换时，需要手动到项目代码中修改配置信息的问题。

使用步骤如下：

（1）使用 npm install config 命令下载模块。

（2）在项目的根目录下新建 config 目录。

（3）在 config 目录下面新建 default.json、development.json、production.json 文件。

default.json 的代码如下：

```
{
"title": "不良人CMS"
}
```

development.json 的代码如下：

```
{
"db": {
    "user": "admin",
    "host": "localhost",
    "port": "27017",
    "name": "cms",
    "pwd": "123456"
  }
}
```

production.json 的配置暂时用不到，可以先声明为空对象，实际应用中它的配置属性名称和 development.json 一致，只是属性值要替换为生产环境特有的值。

（4）在项目中通过 require 方法将模块进行导入。

（5）使用模块内部提供的 get 方法获取配置信息。

2）将敏感配置信息存储在环境变量中。

有时，像登录密码这样的敏感信息我们可能不希望直接将其存储在配置文件中，而是将其存储在系统的环境变量中。

使用步骤如下：

（1）新建系统环境变量 CMS_PASSWORD，这个变量名称可以自定义，如图 7-8 所示。

新建系统变量	
变量名(N):	CMS_PASSWORD
变量值(V):	123456

图 7-8

（2）在 config 目录中建立 custom-environment-variables.json 文件，这个文件名不能随意命名。

（3）配置项属性的值填写系统环境变量的名字。

（4）项目运行时 config 模块查找系统环境变量，并读取其值作为当前配置项属性的值。
custom-environment-variables.json 的代码如下：

```
{
"db": {
    "pwd": "CMS_PASSWORD"
}
}
```

3）连接数据库

在 models 目录下创建文件 conn.js，用于创建数据库连接，代码如下：

```
// 引入 mongoose 第三方模块
const mongoose = require('mongoose');
const config = require('config');
console.log('title', config.get('title'), config.get('db.pwd'));
mongoose.set('useCreateIndex', true);
// 加上这个，解决 DeprecationWarning: collection.ensureIndex is deprecated. Use createIndexes
instead.
// 连接数据库
mongoose
.connect(
    'mongodb://${config.get('db.user')}:${config.get('db.pwd')}@${config.get(
      'db.host'
    )}:${config.get('db.port')}/${config.get('db.name')}',
    {
      useNewUrlParser: true,
      useUnifiedTopology: true,
    }
)
.then(() => console.log(' 数据库连接成功 '))
.catch(() => console.log(' 数据库连接失败 '));
```

在 app.js 文件中引入 conn.js 文件，打开数据库连接，代码如下：

```
// 数据库连接
require('./models/conn');
```

4）创建用户集合

在讲解创建用户集合之前，先讲一下其中用到的知识点 bcryptjs 和 Joi。

● 密码加密 bcryptjs

哈希加密是单程加密方式，如：123456 => abcdef。在加密的密码中加入随机字符串可以增加
密码被破解的难度。

使用步骤如下：

（1）安装 bcrypt：

```
npm install bcryptjs
```

（2）导入 bcrypt 模块：

```
const bcrypt = require('bcryptjs');
```

（3）生成随机字符串：

```
let salt = await bcrypt.genSalt(10);
```

（4）使用随机字符串对密码进行加密：

```
let pass = await bcrypt.hash('明文密码', salt);
```

（5）密码比对：

```
let isEqual = await bcrypt.compare('明文密码', '加密密码');
```

● Joi

Joi 是 JavaScript 对象的规则描述语言和验证器。

安装命令：

```
npm install joi
```

使用示例如下：

```
const Joi = require('joi');
const schema = {
    username: Joi.string().alphanum().min(2).max(16).required().error(new Error('错误
    信息')),
    password: Joi.string().regex(/^[a-zA-Z0-9]{6,16}$/),
    access_token: [Joi.string(), Joi.number()],
    birthyear: Joi.number().integer().min(1900).max(2020),
    email: Joi.string().email()
};
Joi.validate({ username: 'jiekzou', birthyear: 1988 }, schema);
```

在 models 目录下，新建文件 user.js，代码如下：

```
// 创建用户集合
// 引入 mongoose 第三方模块
const mongoose = require('mongoose');
// 导入 bcrypt
const bcrypt = require('bcryptjs');
// 引入 joi 模块
const Joi = require('joi');
// 创建用户集合规则
const userSchema = new mongoose.Schema({
  username: {
    type: String,
```

```
      required: true,
      unique: true, //用户名唯一
      minlength: 2,
      maxlength: 16,
    },
    email: {
      type: String,
      //保证邮箱地址在插入数据库时不重复
      unique: true,
      required: true,
    },
    password: {
      type: String,
      required: true,
    },
    //admin 超级管理员
    //normal 普通用户
    role: {
      type: String,
      required: true,
    },
    //0 启用状态
    //1 禁用状态
    status: {
      type: Number,
      default: 0,
    },
    // 创建时间
    createTime: {
      type: Date,
      default: Date.now,
    },
});

// 创建集合
const User = mongoose.model('User', userSchema);

async function createUser() {
  const salt = await bcrypt.genSalt(10);
  const pass = await bcrypt.hash('123456', salt);
  const user = await User.create({
    username: 'zouyujie',
    email: 'zouyujie@126.com',
    password: pass,
    role: 'admin',
```

```
      status: 0,
  });
}

//createUser(); // 初始化一个用户

// 验证用户信息
const validateUser = (user) => {
  // 定义对象的验证规则
  const schema = {
    username: Joi.string()
      .min(2)
      .max(12)
      .required()
      .error(new Error('用户名不符合验证规则')),
    email: Joi.string()
      .email()
      .required()
      .error(new Error('邮箱格式不符合要求')),
    password: Joi.string()
      .regex(/^[a-zA-Z0-9]{3,30}$/)
      .required()
      .error(new Error('密码格式不符合要求')),
    role: Joi.string()
      .valid('normal', 'admin')
      .required()
      .error(new Error('角色值非法')),
    status: Joi.number().valid(0, 1).required().error(new Error('状态值非法')),
  };
  // 实施验证
  return Joi.validate(user, schema);
};

// 将用户集合作为模块成员进行导出
module.exports = {
  User,
  validateUser,
};
```

5) 创建数据库并添加超级管理员

（1）设置 admin。

在 CMD 控制台输入如下命令：

```
C:\Users\zouqi>mongo
```

然后执行如下代码：

```
> use blog
switched to db blog
>db.createUser({user:'admin',pwd:'123456',roles:['readWrite']});
Successfully added user: { "user" : "admin", "roles" : [ "readWrite" ] }
>
```

（2）开启验证。

找到 MongoDB 安装目录，打开 mongod.cfg 文件，找到以下这句：

```
#security:
```

修改为

```
security:
authorization: enabled
```

（3）重启 MongoDB。

按快捷键 Ctrl+R，然后输入 services.msc，找到 MongoDB 重启服务器。

（4）初始化登录用户。

要执行 createUser() 方法，createUser() 方法的作用是系统第一次运行时生成的一个初始化用户，执行一次之后，就不需要再执行了，必须将其进行注释。

4. 实现登录控制器代码

修改 login-controller.js 代码：

```
const bcrypt = require('bcryptjs'); // 导入加密包
// 导入用户集合构造函数
const { User, validateUser } = require('../models/user');
const config = require('config');
module.exports = {
  registerRoutes: function (app) {
    app.get('/login', this.loginPape);
    app.post('/login', this.login);
  },
  // 登录 -get
  loginPape: (req, res) => {
    req.app.locals.title = config.title;
    res.render('login');
  },
  // 登录 -post
  login: async (req, res) => {
    // 接收请求参数
    const { username, password } = req.body;
    console.log('object :>> ', username, password);
    const msg = '用户名或者密码错误';
    if (username.trim().length == 0 || password.trim().length == 0) {
      return res.status(400).render('admin/error', { msg });
```

```
    }
    // 根据用户名查找用户信息
    let user = await User.findOne({ username });
    // 查询到了用户
    if (user) {
      /**
       * 将客户端传递过来的密码和用户信息中的密码进行比对
       * true 比对成功
       * false 对比失败
       */
      let isValid = await bcrypt.compare(password, user.password);
      // 如果密码比对成功
      if (isValid) {
        // 将用户信息存储在 session 对象中
        req.session.userInfo = user;
        // 将用户信息存储到全局变量，所有模板可以直接访问
        req.app.locals.userInfo = user;
        // 对用户的角色进行判断
        if (user.role == 'admin') {
          // 重定向到用户列表页面
          res.redirect('/admin/user');
        } else {
          // 重定向到博客首页
          res.redirect('/');
        }
      } else {
        // 用户名密码错误
        res.status(400).render('admin/error', { msg });
      }
    } else {
      // 没有查询到用户
      res.status(400).render('admin/error', { msg });
    }
  },
};
```

这里采用了 Session 作为会话存储。

1) Cookie 与 Session。

Cookie：浏览器在计算机硬盘中开辟的一块空间，主要供服务器端存储数据。

● Cookie 中的数据是以域名的形式进行区分的。

● Cookie 中的数据是有过期时间的，超过时间数据会被浏览器自动删除。

● Cookie 中的数据会随着请求被自动发送到服务器端。

Session：实际上就是一个对象，存储在服务器端的内存中，在 Session 对象中也可以存储多

条数据，每一条数据都有一个 Sessionid 作为唯一标识，如图 7-9 所示。

以登录为例，如图 7-10 所示。

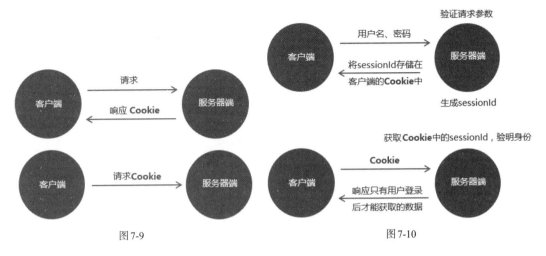

图 7-9   图 7-10

在 Node.js 中需要借助 express-session 实现 Session 功能，示例代码如下：

```
const session = require('express-session');
app.use(session({ secret: 'secret key' }));
```

2）Session 使用步骤。

（1）安装 Session：

```
npm install express-session
```

（2）引入 Session，在 app.js 中引入代码如下：

```
// 导入 express-session 模块
const session = require('express-session');
```

（3）配置 Session，在 app.js 中输入如下代码：

```
// 配置 Session
app.use(
    session({
        secret: 'zouyujie',
        resave: true,
        saveUninitialized: true,
        cookie: {
            maxAge: 24 * 60 * 60 * 1000, //1天
        },
    })
);
```

考虑到有多个控制器文件，我们可以在项目根目录下新建一个文件 routes.js 用于管理所有控

制器路由文件，代码如下：

```
let loginController = require('./controllers/login-controller');
let homeController = require('./controllers/home-controller');
let userController = require('./controllers/user-controller');
let articleController = require('./controllers/article-controller');
module.exports = function (app) {
  loginController.registerRoutes(app);
  homeController.registerRoutes(app);
  userController.registerRoutes(app);
  articleController.registerRoutes(app);
};
```

这里还统一了每一个控制器文件的注册路由方法 registerRoutes，所以每个控制器文件中都要运行这个方法进行路由的注册。

为了让代码能够先运行起来，我们先把 article-controller.js、home-controller.js、user-controller.js 这三个文件中的代码都设置为如下所示：

```
module.exports = {
  registerRoutes: function (app) {},
};
```

然后在 app.js 文件中就只需要引入这一个路由管理文件 routes.js 即可：

```
// 添加路由
require('./routes.js')(app);
```

代码中还使用到了 body-parser，body-parser 是一个 HTTP 请求体解析的中间件，使用这个模块可以解析 JSON、Raw、URL-encoded 格式的请求体。

安装 body-parser：npm install body-parser，然后在 app.js 中引入：

```
// 引入 body-parser 模块，用来处理 post 请求参数
const bodyPaser = require('body-parser');
// 处理 post 请求参数
app.use(bodyPaser.urlencoded({ extended: false }));
```

3）登录失败的处理

登录失败时，我们可以提供一个比较友好的错误提示页面，新建 admin/error.art，代码如下：

```
<!DOCTYPE html>
<html lang="en">
<head>
    <meta charset="utf8">
    <meta name="viewport" content="width=device-width, initial-scale=1.0">
    <title>错误页</title>
</head>
<body>
    {{msg}}
```

```
</body>
</html>
```

当输入错误的账号和密码时，就会出现如图 7-11 所示的错误提示信息。

图 7-11

7.2.2　文章管理

文章管理是整个 cms 系统的灵魂，文章管理通常分为分页查询、新增、编辑、删除四个功能模块。

1. 文章列表页

文章列表界面如图 7-12 所示。

图 7-12

开发功能，数据先行。我们首先创建文章的数据库实体文件 article.js，代码如下：

```
//创建文章集合
//1.引入 mongoose 模块
const mongoose = require('mongoose');
//2.创建文章集合规则
const articleSchema = new mongoose.Schema({
  // 文章标题
  title: {
    type: String,
    maxlength: 20,
    minlength: 4,
    required: [true, '请填写文章标题'],
```

```
  },
  // 作者
  author: {
    type: mongoose.Schema.Types.ObjectId,
    ref: 'User',
    required: [true, '请传递作者'],
  },
  // 发布日期
  publishDate: {
    type: Date,
    default: Date.now,
  },
  // 封面
  cover: {
    type: String,
    default: null,
  },
  // 内容简介
  content: {
    type: String,
  },
});
//3.根据规则创建集合
const Article = mongoose.model('Article', articleSchema);
//4.将集合作为模块成员进行导出
module.exports = { Article };
```

接下来开发文章管理界面，界面当中用到了分页和查询的功能。当数据库中的数据非常多时，数据需要分批次显示，这时就需要用到数据分页功能。

分页功能核心要素如下。

（1）当前页：用户通过单击"上一页""下一页"或者具体页码时，客户端通过 get 参数方式传递到服务器端。

（2）总页数：根据总页数判断当前页是否为最后一页，根据判断结果做响应操作。总页数 =Math.ceil（总数据条数 / 每页显示数据条数）。

也可以使用一些第三方的分页插件来帮助我们实现分页。新建 views/admin/article/index.art，代码如下：

```
{{extend '../../layout/layout.art'}}
{{block 'main'}}
{{include '../../layout/sidebar.art'}}
{{include '../../layout/header.art'}}

<div class="content-wrap">
    <div class="main">
```

```
<div class="container-fluid">
    <div class="row">
        <div class="col-lg-12 p-0">
            <div class="page-header">
                <div class="page-title">
                    <h1>文章列表</h1>
                </div>
            </div>
        </div>
    </div><!-- /# row -->
    <div class="main-content">
        <div class="search-bar">
            <form class="form-inline" action="/admin/article"
            id="searchForm" method="GET">
            <div class="form-group">
                <label for="username">文章标题</label>
                    <input type="text" class="form-control" name="title" placeholder
                    ="文章标题">
            </div>
            <button type="submit" class="btn btn-primary">查询</button>
            <button type="button" class="btn btn-success fr"
            onclick="addArticle()">创建文章</button>
            </form>
        </div>
        <div class="row">
            <div class="col-lg-12">
                <div class="card alert">
                    <div class="card-body">
                        <table class="table table-responsive">
                            <thead>
                                <tr>
                                    <th>ID</th>
                                    <th>标题</th>
                                    <th>发布时间</th>
                                    <th>作者</th>
                                    <th>操作</th>
                                </tr>
                            </thead>
                            <tbody>
                                {{each articles.records}}
                                <tr>
                                    <td>{{@$value._id}}</td>
                                    <td>{{$value.title}}</td>
                                    <td>{{moment($value.createTime).
                                    format('YYYY-MM-DD HH:mm')}}</td>
```

```
                                  <td>{{$value.author.username}}</td>
                                  <td class="operator">
                                          <a href="/admin/article/edit-
                                          view?id={{@$value._id}}"
                                                  class="ti-pencil color-
                                                  primary"></a>
                                      <i class="ti-close color-danger
                                      delete" data-toggle="modal"
                                          data-target=".confirm-modal"
                                          data-id="{{@$value._id}}"></i>
                                  </td>
                          </tr>
                          {{/each}}
                      </tbody>
                  </table>
                  <!-- 分页 -->
                  <ul class="pagination">
                      {{if articles.page > 1}}
                      <li>
                          <a href="/admin/article?page={{articles.page - 1}}">
                              <span>&laquo;</span>
                          </a>
                      </li>
                      {{/if}}

                      {{each articles.display}}
                      <li><a href="/admin/article?page={{$value}}">
                      {{$value}}</a></li>
                      {{/each}}

                      {{if articles.page < articles.pages}}
                      <li>
                          <a href="/admin/article?page={{articles.
                          page - 0 + 1}}">
                              <span>&raquo;</span>
                          </a>
                      </li>
                      {{/if}}
                  </ul>
                  <!-- / 分页 -->
              </div>
          </div>
      </div><!-- /# column -->
    </div><!-- /# row -->
</div>
```

```
            <!-- /# main content -->Copyright &copy; 2019.Company name All rights
            reserved.<a target="_blank"
                href="http://sc.chinaz.com/moban/">&#x7F51;&#x9875;&#x6A21;&#x677F;</a>
        </div><!-- /# container-fluid -->
    </div><!-- /# main -->
    <!-- 删除确认弹出框 -->
    <div class="modal fade confirm-modal">
        <div class="modal-dialog modal-lg">
            <form class="modal-content" action="/admin/article/delete" method="get">
                <div class="modal-header">
                    <button type="button" class="close" data-dismiss="modal">
                    <span>&times;</span></button>
                    <h4 class="modal-title">请确认</h4>
                </div>
                <div class="modal-body">
                    <p>您确定要删除这篇文章吗?</p>
                    <input type="hidden" name="id" id="deleteArtcleId">
                </div>
                <div class="modal-footer">
                    <button type="button" class="btn btn-default" data-dismiss="modal">
                    取消</button>
                    <input type="submit" class="btn btn-primary" value="确定">
                </div>
            </form>
        </div>
    </div>
</div><!-- /# content wrap -->
{{/block}}
{{block 'script'}}
<script>
    // 跳转到创建文章页面
    function addArticle() {
        window.location.href = '/admin/article/edit-view';
    }
    // 删除操作
    $('.delete').on('click', function () {
        // 获取用户 id
        var id = $(this).attr('data-id');
        // 将要删除的用户 id 存储在隐藏域中
        $('#deleteArtcleId').val(id);
    })
</script>
{{/block}}
```

2. 文章新增／编辑

　　文章新增和编辑共用同一个界面 views/admin/article/edit.art，有文章 id 的为"编辑"，无文章 id 的为"新增"。界面如图 7-13 所示。

图 7-13

代码如下：

```
{{extend '../../layout/layout.art'}}
{{block 'main'}}
{{include '../../layout/sidebar.art'}}
{{include '../../layout/header.art'}}
<style>
    .form-container {
        margin-top: 10px;
    }
    .ck-editor__editable_inline {
        height: 200px !important;
    }
    .img-thumbnail {
        height: 160px;
    }
</style>
<div class="content-wrap">
    <div class="main">
        <div class="container-fluid">
```

```html
<!-- 分类标题 -->
<div class="row">
    <div class="col-lg-12 p-0">
        <div class="page-header">
            <div class="page-title">
                <h1 class="tips"><span>{{message}} </span><span
                        style="display: {{button == '修改' ? 'inline-block' :
                        'none'}}">{{article && article._id}}</span>
                </h1>
            </div>
        </div>
    </div>
</div><!-- /# row -->
<!-- / 分类标题 -->
<form class="form-container" action="{{link}}" method="post" enctype
="multipart/form-data">
    <div class="form-group">
        <label> 标题 </label>
         <input type="text" class="form-control" placeholder="请输入文章
        标题 " name="title"
            value="{{article && article.title||''}}">
    </div>
    <div class="form-group">
        <label> 作者 </label>
        <input type="hidden" name="author" value="{{userInfo&&userInfo._id}}" />
        <label>{{@ userInfo&&userInfo.username||''}}</label>
    </div>
    <div class="form-group">
        <label> 发布时间 </label>
        <label>{{moment(article.publishDate).format('YYYY-MM-DD HH:mm')}}</label>
    </div>
    <div class="form-group">
        <label for="exampleInputFile"> 文章封面 </label>
        <!-- multiple 允许用户一次性选择多个文件 -->
        <input type="file" id="file">
        <input type="hidden" name="cover" id="cover" value="{{article.cover}}" />
        <div class="thumbnail-waper">
            <img class="img-thumbnail" src="{{article.cover}}" id="preview">
        </div>
    </div>
    <div class="form-group">
        <label> 内容 </label>
        <textarea name="content" class="form-control" id="editor" rows="8">
            {{article && article.content}}
        </textarea>
```

```
                </div>
                <div class="buttons">
                    <input type="submit" id="submit" class="btn btn-primary" value="{{button}}">
                </div>
            </form>
        </div>
    </div>
</div><!-- /# content wrap -->
{{/block}}
{{block 'script'}}
<script src="/assets/lib/ckeditor5/ckeditor.js"></script>
<script type="text/javascript">
    $('.datepicker').datepicker({
        language: 'zh-CN',
        format: 'yyyy-mm-dd HH:mm',
        //startDate: '0d'
    });
    let editor;
    ClassicEditor
        .create(document.querySelector('#editor'), {
            ckfinder: {
                uploadUrl: '/admin/article/browerServer' //自定义图片上传
            }
        })
        .then(newEditor => {
            editor = newEditor;
            console.log('editor :>> ', editor);
        })
        .catch(error => {
            console.error(error);
        });
    document.querySelector('#submit').addEventListener('click', function () {
        const editData = editor.getData();
    })
    //获取数据
    //选择文件上传控件
    var file = document.querySelector('#file');
    var preview = document.querySelector('#preview');
    var cover = document.querySelector('#cover');
    //当用户选择完文件以后
    file.onchange = function () {
        //1. 创建文件读取对象
        var reader = new FileReader();
        //用户选择的文件列表
        //2. 读取文件
```

```
            reader.readAsDataURL(this.files[0]);
            //3. 监听 onload 事件
            reader.onload = function () {
                console.log(reader.result)
                // 将文件读取的结果显示在页面中
                preview.src = reader.result;
                cover.value = reader.result;
            }
        }
</script>
{{/block}}
```

这里用到了富文本组件 ckeditor5，关于 ckeditor5 更详细的介绍可以移步至官网 https://ckeditor.com/ckeditor-5/。

文章列表控制器 article-controller.js，代码如下：

```
// 将文章集合的构造函数导入到当前文件中
const { Article } = require('../models/article');
// 导入 mongoose-sex-page 模块
const pagination = require('mongoose-sex-page');
// 引入 formidable 第三方模块
const formidable = require('formidable');
const path = require('path');
module.exports = {
registerRoutes: function (app) {
    app.get('/admin/article', this.articlePage);
    app.get('/admin/article/edit-view', this.editView);
    app.post('/admin/article/add', this.add);
    app.post('/admin/article/edit', this.edit);
    app.get('/admin/article/delete', this.delete);
    app.post('/admin/article/browerServer', this.uploadImg);
},
articlePage: async (req, res) => {
    // 标识当前访问的是文章管理页面
    req.app.locals.currentLink = 'article';
    // 接收客户端传递过来的页码
    let { title, page } = req.query;
    // 条件查询
    let searchObj = {};
    if (title) {
      searchObj.title = title;
    }
    // 查询所有文章数据
    let articles = await pagination(Article)
      .find(searchObj)
```

```
            .page(page)         //page 指定当前页
            .size(2)            //size 指定每页显示的数据条数
            .display(3)         //display 指定客户端要显示的页码数量
            .populate('author')
            .exec(); //exec 向数据库中发送查询请求
      // 渲染文章列表页面模板
      res.render('admin/article', { articles: articles });
  },
  editView: async (req, res) => {
      req.app.locals.currentLink = 'article';
      const { id } = req.query;
      if (id) {
        let article = await Article.findOne({ _id: id });
        console.log('article :>> ', article);
        res.render('admin/article/edit.art', {
          message: '修改文章',
          article: article,
          button: '修改',
          link: '/admin/article/edit?id=' + id,
        });
      } else {
        res.render('admin/article/edit.art', {
          message: '创建文章',
          button: '添加',
          link: '/admin/article/add',
        });
      }
  },
  // 添加
  add: async (req, res) => {
      //1.创建表单解析对象
      const form = new formidable.IncomingForm();
      //2.配置上传文件的存放位置
      form.uploadDir = path.join(__dirname, '../', 'public', 'uploads');
      //3.保留上传文件的后缀
      form.keepExtensions = true;
      //4.解析表单
      form.parse(req, async (err, fields, files) => {
        //1.err 错误对象，如果表单解析失败，err 里面存储错误信息；如果表单解析成功，err 将会是 null
        //2.fields 对象类型，保存普通表单数据
        //3.files 对象类型，保存了和上传文件相关的数据
        //res.send(files.cover.path.split('public')[1])
        console.log('add');
        await Article.create({
          title: fields.title,
```

```
                author: fields.author,
                publishDate: fields.publishDate,
                cover: files.cover.path.split('public')[1],
                content: fields.content,
            });
            // 将页面重定向到文章列表页面
            res.redirect('/admin/article');
        });
    },
    // 编辑
    edit: async (req, res) => {
        //1. 创建表单解析对象
        const form = new formidable.IncomingForm();
        //2. 配置上传文件的存放位置
        form.uploadDir = path.join(__dirname, '../', 'public', 'uploads');
        //console.log('form.uploadDir :>> ', form.uploadDir);
        //3. 保留上传文件的后缀
        form.keepExtensions = true;
        const id = req.query.id;
        //4. 解析表单
        form.parse(req, async (err, fields, files) => {
            //1.err 错误对象, 如果表单解析失败, err 里面存储错误信息; 如果表单解析成功, err 将会是 null
            //2.fields 对象类型, 保存普通表单数据
            //3.files 对象类型, 保存了和上传文件相关的数据
            //res.send(files.cover.path.split('public')[1])
            // 修改
            await Article.updateOne(
              { _id: id },
              {
                  title: fields.title,
                  cover: fields.cover,
                  content: fields.content,
              }
            );
            // 将页面重定向到文章列表页面
            res.redirect('/admin/article');
        });
    },
    // 删除
    delete: async (req, res) => {
        // 根据 id 删除文章
        const result = await Article.findOneAndDelete({ _id: req.query.id });
        if (result) {
            // 将页面重定向到文章列表页面
            res.redirect('/admin/article');
```

```
      } else {
        // 删除失败
      }
    },
    // 上传图片
    uploadImg: (req, res, next) => {
      try {
        //1.创建表单解析对象
        const form = new formidable.IncomingForm();
        //2.配置上传文件的存放位置
        form.uploadDir = path.join(__dirname, '../', 'public', 'uploads/images');
        //3.保留上传文件的后缀
        form.keepExtensions = true;
        //4.解析表单
        form.parse(req, async (err, fields, files) => {
          //1.err 错误对象, 如果表单解析失败, err 里面存储错误信息, 如果表单解析成功, err 将会是 null
          //2.fields 对象类型, 保存普通表单数据
          //3.files 对象类型, 保存了和上传文件相关的数据
          let filename = files.upload.path.split('public')[1];
          return res.json({ uploaded: true, url: filename });
        });
      } catch (e) {
        console.log(e);
      }
    },
};
```

在代码当中有着非常详细的注释，需要特别说明的是，在新增和编辑当中用到了文件上传，文件上传用到了第三方包 formidable，安装 formidable：npm i formidable。文章列表用到了第三方分页包 mongoose-sex-page，安装 mongoose-sex-page：npm i mongoose-sex-page。

使用示例如下：

```
const pagination = require('mongoose-sex-page');
pagination(集合构造函数数).page(1) .size(10) .display(5) .exec();
```

使用第三方日期处理包 moment，安装 moment：npm i moment，moment 中文网址 http://momentjs.cn/。

为了能够全局使用 moment，我们在 app.js 当中引入：

```
const moment = require('moment');
// 向模板内部导入 moment 变量
template.defaults.imports.moment = moment;
```

7.2.3 用户管理

关于用户管理，读者可以参照本书提供的源码自行实现，书中将不会贴出所有代码，因为用户管理和文章管理的实现方式基本相同，甚至更加简单。这里只列出实现的步骤。用户列表界面如图 7-14 所示。

图 7-14

1）创建用户实体对象

用户实体文件 models/user.js 在之前做登录页面的时候已经创建过了。

2）用户列表页面 views/user/index.art

在用户列表当中的分页示例当中并没有使用第三方的分页插件，而是自己手写的。

limit(2) // limit 限制查询数量，传入每页显示的数据数量。

skip(1) // skip 跳过多少条数据，传入显示数据的开始位置。

数据开始查询位置 =（当前页 −1）* 每页显示的数据条数。

3）新增用户 views/user/edit.art

（1）为用户列表页面的新增用户按钮添加链接。

（2）添加一个连接对应的路由，在路由处理函数中渲染新增用户模板。

（3）为新增用户表单指定请求地址、请求方式，为表单项添加 name 属性。

（4）增加实现添加用户的功能路由。

（5）接收到客户端传递过来的请求参数。

（6）对请求参数的格式进行验证。

（7）验证当前要用户名和注册的邮箱地址是否已经注册过。

（8）对密码进行加密处理。

（9）将用户信息添加到数据库中。

（10）重定向页面到用户列表页面。

4）编辑用户

（1）将要修改的用户 ID 传递到服务器端。

（2）建立用户信息修改功能对应的路由。

（3）接收客户端表单传递过来的请求参数。

（4）根据 id 查询用户信息，并将客户端传递过来的密码和数据库中的密码进行比对。

（5）如果比对失败，对客户端做出响应。

（6）如果密码对比成功，将用户信息更新到数据库中。

5）删除用户

（1）在确认删除框中添加隐藏域用以存储要删除用户的 ID 值。

（2）为删除按钮添加自定义属性用以存储要删除用户的 ID 值。

（3）为删除按钮添加单击事件，在单击事件处理函数中获取自定义属性中存储的 ID 值并将 ID 值存储在表单的隐藏域中。

（4）为删除表单添加提交地址以及提交方式。

（5）在服务器端建立删除功能路由。

（6）接收客户端传递过来的 id 参数。

（7）根据 id 删除用户。

6）用户管理控制器 user-controller.js

```javascript
// 导入用户集合构造函数
const { User, validateUser } = require('../models/user');
const bcrypt = require('bcrypt');        // 导入加密包
module.exports = {
  registerRoutes: function (app) {
    app.get('/admin/user', this.userPage);
    // 用户编辑页面路由
    app.get('/admin/user/edit-view', this.editView);
    // 用户修改功能路由
    app.post('/admin/user/edit', this.edit);
    // 用户新增功能路由
    app.post('/admin/user/add', this.add);
    app.get('/admin/user/delete', this.delete);
  },
  // 用户列表
  userPage: async (req, res) => {
    let { email, username } = req.query;
    // 标识当前访问的是用户管理页面
```

```
    req.app.locals.currentLink = 'user';
    // 接收客户端传递过来的当前页参数
    let page = req.query.page || 1;
    // 每一页显示的数据条数
    let pagesize = 10;
    let searchObj = {};
    if (username) {
      searchObj.username = username;
    }
    if (email) {
      searchObj.email = email;
    }
    // 查询用户数据的总数
    let count = await User.countDocuments(searchObj);
    // 总页数
    let total = Math.ceil(count / pagesize);
    // 页码对应的数据查询开始位置
    let start = (page - 1) * pagesize;
    // 将用户信息从数据库中查询出来——手动写分页
    let users = await User.find(searchObj).limit(pagesize).skip(start);
    res.render('admin/user', {
      users,
      page,
      total,
    });
  },
  // 添加
  add: async (req, res, next) => {
    try {
      await validateUser(req.body);
    } catch (e) {
      // 验证没有通过
      // 重定向回用户添加页面
      return res.redirect('/admin/user/edit-view?message=${e.message}');
    }
    // 根据邮箱地址查询用户是否存在
    let user = await User.findOne({
      $or: [{ email: req.body.email }, { username: req.body.username }],
    });
    // 如果用户已经存在，邮箱地址已经被别人占用
    if (user) {
      // 重定向回用户添加页面
      return res.redirect(
        '/admin/user/edit-view?message= 用户名或邮箱地址已经被占用 '
      );
```

```
  }
  // 对密码进行加密处理——生成随机字符串
  const salt = await bcrypt.genSalt(10);
  // 加密
  const password = await bcrypt.hash(req.body.password, salt);
  // 替换密码
  req.body.password = password;
  // 将用户信息添加到数据库中
  await User.create(req.body);
  // 将页面重定向到用户列表页面
  res.redirect('/admin/user');
},
// 编辑页面
editView: async (req, res) => {
  // 标识当前访问的是用户管理页面
  req.app.locals.currentLink = 'user';
  // 获取到地址栏中的 id 参数
  const { id, message } = req.query;
  // 如果当前传递了 id 参数
  if (id) {
    // 修改操作
    let user = await User.findOne({ _id: id });
    // 渲染用户编辑页面
    res.render('admin/user/edit', {
      message: '修改用户',
      user: user,
      link: '/admin/user/edit?id=' + id,
      button: '修改',
      err: message,
    });
  } else {
    // 添加操作
    res.render('admin/user/edit', {
      message: '添加用户',
      link: '/admin/user/add',
      button: '添加',
      err: message,
    });
  }
},
// 编辑
edit: async (req, res, next) => {
  console.log(' req.body :>> ', req.body);
  // 接收客户端传递过来的请求参数
  const { username, email, role, state, password } = req.body;
  // 即将要修改的用户 id
```

```
        const id = req.query.id;
        // 根据id查询用户信息
        let user = await User.findOne({ _id: id });
        // 密码比对
        const isValid = await bcrypt.compare(password, user.password);
        // 密码比对成功
        if (isValid) {
            //res.send('密码比对成功');
            // 将用户信息更新到数据库中
            await User.updateOne(
                { _id: id },
                {
                    username: username,
                    email: email,
                    role: role,
                    state: state,
                }
            );
            // 将页面重定向到用户列表页面
            res.redirect('/admin/user');
        } else {
            // 密码比对失败
            return res.redirect(
                '/admin/user/edit-view?message=密码输入错误，不能进行用户信息的修改'
            );
            //next(JSON.stringify(obj));
        }
    },
    // 删除
    delete: async (req, res) => {
        // 根据id删除用户
        const result = await User.findOneAndDelete({ _id: req.query.id });
        if (result) {
            // 将页面重定向到用户列表页面
            res.redirect('/admin/user');
        } else {
            // 删除失败
        }
    },
};
```

7.2.4　网站首页文章展示

当在系统后台发布了文章之后，我们希望所有用户访问网站的首页都能看到这些文章内容。首页展示界面如图 7-15 所示。

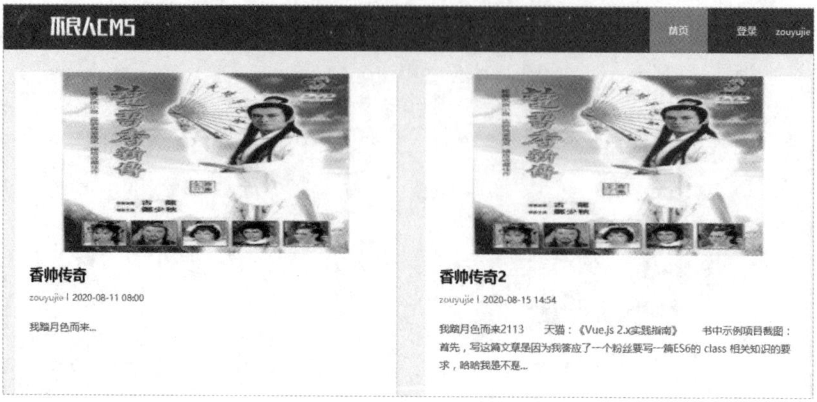

图 7-15

首页界面文件：views/home/index.art。

首页界面文章详情：views/home/article-detail.art。

网站首页控制器使用的文件：home-controller.js。

7.2.5 文章评论

进入到文章的详情界面时，可以看到评论信息，需要先登录才可以进行评论。开发步骤如下：

（1）创建评论集合。

（2）判断用户是否登录，如果用户登录，再允许用户提交评论表单。

（3）在服务器端创建文章评论功能对应的路由。

（4）在路由请求处理函数中接收客户端传递过来的评论信息。

（5）将评论信息存储在评论集合中。

（6）将页面重定向回文章详情页面。

（7）在文章详情页面路由中获取文章评论信息并展示在页面中。

评论界面如图 7-16 所示。

图 7-16

评论实体：models /comment.js。

评论的控制器和网站首页一样用的是 home-controller.js。

```
// 添加评论
addComment: async (req, res) => {
  // 接收客户端传递过来的请求参数
  const { content, uid, aid } = req.body;
  // 将评论信息存储到评论集合中
  await Comment.create({
    content: content,
    uid: uid,
    aid: aid,
    time: new Date(),
  });
  // 将页面重定向回文章详情页面
res.redirect('/article?id=' + aid);
},
```

7.2.6 访问权限控制

我们可以自定义一个全局的中间件或者说是全局的过滤器进行权限控制，当路由变化时，检查当前的访问是否是登录状态，如果是登录状态，则判断是普通用户还是管理员用户；如果是未登录状态，则跳转到登录页面；如果是普通用户，则跳转到网站首页；如果是管理员，则请求放行，也就是访问哪个页面就跳转到哪个页面去。

将过滤器抽离为单独的文件 filters/index.js，代码如下：

```
const filter = (req, res, next) => {
// 判断用户访问的是否登录页面和用户当前的登录状态
// 如果用户是登录状态，将请求放行
// 如果用户未登录，将请求重定向到登录页面
if (req.url != '/login' && !req.session.userInfo) {
    res.redirect('/login');
} else {
    // 如果用户是登录状态，并且是一个普通用户
    if (req.session.userInfo.role == 'normal') {
      // 让它跳转到网站首页，阻止程序向下执行
      return res.redirect('/');
    }
    // 用户是登录状态，将请求放行
    next();
}
};
module.exports = filter;
```

在 app.js 中，引入全局过滤器，代码如下：

```
// 全局过滤器
app.use('/admin', require('./filters/index.js'));
```

7.3 项目源码和运行

本项目示例的源码完整地址：chapter7\cms。

运行步骤如下：

（1）mongoDB 数据库添加账号。

以系统管理员的方式运行 cmd 或者 powershell。

（2）连接数据库 mongodb。

（3）查看数据库 show dbs。

（4）切换到 admin 数据库 use admin。

（5）创建用户管理员账户。

```
db.createUser({user:"admin",pwd:"123456",roles:["userAdminAnyDatabase"]})
db.auth("admin","123456") #返回1表示登录成功
```

（6）切换到 cms 数据 use cms。

（7）创建普通账号。

```
db.createUser({user:"admin",pwd:"123456",roles:["readWrite"]})
```

（8）卸载 mongodb 服务。

① 停止服务 net stop mongodb。

② mongodb -remove。

（9）创建 mongodb 服务。

（10）启动 mongodb 服务 net start mongodb。

（11）进入到项目根目录 chapter7\cms，在控制台执行命令 nodemon app.js。

问题：express 使用 art-template 渲染页面时提示 Maximum call stack size exceeded。

当使用 express-art-template 渲染页面时，如果渲染的数据是集合关联查询出来的数据时，会提示 Maximum call stack size exceeded，这是因为此时查询出来的数据包含有很多其他的隐藏内容，导致数据相对于 art-template 来说过于庞大，无法正常渲染数据，并提示栈溢出。

解决办法：假设查询出来的数据是 result，可以通过 JSON.stringify() 方法把对象转换为字符串，然后通过 JSON.parse() 把字符串转换为对象，从而去除不必要的隐藏内容正常渲染数据。

7.4 在 Windows 中部署 Node 应用

为了避免每次服务器启动都需要手动输入命令 node xx.js 或 nodemon xx.js 来启动 Node 应用，可以将 Node 应用封装为 Windows 服务，我们既可以通过 CMD 命令来创建和启动服务，也可以通过工具来封装服务。

NSSM 是一个服务封装程序，它可以将普通的 exe 程序封装成服务，使之像 Windows 服务一样运行。同类型的工具还有微软的 srvany，不过 NSSM 更加简单易用，并且功能强大。它的特点如下：

- 支持普通 exe 程序（控制台程序或带界面的 Windows 程序都可以）
- 安装简单，修改方便
- 可以重定向输出，并且支持 Rotation
- 可以自动守护封装了的服务，程序崩溃后可以自动重启
- 可以自定义环境变量

NSSM 官网地址为 http://nssm.cc。

使用方法如下：

（1）下载最新版本 NSSM，也可以下载最新 release 版本。

打开网址 http://nssm.cc/download，由于笔者的计算机是 Windows 10 操作系统，所以下载的是 2.2.4-101 版本，如图 7-17 所示。

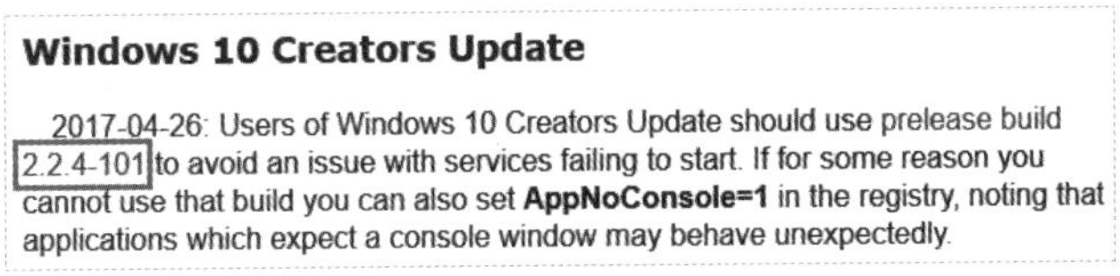

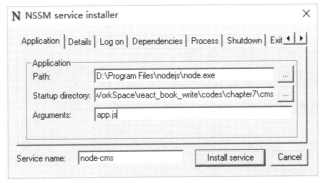

图 7-17

（2）根据自己的平台，将 32/64 位 nssm.exe 文件复制到任意目录。

（3）cmd 定位至 nssm.exe 所在目录。

（4）输入 nssm install { 服务名称 }，即注册服务的名称。注册服务弹出如图 7-18 所示界面。

图 7-18

说明：在 Application Path 中选择安装的 node.exe，在 Startup directory 中选择 node 应用的目录，在 Arguments 中输入启动文件，如在桌面上运行 app.js（在 Startup directory 目录中执行 node index.js）。

Application 标签设置

- Application Path：选择系统安装的 exe。
- Startup directory：选择 nodejs 项目的根目录。
- Arguments：输入启动参数。

（5）单击 Install Service 按钮，结果如图 7-19 所示。

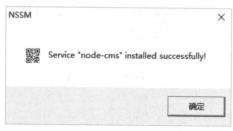

图 7-19

（6）启动服务。

执行命令 nssm start node-cms。

服务管理

服务管理主要有启动、停止和重启，其命令如下。

- 启动服务

```
nssm start <servicename>
```

- 停止服务

```
nssm stop <servicename>
```

- 重启服务

```
 nssm restart <servicename>
```

当然，也可以使用系统自带的服务管理器操作和使用系统的命令。

修改参数

NSSM 安装的服务修改起来非常方便，命令如下：

```
nssm edit <servicename>
```

会自动启动操作界面，直接更改即可。

服务删除

服务删除可以使用如下命令之一：

- nssm remove <servicename>
- nssm remove <servicename> confirm

这两个命令功能没有大的区别，只是后面的命令是自动确认的，没有交互界面。

第 8 章　React 基础知识

本章学习目标

◆ 了解什么是 React

◆ 学会创建组件的两种方式

◆ 掌握美化 React 组件的样式

◆ 小 Demo 贯穿之前学习的知识点

◆ 学会如何在 React 中绑定事件

◆ 了解 React 组件的生命周期

◆ 掌握受控组件和非受控组件

8.1　React 介绍

8.1.1　React 是什么

React 起源于 Facebook 的内部项目，因为该公司对市场上所有的 JavaScript MVC 框架都不满意，于是决定自己开发，用来架设 Instagram（照片交友）的网站。做出来以后，发现这套东西很好用，就在 2013 年 5 月开源了。

由于 React 的设计思想极其独特，属于革命性创新，性能出众，代码逻辑却非常简单。因此，越来越多的人开始关注和使用，认为它可能是将来 Web 开发的主流工具。

React 是一个用于构建用户界面的渐进式 JavaScript 库，它本身只处理 UI，不处理路由和 Ajax。React 主要用于构建 UI，很多人认为 React 是 MVC 中的 V（视图）。围绕 React 的技术栈主要有 React、redux、react-redux、react-router 等。

React 官网地址为 https://reactjs.org/。

React 中文网站地址为 https://react.docschina.org/。

这个项目本身也越来越大，从最早的 UI 引擎变成了一整套前后端通用的 Web App 解决方案。衍生的 React Native 项目，目标更是宏伟，希望用编写 Web App 的方式去编写 Native App。如果能够实现，整个互联网行业都会被颠覆，因为同一组人只需要写一次 UI，就能同时在服务器、浏览器和手机上运行。

我们需要清楚下面两个概念。

➤ library（库）：小而巧的库，只提供了特定的 API；优点是可以很方便地从一个库切换到另外的库，代码几乎不会改变。

➤ Framework（框架）：大而全的框架，框架提供了一整套的解决方案。在项目运行中间想切换到另外的框架是比较困难的。

8.1.2　前端三大主流框架

➤ Angular.js：较早的前端框架，学习曲线比较陡，NG1 学起来比较麻烦，从 NG2～NG5 开始进行了一系列的改革，也提供了组件化开发的概念；从 NG2 开始，也支持使用 TS（TypeScript）进行编程；Angular1 在 2009 年刚发布时，不支持组件化开发。

➤ Vue.js：最火（关注的人比较多）的一门前端框架，它是由中国人开发的，对于我们来说文档要友好一些。

➤ React.js：最流行（用的人比较多）的一门框架，因为它的设计很优秀，它是第一个真正意义上把组件化思想带到前端开发领域的。

8.1.3　React 与 Vue 的对比

1. 组件化方面

模块化是从代码的角度进行分析，把一些可复用的代码抽离为单个的模块，以便于项目的维护和开发。组件化是从 UI 界面的角度来进行分析，把一些可复用的 UI 元素抽离为单独的组件，以便于项目的维护和开发。

组件化的好处是随着项目规模的增大，手里的组件越来越多，可以很方便地把现有的组件拼接为一个完整的页面。通过 .vue 文件创建对应的组件实现组件化。

Vue 组件的组成如下：

● template 结构

● script 行为

● style 样式

需要注意的是，React 中虽然有组件化的概念，但并没有像 Vue 这样的组件模板文件。在 React 中，一切都是以 JS 文件来表现的，因此要学习 React，JS 要合格，ES6 和 ES7（async 和 await）要会用。

2. 开发团队方面

React 是由 FaceBook 前端官方团队进行维护和更新的，因此，React 的维护开发团队技术实力比较雄厚。

Vue：第一版，主要是由作者尤雨溪专门进行维护，当 Vue 更新到 2.x 版本后，有了一个以尤雨溪为主导的开源小团队，进行相关的开发和维护。

3. 社区方面

在社区方面，React 由于诞生得较早，所以社区比较强大，一些常见的问题、最优解决方案、文档、博客在社区中都可以很方便地找到。

Vue 是近两年才火起来的，所以，它的社区相对于 React 来说要小一些，可能有一些问题没人遇到过。

4. 移动 App 开发体验方面

Vue，结合 Weex 这门技术，提供了迁移到移动端 App 开发的体验（Weex 目前只是一个小的玩具，并没有很成功的大案例）。

React，结合 ReactNative，也提供了无缝迁移到移动 App 的开发体验（RN 用得最多，也是最火、最流行的）。

8.1.4 为什么要学习 React

> 和 Angular1 相比，React 设计得很优秀，一切基于 JS 并且实现了组件化开发的思想。
> 由 Facebook 团队专门维护，开发团队实力强悍，技术支持可靠，不必担心偶尔停更的情况。
> 技术成熟、社区强大、配件齐全，很多问题都能找到对应的解决方案，适合大型 Web 项目的开发。
> 提供了无缝转到 ReactNative 上的开发体验，让我们技术能力得到了拓展，增强了我们的核心竞争力。
> 使用方式简单，性能非常高，支持服务端渲染。
> 很多企业中，前端项目的技术选型采用的是 React.js。React 使用的前端技术非常全面，有利于整体提升技术水平。此外，有利于求职和晋升，有利于参与潜力大的项目。

8.1.5 React 中几个核心的概念

1. 虚拟 DOM（Virtual Document Object Model）

DOM 其实是浏览器中的概念，用 JS 对象来表示页面上的元素，并提供了操作 DOM 对象的 API。

浏览器在解析文件时，会将 HTML 文档转换为 Document 对象，在浏览器环境中运行的脚本文件都可以获取到它，通过操作 Document 对象暴露的接口可以直接操作页面上的 DOM 节点。但是 DOM 读 / 写是非常耗性能的，很容易触发不必要的重绘和重排，为了更好地处理 DOM 操作，虚拟 DOM 技术就诞生了。虚拟 DOM 就是在 JavaScript 中模拟真实 DOM 的结构，通过数据追踪和状态对比减少对于真实 DOM 的操作，以此来提高程序效率的一种技术。

React 中的虚拟 DOM 是框架中的概念，是程序员用 JS 对象来模拟页面上的 DOM 和 DOM

嵌套。

虚拟 DOM 的目的是为了实现页面中 DOM 元素的高效更新。当 DOM 发生更改时需要遍历 DOM 对象的属性，而原生 DOM 可遍历属性多达 200 个，可是大部分属性与渲染无关，这样会导致更新页面代价太大。

DOM 和虚拟 DOM 的区别如下。

➢ DOM：浏览器中提供的概念，用 JS 对象表示页面上的元素，并提供了操作元素的 API。

➢ 虚拟 DOM：框架中的概念，是开发框架的程序员手动用 JS 对象来模拟 DOM 元素和嵌套关系。

虚拟 DOM 的本质：用 JS 对象来模拟 DOM 元素和嵌套关系。

2. 虚拟 DOM——表格排序案例

需求：单击列头实现对应表格数据的排序。

（1）表格中的数据从哪儿来：从数据库查询返回。

（2）查询到的数据存放在哪儿：这些数据存放在浏览器的内存中，而且是以对象数组的形式来表示。

（3）这些数据是如何渲染到页面上的？

方案一：for 循环数组，手动拼接字符串。

方案二：使用模板引擎，如 art-template。

方案三：使用一些 table 的 UI 组件。

思考：上述的方案有没有性能上的问题？

如果用户单击了"时间"列，想要按照时间从近到远排序。

（1）触发单击事件，在事件中，把内存的对象数组重新排序。

（2）排序完成之后，页面是旧的，但是内存中的对象数组已经是新的了。

（3）把最新的数组重新渲染到页面上。

分析：上述方案只是实现了将数据渲染到页面的功能，但是并没有把性能做到最优，因为每一次都全部重新渲染了。

性能优化：按需更新页面。

如何实现页面按需更新？

DOM 树的概念：一个网页的呈现过程。

（1）浏览器请求服务器获取页面 HTML 代码。

（2）浏览器要在内存中解析 DOM 结构，并在浏览器内存中渲染出一棵 DOM 树。

（3）浏览器把 DOM 树呈现到页面上。

获取内存中的新旧两棵内存树进行对比，得到需要被更新的 DOM 元素。

3. 获取新旧 DOM 树

分析：浏览器中并没有提供获取 DOM 树的 API，因此无法直接拿到浏览器内存中的 DOM 树，但是我们可以手动模拟新旧两棵 DOM 树。

我们通过一个示例来看一下浏览器中 DOM 嵌套结构，新建一个页面 dom.html，添加如下代码：

```
<!DOCTYPE html>
<html lang="en">

<head>
    <meta charset="utf8">
    <meta name="viewport" content="width=device-width, initial-scale=1.0">
    <title>Document</title>
</head>
<body>
    <div id="myDiv" title=" 乘风破浪会有时 " data-index="1">
        <p> 李白 </p>
    </div>
</body>
<script>
    var div = document.getElementById('myDiv');
    console.dir(div);
    console.log(div);
    alert(div);
    document.write(div);
</script>
</html>
```

说明：console.log() 可以取代 alert() 或 document.write()，在网页脚本中使用 console.log() 时，会在浏览器控制台打印出信息。console.dir() 可以显示一个对象所有的属性和方法。

在浏览器中运行这个页面，在控制台中可以看到这个 div 对象中的所有属性和方法，如图 8-1 所示。

```
tagName: "DIV"
textContent: "↵        李白↵        "
title: "乘风破浪会有时"
▼attributes: NamedNodeMap
   ▶0: id
   ▶1: title
   ▶2: data-index
    length: 3
   ▶data-index: data-index
   ▶id: id
   ▶title: title
   ▶__proto__: NamedNodeMap
  autocapitalize: ""
  autofocus: false
  baseURI: "http://127.0.0.1:5500/dom.html"
  childElementCount: 1
 ▶childNodes: NodeList(3) [text, p, text]
 ▶children: HTMLCollection [p]
```

图 8-1

我们可以用 JS 来构造这个 div 对象。

```
//JS 模拟构造 div 的 DOM 树对象
var divObj = {
```

```
    tagName: "DIV",
    attributes: {
        id: "myDiv",
        title: " 乘风破浪会有时 ",
        "data-index": 1
    },
    children:
        [{
            tagName: "P",
            children: [" 李白 "]
        }]
}
```

8.1.6　Diff 算法

Diff 算法在执行时有三个维度，分别是 Tree Diff、Component Diff 和 Element Diff，执行时按顺序依次执行，它们的差异仅仅因为 Diff 粒度和执行先后顺序不同。

➢ Tree Diff：新旧两棵 DOM 树逐层对比的过程，就是 Tree Diff；当整棵 DOM 树逐层对比完毕，则所有需要被按需更新的元素必然能够找到。

➢ Component Diff：在进行 Tree Diff 的时候，每一层中组件级别的对比叫作 Component Diff。如果对比前后组件的类型相同，则暂时认为此组件不需要被更新；如果对比前后组件类型不同，则需要移除旧组件，创建新组件，并追加到页面上。

➢ Element Diff：在进行组件对比的时候，如果两个组件类型相同，则需要进行元素级别的对比，这叫作 Element Diff。

常见的几种情况如下：

① 当节点类型相同时，查看一下属性是否相同，属性不同，会产生一个属性的补丁包：{type:'ATTRS', attrs: {class: 'list-group'}}。

② 若新的 DOM 节点不存在：{type: 'REMOVE', index: xxx}。

③ 若节点类型不相同，则直接采用替换模式：{type: 'REPLACE', newNode: newNode}。

④ 若是文本的变化：{type: 'TEXT', text: 1}。

Dom Diff 则是通过 JS 层面的计算返回一个 patch 对象，即补丁对象，再通过特定的操作解析 patch 对象，完成页面的重新渲染。

Dom Diff 从初次渲染到更新的具体步骤如下：

① 用 JS 对象模拟 DOM（虚拟 DOM）。

② 把此虚拟 DOM 转成真实 DOM 并插入页面中（render）。

③ 如果有事件发生并修改了虚拟 DOM，比较两棵虚拟 DOM 树的差异，得到差异对象（Diff）。

④ 把差异对象应用到真正的 DOM 树上（patch）。

Diff 算法可以实现最小化页面重绘，当我们使用 React 在 render() 函数中创建了一棵 React 元素树，在下一个 state 或者 props 更新的时候，render() 函数将会创建一棵新的 React 元素树。React 将对比这两棵树的不同之处，计算出如何高效更新 UI（只更新变化的地方），此处所采用的算法就是 Diff 算法。

8.2　创建基本的 webpack 4.x 项目

（1）全局安装 webpack：

```
npm install webpack -g
npm i webpack-cli -g
```

查看 webpack 版本号：

```
C:\Users\zouqi>webpack -v
4.30.0
```

（2）新建项目目录 webpack-demo，然后在该目录下运行 npm init -y 快速初始化项目，此时在根目录下增加了 package.json 文件，它用于保存关于项目的信息。

（3）在项目根目录下创建 src 源代码目录和 dist 产品目录。

（4）在 src 目录下创建文件 index.html 和 index.js，在 index.js 中添加如下代码：

```
console.log('hello webpack');
```

在 index.html 中添加如下代码：

```
<!DOCTYPE html>
<html lang="en">
<head>
    <meta charset="utf8">
    <meta name="viewport" content="width=device-width, initial-scale=1.0">
    <title>Document</title>
</head>
<body>
    首页
</body>
<script src="../dist/main.js"></script>

</html>
```

（5）执行命令 webpack-mode development 或 webpack-mode production 进行打包，可在 package.json 中配置 dev 和 build 的脚本，便只需运行命令 npm run dev/build，其作用和直接运行 webpack 命令打包效果相同。

🔔 **注意：**

webpack 4.x 提供了约定大于配置的概念，其目的是尽量减少配置文件的内存。默认约定了打包的入口是 src–> index.js，打包的输出文件是 dist–> main.js。

webpack 4.x 中新增了 mode 选项（为必选项），可选的值为 development 和 production。当我们直接在根目录下运行 webpack 时，会出现如下警告：

```
WARNING in configuration
The 'mode' option has not been set, webpack will fallback to 'production' for this
value. Set 'mode' option to 'development' or 'production' to enable defaults for
each environment.
You can also set it to 'none' to disable any default behavior. Learn more: https://
webpack.js.org/concepts/mode/
```

意思是使用 webpack 构建的时候需要指定模式，如果我们不想每次构建都指定，可以在根目录下添加 webpack 的配置文件 webpack.config.js，然后添加如下代码：

```
module.exports = {
  mode: 'development',
};
```

此时再运行 webpack 时，就会从这个配置文件中读取默认配置。

说明：上述代码向外暴露一个打包的配置对象，由于 webpack 是基于 Node 构建的，所以 webpack 支持所有 Node API 和语法。

使用 export default {} 的方式导出一个打包对象可行吗？

不行，因为 export default {} 是 ES6 中向外导出模块的 API，并非 Node 中的 API，所以 webpack 不支持。export default {} 与之对应的是 import xx from '标识符'。

Node 支持哪些特性呢？

Chrome 浏览器支持哪些 Node 就支持哪些特性。因为 Node.js 是基于 Chrome V8 引擎的 JavaScript 运行的。

8.2.1　使用 webpack–dev–server

webpack-dev-server 主要功能是启动一个使用 express 的 HTTP 服务器，这个 HTTP 服务器和 client 使用了 websocket 通信协议，当原始文件有修改时，webpack-dev-server 会实时编译，但是最后的编译文件并没有输出到模板目录，这是因为实时编译后的文件都保存到了内存当中。

安装命令：npm i webpack-dev-server -g。

🔔 **注意：**

一定要全局安装，否则安装后运行 webpack-dev-server 可能出现如下错误提示：

```
无法将 "webpack-dev-server" 项识别为 cmdlet、函数、脚本文件或可运行程序的名称。请检查名称的拼
写，如果包括路径，请确保路径正确，然后再试一次。
```

修改配置文件 package.json，添加 dev 节点如下：

```
"scripts": {
  "test": "echo \"Error: no test specified\" && exit 1",
  "dev": "webpack-dev-server"
},
```

这样运行 npm run dev 命令就相当于直接运行 webpack-dev-server 命令了，运行结果如下：

```
i ｢wds｣: Project is running at http://localhost:8080/
i ｢wds｣: webpack output is served from /
i ｢wds｣: Content not from webpack is served from
```

此时我们可以直接在浏览器中访问 http://localhost:8080/，运行结果如图 8-2 所示。

图 8-2

webpack-dev-server 打包好的 main.js 被托管到了内存中，所以在项目根目录中看不到。但是我们可以认为，在项目根目录中有一个看不见的 main.js。

修改 index.html 文件中的 main.js 引用地址，如下所示：

```
<!-- <script src="../dist/main.js"></script> -->
<script src="/main.js"></script>
```

然后浏览器中打开地址 http://localhost:8080/src/，控制台运行结果如图 8-3 所示。

图 8-3

思考：为什么会把 main.js 存放到内存中，而不是磁盘中？

因为我们会频繁地修改代码，假如我们为了防止代码丢失，可能会有一个习惯，即坚持写完一段内容后就会按快捷键 Ctrl+S 进行代码文件保存，此时会触发自动编译，如果是存放在磁盘中，会频繁进行磁盘的读 / 写，从而严重影响性能。

接下来我们可以尝试给 webpack-dev-server 添加一些默认参数，如下所示：

```
"dev": "webpack-dev-server --open chrome --port 3000 --hot -host 127.0.0.1"
```

参数说明如下。

- open：自动打开，后面的参数可以是浏览器的名称（chrome：谷歌浏览器，firefox：火狐浏览器）
- port：端口
- hot：使用热更新
- host：指定服务器的 IP 地址

回顾上面所述，我们发现默认打开的界面中没有显示首页 index.html，我们需要用到一个插件 html-webpack-plugin，它可以将页面导入到内存中去。

安装命令：npm i html-webpack-plugin -D，由于其只需要在开发环境下使用，所以加参数 -D。

修改 webpack.config.js 文件，进行如下配置：

```
const HtmlWebPackPlugin = require('html-webpack-plugin')  //1.导入在内存中
// 自动生成 index 页面的插件
const path = require('path');

//2.创建一个插件的实例对象
const htmlPlugin = new HtmlWebPackPlugin({
  template: path.join(__dirname, './src/index.html'),    // 源文件
  filename: 'index.html'                                  // 生成的内存中首页的名称
})
module.exports = {
  mode: 'development',                                     //evelopment or production
  plugins: [
    htmlPlugin                                            //3.引入插件
  ],
};
```

重新运行 npm run dev 命令，此时可以看到能够打开首页 index.html 了，查看首页源代码如下：

```
<body>
    首页
<script src="main.js"></script></body>
```

我们发现 index.html 自动添加了 main.js 的引用代码，原来我们人为添加的 main.js 引用代码就不需要了。

8.2.2 在项目中使用 React

（1）运行 npm i react react-dom -S 安装包。

react：专门用于创建组件和虚拟 DOM 的，同时组件的生命周期都在这个包中。

react-dom：专门进行 DOM 操作的，最主要的应用场景就是 RcactDOM.render()。

（2）在 index.js 中进行如下三步操作：

```
//1.导入包
import React from 'react';
import ReactDOM from 'react-dom';

//2.创建虚拟 DOM 元素
/**
 * 参数 1：创建的元素的类型，字符串，表示元素的名称
 * 参数 2：是一个对象或 null，表示当前这个 DOM 元素的属性
 * 参数 3：子节点（包括其他虚拟 DOM 或文本子节点）
 * 参数 n：其他子节点
 */
const myh3 = React.createElement(
  'h3',
  { id: 'myh3', title: 'beautiful mood' },
  '美丽心情'
);

//3.使用 ReactDOM 把虚拟 DOM 渲染到页面上
/**
 * 参数 1：要渲染的那个虚拟 DOM 元素
 * 参数 2：指定页面上的 DOM 元素来当作容器
 */
ReactDOM.render(myh3, document.getElementById('app'));
```

（3）定义挂载容器，在 index.html 页面中添加如下代码：

```
<!-- 4.定义容器，将来使用 React 创建的虚拟 DOM 元素，都会被渲染到这个指定的容器中 -->
<div id="app"></div>
```

运行 npm run dev 命令，效果如图 8-4 所示。

图 8-4

（4）实现 DOM 嵌套：

```
const mydiv = React.createElement('div', null, '多雨的冬季总算过去', myh3);
ReactDOM.render(mydiv, document.getElementById('app'));
```

运行结果如图 8-5 所示。

生成的 DOM 结构如图 8-6 所示。

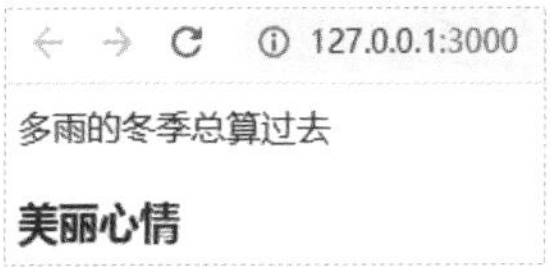

图 8-5 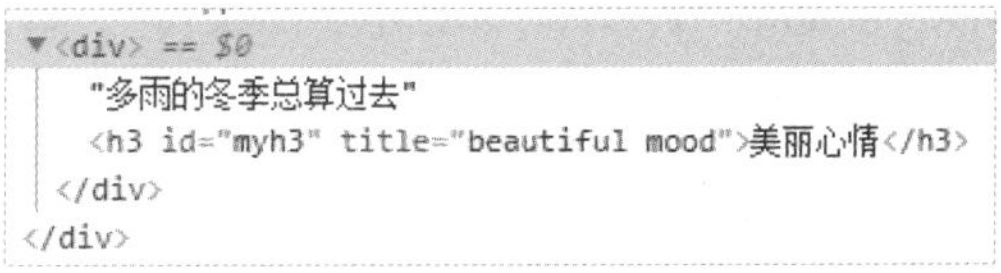   图 8-6

8.2.3　JSX

通过 React.createElement 方法来创建 DOM 非常繁烦琐，有没有什么更方便一点的方式，像直接编写 HTML 代码一样方便呢？

在 JS 文件中，默认不能写类似于 HTML 的标记，否则打包会失败，但可以使用 babel 来转换这些 JS 中的标签。

JSX 语法就是符合 xml 规范的 JS 语法，JS 中混合写入类似于 HTML 的语法（语法格式相对来说，要比 HTML 严谨很多）。总结起来就是 JavaScript + XML 语法 (HTML)。JSX 语法的本质是在运行的时候被转换成了 React.createElement 形式来执行。

JSX 语法遇到 <> 会按照 HTML 语法解析，遇到 {} 就按照 JavaScript 语法解析。

JSX 只是高级语法，最终执行时还是会被转成原生 JS，可通过 babel 等方式进行转换。

JSX 优点如下：

● 更加语义化，更加直观，代码可读性更高。

● 性能相对原生方式更加好一些。

1.JSX 语法启用方法

（1）安装 babel 插件（这里安装最新的 babel-loader8.x）：

运行 npm i @babel/core babel-loader @babel/plugin-transform-runtime -D。

运行 npm i @babel/preset-env @babel/preset-react -D。

说明：babel-preset-react 是能够识别转换 JSX 语法的包。

（2）添加 babel-loader 配置项，在 webpack.config.js 文件的 module.exports 节点下添加如下代码：

```
module: {
  // 要打包的第三方模块
  rules: [
    { test: /\.js|jsx$/, use: 'babel-loader', exclude: /node_modules/ }
  ],
},
```

参数说明如下。

module：所有第三方模块的配置规则。

rules：第三方匹配规则。

🔔 **注意：**

千万别忘记添加 exclude 排除项，否则编译会报错，因为 node_modules 是所有第三方安装包的目录，而 node_modules 目录中的文件不需要使用 babel 进行转换。

（3）添加 .babelrc 配置文件。

在项目根目录下添加文件 .babelrc，然后添加如下代码：

```
{
  "presets": ["@babel/preset-env", "@babel/preset-react"],
  "plugins": [
    "@babel/plugin-transform-runtime",
    "@babel/plugin-proposal-class-properties"
  ]
}
```

🔔 **注意：**

.babelrc 中存的是 JSON 格式的数据。

在 index.js 文件中使用 JSX 语法，如下所示：

```
//3.直接使用 JSX 语法
const newDiv = (
  <div>
    <h3> 天从人愿 </h3>
    <div> 刘德华 </div>
  </div>
);
ReactDOM.render(newDiv, document.getElementById('app'));
```

说明：如果存在标签结构，并且标签结构要换行，需要用 () 括起来。

运行结果如图 8-7 所示。

图 8-7

2. 在 JSX 中写 JS 代码

JSX 语法的本质：并不是直接把 JSX 渲染到页面上，而是在内部先转换成了 createElement 的形式再渲染。

在 JSX 中混合写入 JS 表达式要把 JS 代码写到 {} 中。

● 渲染数字

● 渲染字符串

● 渲染布尔值

● 为属性绑定值

● 渲染 JSX 元素

● 渲染 JSX 元素数组

● 将普通字符串数组转为 JSX 数组并渲染到页面上【两种方案】

在 JSX 中写注释，推荐使用 { /* 这是注释 */ }。

为 JSX 中的元素添加 class 类名时需要使用 className 来替代 class；使用 htmlFor 替代 label 的 for 属性（因为 class 和 for 都是 JS 中的关键字）。

在 JSX 创建 DOM 的时候，所有的节点必须有唯一的根元素进行包裹；在 JSX 语法中，标签必须成对出现，如果是单标签，则必须自闭合。当编译引擎在编译 JSX 代码的时候，如果遇到了 "<"，就把它当作 HTML 代码去编译；如果遇到了 {}，就把花括号内部的代码当作普通 JS 代码去编译。在 JSX 中只能使用表达式，不能出现语句。

示例代码如下：

```
let username = '张学友';
const newObj = (
  <div>
    <h3>忘情冷雨夜</h3>
    <div>{ username }</div>
  </div>
);
```

🔔 注意：

这个成对的括号是 VS Code 自动加的。

在 JSX 中使用 JS 数组：

```
let arr = ['刘德华', '黎明', '张学友', '郭富城'];
const myArrObj = (
  <div>
    香港乐坛四大天王
    <hr />
    {arr.map((m) => (
      <p>{m}</p>
    ))}
  </div>
);
ReactDOM.render(myArrObj, document.getElementById('app'));
```

运行结果如图 8-8 所示。

图 8-8

在控制台中，我们会看到有如下所示的警告信息：

> "VM442 react.development.js:315 Warning: Each child in a list should have a unique "key" prop."

告诉我们在遍历 List 对象时，应当指定唯一的 key 属性。

在 React 中 key 的作用和 vue 中 key 的作用是完全一样的。

总结：在 React 中，需要把 key 添加给被 forEach 、map 或 for 循环直接控制的元素。

添加 key 属性代码：

```
const myArrObj = (
  <div>
    香港乐坛四大天王
    <hr />
    {arr.map((m) => (
      <p key={m}>{m}</p>
    ))}
  </div>
);
```

8.3 在 React 中创建组件

组件：一个应用 / 版块 / 页面中用于实现某个局部的功能（包括 HTML、JS、CSS 等），把这些局部功能组装到一起就形成了完整的一个大的功能。组件的主要目的在于复用代码，提高项目运行效率。

组件化：如果一个应用是用多组件的方式进行综合开发的，那么这个应用就是一个组件化应用。

模块：多个组件形成模块，或者是一个提供特定功能的 JS 文件，主要特点在于耦合性低，可移植性高，执行效率好。

模块化：如果一个应用都是用模块的形式来构建的，那么这个应用就是模块化应用。

8.3.1 React Developer Tools 调试工具

在创建组件之前，我们先来安装 React Developer Tools 调试工具，由于天然的屏障，无法使用谷歌服务，扩展程序更别想自动安装和更新了，所以这里我提供一种离线安装 Chrome 扩展程序的方法。

插件安装包下载地址如下。

链接：https://pan.baidu.com/s/1mZJQJ9hq5ODd2MF2HWNxdQ。

提取码：1234。

下载后，将安装包进行解压，解压后打开谷歌浏览器，然后在地址栏中输入 chrome://

extensions，单击"加载已解压的扩展程序"按钮，最后选择安装包的解压目录，如图8-9所示。

图8-9

安装成功后，会在地址栏的右侧出现一个灰色的 React 小图标。

另一种验证方式是动态验证，只需要打开一个 React 框架的网站，如知乎（https://www.zhihu.com/），当网站是 React 框架，则浏览器地址栏右侧的 React 图标会自动点亮，此时按下 F12 键，在开发者工具里面会多出一个 React 的页签。

8.3.2　使用构造函数创建组件

使用构造函数来创建组件，如果要接收外界传递的数据，需要在构造函数的参数列表中使用 props 来接收。

🔔 注意：

必须要向外返回一个合法的 JSX 创建的虚拟 DOM。

（1）创建组件：

```
function Msg () {
    return <div>Msg 组件 </div>
}
```

（2）为组件传递数据：

```
function Msg(props) {
  return (
    <div>
      {props.username}:{props.song}
    </div>
  );
}
const user = {
  username: '许冠杰',
  song: '《沧海一声笑》',
};
//3. 调用 render 函数渲染
ReactDOM.render(
  <Msg username={user.username} song={user.song}></Msg>,
  document.getElementById('app')
);
```

不论是 Vue 还是 React，组件中的 props 永远都是只读的，不能被重新赋值。

（3）使用 {...obj} 属性扩散传递数据（这是 ES6 中的语法）：

```
//3.调用 render 函数渲染
ReactDOM.render(<Msg {...user}></Msg>, document.getElementById('app'));
```

（4）将组件封装到单独的 jsx 文件中。

在 index.js 的同级目录下添加 components 目录用于存放组件文件。在 components 目录下新建文件 Msg.jsx，代码如下：

```
//1.导入包
import React from 'react';
//2.把组件暴露出去
export default function Msg(props) {
    return (
      <div>
        {props.username}:{props.song}
      </div>
    );
}
```

🔔 注意：

组件的名称首字母必须是大写。

（5）导入组件。

在 index.js 中添加如下代码进行组件引入：

```
import Msg from './components/Msg';
```

编译运行，浏览器控制台报错：

```
Uncaught Error: Cannot find module './components/Msg'
```

这是因为，webpack 默认只会给引入文件添加 .js 和 .json 后缀自动补全，如果想要给 .jsx 后缀自动补全，需要手动修改 webpack.config.js 配置文件。

在 module.exports 节点中添加如下配置：

```
resolve: {
  extensions: ['.js', '.jsx', '.json'],
},
```

还可以在导入组件的时候配置和使用 @ 路径符号，只需要在 resolve 节点中添加如下配置：

```
alias: {
    // 表示别名
    '@': path.join(__dirname, './src'), // 这样@就表示项目根目录中 src 的这一层路径
  },
```

187

然后引入组件时，"./"可以换为"@/"。

```
//import Msg from './components/Msg';
import Msg from '@/components/Msg';
```

8.3.3 使用 class 关键字创建组件

ES6 中的 class 关键字是实现面向对象编程的新形式，配合 extends 关键字可以实现继承。使用 class 关键字创建组件，必须让自定义的组件继承自 React.Component。代码结构如下：

```
class 组件名称 extends React.Component {
    // 在组件内部必须有 render 函数，其作用是渲染当前组件对应的虚拟 DOM 结构
    render(){
        //render 函数中必须返回合法的 JSX 虚拟 DOM 结构
        return <div>这是 class 创建的组件 </div>
    }
}
```

还可以通过如下方式来简写：

```
import React,{Component} from 'react';
class 组件名称 extends Component{
    render(){
        return <div></div>
    }
}
```

在 class 关键字创建的组件中，如果想使用外界传递过来的 props 参数，无须接收，直接通过"this.props.参数名"的形式访问即可。

组件数据的复用性是通过 props 来实现的。

我们通过一个示例来演示，在 components 目录下新建 Nav.jsx 文件，示例代码如下：

```
import React from 'react';
//class 关键字创建组件
export default class Nav extends React.Component {
  // 构造器
  constructor() {
    // 由于 Nav 组件继承了 React.Component 这个父类，所以自定义的构造器中，必须调用 super()
    super();
    // 只有调用了 super() 以后，才能使用 this 关键字,state 相当于 vue 中的 data
    this.state = {
      msg: '这是导航组件 ',
    };
  }
  render() {
    return (
```

```
        <ul>
          {this.props.menus.map((m) => (
            <li key={m.name}>{m.name}</li>
          ))}
        </ul>
      );
    }
}
```

index.js 中的调用代码如下：

```
import Nav from '@/components/Nav';
let menus = [{ name: '首页' }, { name: '关于我们' }];
ReactDOM.render(<Nav menus={menus}></Nav>, document.getElementById('app'));
```

项目运行结果如图 8-10 所示。

图 8-10

8.3.4　两种创建组件方式的对比

使用 class 关键字创建的组件有自己的私有数据（this.state）和生命周期函数。使用构造函数创建的组件只有 props，没有自己的私有数据和生命周期函数。

用构造函数创建出来的组件叫作"无状态组件"（无状态组件实际项目中用得不多），用 class 关键字创建出来的组件叫作"有状态组件"（常用）。

什么情况下使用有状态组件？什么情况下使用无状态组件？

如果一个组件需要有自己的私有数据，则推荐使用 class 创建的有状态组件；如果一个组件不需要有私有的数据，则推荐使用无状态组件。

React 官方解释无状态组件由于没有自己的 state 和生命周期函数，所以运行效率会比有状态组件稍微高一些，然而考虑到后续的扩展性，通常直接选择有状态组件。

有状态组件和无状态组件之间的本质区别就是：有无 state 属性和有无生命周期函数。

组件中的 props 和 state/data 之间的区别如下：

① props 中的数据都是外界传递过来的。

② state/data 中的数据都是组件私有的，实际项目中一般通过 Ajax 获取返回的数据，通常都是私有数据。

③ props 中的数据都是只读的，不能重新赋值。

④ state/data 中的数据都是可读可写的。

8.4　设置样式

8.4.1　组件中使用 style 行内样式

在 JSX 中，如果想写行内样式，不能为 style 设置字符串的值，而是应该这么写：style={ { color: 'red', fontSize:'12px' } }。如果样式的属性名是带 "-" 的，属性名要按照小驼峰的形式命名。例如，font-size 要改为 fontSize。

在行内样式中，如果是数值类型的样式，则可以不用引号包裹，如果是字符串类型的样式值，则必须使用引号包裹。

修改 Nav.jsx 中的代码：

```
<ul>
        {this.props.menus.map((m) => (
          <li
            key={m.name}
            style={{
              listStyleType: 'none',
              float: 'left',
              margin: '0px 5px',
              color: 'lightblue',
            }}
          >
            {m.name}
          </li>
        )))}
</ul>
```

我们还可以封装独立的样式对象，创建 styles.js 文件，添加如下代码：

```
export default {
  liStyle: {
    listStyleType: 'none',
    float: 'left',
    margin: '0px 5px',
    color: 'lightblue',
    fontSize: '14px',
  },
};
```

修改 Nav.jsx 中的代码：

```
import styles from './styles.js';
<ul>
        {this.props.menus.map((m) => (
```

```
            <li key={m.name} style={styles.liStyle}>
              {m.name}
            </li>
        ))}
</ul>
```

运行结果如图 8-11 所示。

图 8-11

8.4.2 在组件中使用 CSS 外部样式

创建 nav.css 文件，添加如下代码：

```
li {
    list-style-type: none;
    font-size: 14px;
    float: left;
    color: lightblue;
    margin: 0px 5px;
}

li:hover {
    color: blue;
}
```

然后在 Nav.jsx 文件中引入 nav.css 文件，编译的时候会出现如下错误提示：

```
ERROR in ./src/components/nav.css 1:3
Module parse failed: Unexpected token (1:3)
You may need an appropriate loader to handle this file type, currently no loaders
are configured to process this file. See https://webpack.js.org/concepts#loaders
```

错误提示的大意是：你也许需要一个 loader 去处理这个 nav.css 文件。因为在 webpack 当中只会处理 js 代码，所以当我们想要去打包其他内容时，就要使用相应的 loader。

（1）运行命令安装处理 CSS 的 loader：npm i style-loader css-loader -D。

（2）配置 webpack.config.js。

增加 module 的 rules 配置项，代码如下：

```
{ test: /\.css$/, use: ['style-loader', 'css-loader']},
// 打包处理 CSS 样式表的第三方 loader
```

🔔 **注意:**

rules 中的 use 属性中 style-load 和 css-loader 的顺序不要写反,npm 后安装包的顺序是从右往左进行的,先解析 CSS 文件,然后解析 CSS 文件中的 style 样式。

(3)先按快捷键 Ctrl+C 中断原有的运行程序,然后输入命令 npm run dev 进行重新编译运行。因为修改了 webpack.config.js 配置文件无法直接进行热更新。

8.4.3 使用 CSS 样式冲突

上一小节中,我们说到了 CSS 样式文件的引入,但是 CSS 样式文件在单页应用项目当中是共享的,它不像 JS 一样有作用域的概念。

例如,在 inde.js 中新增一个 ul,代码如下:

```
import Nav from '@/components/Nav';
let menus = [{ name: '首页' }, { name: '关于我们' }];
let renderObj = (
  <div>
    <Nav menus={menus}></Nav>
    <ul>
      <li>三国演义</li>
      <li>红楼梦</li>
    </ul>
  </div>
);
ReactDOM.render(renderObj, document.getElementById('app'));
```

运行效果如图 8-12 所示。

图 8-12

样式只引入在 Nav 组件中,可是样式却对 index 中新添加的 ul 节点中的样式生效了,说明组件中的样式会和页面中所有其他组件共享。

在 Vue 单页应用当中也存在样式冲突的问题,在 Vue 项目中通过 <style scoped></style> 来解决 CSS 样式作用域的问题。

8.4.4 CSS 样式通过 modules 参数启用模块化

React 中如何解决 CSS 样式作用域的问题呢?可以通过 modules 参数启用模块化的方式来解决。

启用 CSS 模块化的方式很简单，修改 webpack.config.js 文件即可。

（1）在 css-loader 的后面添加 ?modules：

```
{ test: /\.css$/, use: ['style-loader', 'css-loader?modules'] },
// 打包处理 CSS 样式表的第三方 loader
```

🔔 **注意：**

模块化只针对类选择器和 ID 选择器生效。类似于 li 这样的标签选择器，不会被模块化控制。

在 nav.css 文件中添加如下代码：

```
.first {
  color: red;
  text-decoration: underline;
}
```

（2）在需要的组件中，使用 import 关键字导入样式表，并接收模块化的 CSS 样式对象，在 index.js 文件中添加如下引用：

```
import cssObj from './components/nav.css';
```

（3）在需要的 HTML 标签上使用 className 指定模块化的样式，在 index.js 文件中添加如下代码：

```
let renderObj = (
  <div>
    <Nav menus={menus}></Nav>
    <ul>
      <li className={cssObj.first}>三国演义</li>
      <li>红楼梦</li>
    </ul>
  </div>
);
```

运行结果如图 8-13 所示。

打开浏览器控制台，如图 8-14 所示。

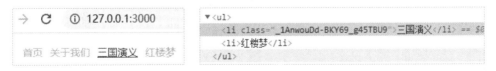

图 8-13   图 8-14

class 的名称变成了一些随机字符串，这样就能够避免样式名重名导致冲突了。但是这样的名称可读性非常差，我们能不能按照一定的规则来给其命名呢？

我们可以使用 localIdentName 自定义生成的类名格式，可选的参数有：

● [path] 表示样式表，相对于项目根目录所在路径

- [name] 表示样式表文件名称
- [local] 表示使用样式的类名定义名称
- [hash:length] 表示 32 位的 hash 值

继续修改 webpack.config.js：

```
{
    test: /\.css$/,
    use: [
      'style-loader',
      //'css-loader?modules&localIdentName=[path][name]-[local]-[hash:5]', // 旧
      版本 css-loader
      {
        loader: 'css-loader',
        options: {
          modules: { localIdentName: '[path][name]-[local]-[hash:5]' },
        },
      },          // 新版本 css-loader 配置
    ],
},                 // 打包处理 CSS 样式表的第三方 loader
```

重新执行命令 npm run dev，运行效果不变，打开控制台，如图 8-15 所示。

```
▼<ul>
    <li class="src-components-nav-first-095ed">三国演义</li>
    <li>红楼梦</li>
  </ul> == $0
```

图 8-15

此时，如图 8-15 所示，我们看到 class 的名称变成了我们指定的格式。

在前面的内容当中，我们知道 class 和 ID 的样式选择器会被模块化处理，如果我们希望一部分 class 或 ID 选择器被模块化，一部分不被模块化，如何处理？

答：使用 :local() 和 :global()。

➢ :local() 包裹的类名，是被模块化的类名，只能通过 className={cssObj. 类名 } 来使用。同时，:local 默认可以不写，这样，默认在样式表中定义的类名都是被模块化的类名。

➢ :global() 包裹的类名，是全局生效的，不会被 css-modules 控制，定义的类名是什么，就是使用定义的类名 className=" 类名 "。

例如，修改 nav.css 代码如下：

```
:global(.last) {
  position: relative;
}

:global(.last::after) {
  position: absolute;
```

```
    bottom: -2px;
    left: 0px;
    content: '';
    height: 2px;
    width: 100%;
    background-color: orange;
}
```

然后在 index.js 中添加如下代码：

```
let renderObj = (
  <div>
    <Nav menus={menus}></Nav>
    <ul>
      <li className={cssObj.first}>三国演义 </li>
      <li className="last">红楼梦 </li>
    </ul>
  </div>
);
```

运行结果如图 8-16 所示。

图 8-16

8.5　在项目中启用模块化并同时使用 Bootstrap

可以在项目中只为 scss 或 less 文件启用模块化，而 css 文件不启用模块化。因为通常一些第三方的包都是用的 css 文件，所以我们自己写的样式可以用 scss 文件存储，这样就可以和第三方包的样式进行区分。

当我们使用 Bootstrap 时，会用到其中的一些字体文件，而 webpack 默认只能打包处理 .js 后缀名类型的文件，对一些字体文件无法自动处理，所以要配置第三方的 loader，字体文件的处理方式和图片文件的处理方式相同。

（1）安装 Bootstrap：

```
npm i bootstrap@3.3.7 -S
```

🔔 注意：

由于我们可能对 Bootstrap 3.3.7 使用得更熟，所以这里指定安装版本为 Bootstrap 3.3.7，如果不指定版本，默认将会安装最新的 Bootstrap 4.x。

在 index.js 中引入 bootstrap.css 文件：

```
// 引用 bootstrap
import 'bootstrap/dist/css/bootstrap.css';
 <button type="button" className="btn btn-primary">
        四大名著
</button>
```

（2）安装相应的 loader：

```
npm i url-loader file-loader -D
```

（3）在 webpack.config.js 中进行配置：

```
{ test: /\.ttf|woff|woff2|eot|svg$/, use: 'url-loader' },
// 打包处理字体文件的 loader
```

最终配置如下：

```
{
     test: /\.scss$/,
     use: [
       'style-loader',
       {
         loader: 'css-loader',
         options: {
         modules: { localIdentName: '[path][name]-[local]-[hash:5]' },
         },
       }, // 新版本 css-loader 配置
     ],
}, // 打包处理自己写的 scss 样式，并启用模块化
{ test: /\.css$/, use: ['style-loader', 'css-loader']}, // 打包处理 CSS 样式表的第三方 loader
{ test: /\.ttf|woff|woff2|eot|svg$/, use: 'url-loader' }, // 打包处理字体文件的 loader
```

（4）执行命令 npm run dev，运行结果如图 8-17 所示。

图 8-17

8.6 在 React 中绑定事件

在 React 中，事件的名称都是由 React 提供的，名称是以小驼峰命名的方式，如 onClick、onMouseOver。

为事件提供的处理函数必须是如下格式：

```
onClick= { function }
```

需要注意的是，如果 function 是一个普通的函数，要使用 bind(this)，改变 this 的指向；如果 function 是一个箭头函数，可以直接调用。

这是因为在普通函数中，内层函数不能从外层函数中继承 this 的值，在内层函数中，this 会是 window 或者 undefined（取决于是否使用严格模式）。可以设置一个临时变量用来将外部的 this 值导入到内部函数中，另一种方法就是在内部函数中执行 .bind(this)。而箭头函数的 this 本身就是继承父级 this 的。

bind(this) 的作用是，bind() 创建了一个函数，当这个函数在被调用的时候，它的 this 关键词会被设置成被传入的值（这里指调用 bind() 时传入的参数）。

用得最多的事件绑定形式如下：

```
import React, { Component } from 'react';
export default class BindEvent extends Component {
  constructor(props) {
    super(props);
  }


  render() {
    return (
      <div>
        <button onClick={() => this.show('寂寞如雪，无人解．边城几度风情')}>
          古龙说
        </button>
        <button onClick={this.say('只要有人的地方就有恩怨，有恩怨就会有江湖，人就是江湖。').
          bind(this)}>金庸说</button>
      </div>
    );
  }
  say(msg) {
    console.log('金庸说：' + msg);
  }
  // 事件的处理函数，需要定义为一个箭头函数，然后赋值给函数名称
  show = (arg1) => {
    console.log('古龙说：' + arg1);
  };
}
```

然而基于对性能的考虑，通常不建议在 render 函数中使用 bind(this)，而是在构造函数当中使用。因为每次在 render() 方法执行时绑定类方法，对性能会有一定的影响，而直接在构造函数中使用时，bind 只会在组件初始实例化时运行一次。代码如下：

```
constructor(props) {
  super(props);
  this.say = this.say.bind(this);
}
```

```
render() {
  return (
  <div>
    <button
      onClick={this.say(
        '只要有人的地方就有恩怨，有恩怨就会有江湖，人就是江湖。'
      )}>
      金庸说
    </button>
  </div>
  );
}
```

新建文件 BindEvent.jsx，然后在编辑器中输入 rcc，按下回车键将会自动生成一个 jsx 组件的骨架代码：

```
import React, { Component } from 'react'

export default class BindEvent extends Component {
    render() {
        return (
            <div>

            </div>
        )
    }
}
```

将鼠标光标移动到 render() 方法的前面一行，输入 con，然后按下回车键将会自动生成如下代码：

```
constructor(props) {
    super(props);
}
```

填充事件绑定代码，然后在 index.js 中引入 BindEvent.jsx：

```
import BindEvent from '@/components/BindEvent';
let renderObj = (
  <div>
    <BindEvent></BindEvent>
  </div>
);
ReactDOM.render(renderObj, document.getElementById('app'));
```

这些其实是因为我们安装了基于 JSX 的代码片段插件，只要你愿意，你也可以构建属于自己的自定义代码片段，通过输入一串特定的字符即可自动调用这些代码片段，这样将会极大地提升我们的编码效率。更多的代码片段快捷调用方式请查看相关插件的使用说明。

8.7　绑定文本框与 State 中的值

什么是 State?

React 把组件看成是一个状态机（State Machines），通过状态（State）去操作状态机。在开发过程中，通过与用户的交互实现不同状态，然后渲染 UI，让用户界面和数据保持一致。

在 React 中，只需更新组件中的 State，然后根据新的 State 重新渲染用户界面（不要操作 DOM）。如果想要修改 State 中的数据，推荐使用 this.setState({ })。

在 Vue 中，默认提供了 v-model 指令，可以很方便地实现数据的双向绑定。但是，在 React 中，默认只是单向数据流，也就是说只能把 State 上的数据绑定到页面，无法将页面中数据的变化自动同步回 State 。如果需要把页面上数据的变化保存到 State，需要程序员监听 onChange 事件，拿到最新的数据后手动调用 this.setState({ }) 才能更改回去。

示例如下：

```
BindInputValue.jsx
```

在 components 目录下新建文件 BindInputValue.jsx，并输入如下代码：

```jsx
import React, { Component } from 'react';
export default class BindInputValue extends Component {
  constructor(props) {
    super(props);
    this.state = {
      msg: '只要还能笑，一个人的确应该多笑。',
    };
  }
  render() {
    return (
      <div>
        <input
          type="text"
          style={{ width: '100%' }}
          value={this.state.msg}
          onChange={() => this.textChanged()}
          ref="mytxt"
        />
      </div>
    );
  }
  // 响应文本框内容改变的处理函数
  textChanged = () => {
    this.setState({
      msg: this.refs.mytxt.value,
```

```
        });
    };
}
```

然后在 index.js 中引入组件 BindInputValue.jsx：

```
import BindInputValue from '@/components/BindInputValue';
let renderObj = (
    <BindInputValue></BindInputValue>
  </div>
);
ReactDOM.render(renderObj, document.getElementById('app'));
```

说明：当为文本框绑定 value 值以后，要么同时提供一个 readOnly 属性，要么提供一个 onChange 处理函数，否则浏览器控制台会产生警告。如果我们只是把文本框的 value 属性绑定到了 State 状态，却不提供 onChagne 处理函数，得到的文本框将会是一个只读的文本框。

在 onChange 事件中获取文本框的值有两种方案：一种是通过事件参数 e 来获取；另一种是通过 refs 来获取。在 BindInputValue.jsx 中继续添加如下代码：

```
<input
        type="text"
        style={{ width: '100%' }}
        value={this.state.msg}
        onChange={(e) => this.textChangedEvent(e)}
    />
// 事件参数 e
textChangedEvent = (e) => {
  this.setState({
    msg: e.target.value,
  });
};
```

其运行效果和前面以 ref 的方式一样。

Vue 为页面上的元素提供了 ref 的属性，如果想要获取元素引用，需要使用 this.$refs. 引用名称。而在 React 中也有 ref，如果要获取元素的引用可以通过 "this.refs. 引用名称" 的方式获取。

🔔 **注意：**

在 React 中，如果想为 State 中的数据重新赋值，不要使用 this.state. 属性名 = 值的方式，而是应该调用 React 提供的 this.setState 方法。例如，this.setState ({ msg: ' 爱似流星 '})。

使用 "this.state. 属性名" 赋值的方式，当我们在浏览器中打开 React 调试器会发现，尽管能修改数据值，但是浏览器上面显示的还是旧值，因为它不是响应式的。

此外，this.setState 方法的执行是异步的，如果我们在调用完 this.setState 后想要立即拿到最新的 State 值，需要使用 this.setState({}, callback)，通过回调函数的方式才能获取到最新值。

执行 this.setState 这个函数时，新状态会被存放进队列中，稍后才会进行状态合并，接着触发

shouldComponentUpdate 和 render，所以连续多次的 setState 不会影响效率，因为它只会触发一次 render。

自增长示例：SetStateDemo.jsx。

```jsx
import React, { Component } from 'react';
export default class SetStateDemo extends Component {
  constructor(props) {
    super(props);
    this.state = {
      count: 0,
    };
  }
    //async increment() {
  increment = async () => {
    // 回调函数的方式
    //this.setState({
    //    count:this.state.count+1
    //},() => {
    //    console.log(this.state.count);
    //})
    //await async 方式
    await this.setStateAsync({ count: this.state.count + 1 });
    console.log(this.state.count);
  }
  setStateAsync(state) {
    return new Promise((resolve) => {
      this.setState(state, resolve);
    });
  }
  render() {
    return (
      <div>
        <p>{this.state.count}</p>
        <button onClick={this.increment.bind(this)}> 自增</button>
      </div>
    );
  }
}
```

在 index.js 中引入组件：

```js
import SetStateDemo from './components/SetStateDemo';
function renderDom() {
  ReactDOM.render(
    <SetStateDemo />,
    document.getElementById('app')
  );
```

```
    }
    renderDom();
```

运行时，我们会发现浏览器界面上和控制台上显示的数字是同步显示的。如果不采用回调或者 await 的方式，直接在 setState 方法后面打印数据，会发现每次控制台打印的都是上一次的旧数据。

8.8 React 组件的生命周期

生命周期的概念：组件生命周期是指每个组件的实例从创建到运行直至销毁的过程。在这个过程中，会触发一系列事件，这些事件就叫作组件的生命周期函数。

React 组件生命周期分为三部分。

● 组件创建阶段：其特点是在其生命周期内只执行一次。

生命周期函数：componentWillMount、render、componentDidMount。

● 组件运行阶段：按需根据 props 属性或 state 状态的改变，有选择性地执行 0 次 或多次。

生命周期函数：componentWillReceiveProps、shouldComponentUpdate、componentWillUpdate、render、componentDidUpdate。

● 组件销毁阶段：在其生命周期内只执行一次。

生命周期函数：componentWillUnmount。

函数列表如下：

componentWillMount：在组件渲染之前执行。

componentDidMount：在组件渲染之后执行。

shouldComponentUpdate：返回 true 和 false，true 代表允许改变，false 代表不允许改变。

componentWillUpdate：数据在改变之前执行 (state,props)。

componentDidUpdate：数据修改完成 (state,props)。

componentWillReveiceProps：props 发生改变时执行。

componentWillUnmount：组件卸载前执行。

React 生命周期的回调函数如表 8-1 所示。

表8-1　React生命周期的回调函数

生命周期	调用次数	能否使用setState()
statice defaultProps={}	1（全局调用一次）	否
this.state={}	1	否
componentWillMount	1	是
render	1	否
componentDidMount	1	是
componentWillReceiveProps	≥0	否

续表

生命周期	调用次数	能否使用setState()
shouldComponentUpdate	≥0	否
componentWillUpdate	≥0	否
componentDidUpdate	≥0	否
componentWillUnmount	1	否

React 组件生命周期图如图 8-18 所示。

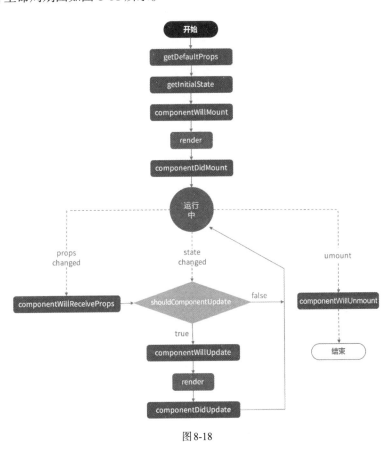

图 8-18

🔔 **注意：**

无状态组件中没有这些生命周期方法。

在组件创建之前，会先初始化默认的 props 属性，它只全局调用一次，严格来说，这不是组件的生命周期的一部分。在组件被创建并加载时，首先调用 constructor 构造器中的 this.state = {} 来初始化组件的状态。

组件生命周期的执行顺序如下。

1. Mounting（挂载）

● constructor()

构造函数，在创建组件的时候调用一次。

● componentWillMount()

在组件挂载之前调用一次。如果在这个函数里面调用 setState，本次的 render 函数可以看到更新后的 state，并且只渲染一次。

● componentDidMount()

在组件挂载之后调用一次。此时子组件也都挂载好了，可以在这里使用 refs。

2. Updating（更新）

● componentWillReceiveProps(nextProps)

props 是 父 组 件 传 递 给 子 组 件 的。 父 组 件 发 生 render 的 时 候 子 组 件 就 会 调 用 componentWillReceiveProps（不管 props 有没有更新，也不管父子组件之间有没有数据交换）。

● shouldComponentUpdate(nextProps, nextState)

组件挂载之后，每次调用 setState 后都会调用 shouldComponentUpdate 判断是否需要重新渲染组件。默认返回 true，需要重新 render。在比较复杂的应用里，有一些数据的改变并不影响界面展示，可以在这里作判断，优化渲染效率。

● componentWillUpdate(nextProps, nextState)

shouldComponentUpdate 返回 true 或者调用 forceUpdate 之后，componentWillUpdate 会被调用。

● render()

render 是 React 组件中必不可少的核心函数（上面的其他函数都不是必需的）。注意，不要在 render 里面修改 state。

● componentDidUpdate(prevProps, prevState)

除了首次执行 render 钩子函数之后调用 componentDidMount 外，其他情况下执行完 render 钩子函数后都是调用 componentDidUpdate。

3. Unmounting（卸载）

● componentWillUnmount()

组件在被卸载的时候调用。一般在 componentDidMount 里面注册的事件需要在这里删除。

componentWillMount、componentDidMount 和 componentWillUpdate、componentDidUpdate 可以对应起来。区别在于，前两者只有在挂载的时候会被调用；而后两者在以后的每次更新渲染之后都会被调用。

🔔 注意：

从 React 16.3 版本开始，以下组件生命周期方法正在逐步淘汰。React 宣布 unsafe 生命周期方法重命名为：

componentWillMount → UNSAFE_componentWillMount

componentWillReceiveProps → UNSAFE_componentWillReceiveProps

componentWillUpdate → UNSAFE_componentWillUpdate

组件生命周期示例：在 components 目录下，新建文件 ComponentLife.jsx，代码如下：

```
import React, { Component } from 'react';

class ComponentLife extends Component {
  constructor(props) {
    super(props);
    this.state = {
      msg: '天上白玉京，十二楼五城。',
    };
  }
  UNSAFE_componentWillMount() {
    console.log('componentWillMount');
  }
  componentDidMount() {
    console.log('componentDidMount');
  }
  shouldComponentUpdate() {
    console.log('shouldComponentUpdate');
    return true;
  }
  UNSAFE_componentWillUpdate() {
    console.log('componentWillUpdate');
  }
  componentDidUpdate() {
    console.log('componentDidUpdate');
  }
  UNSAFE_componentWillReceiveProps() {
    console.log('componentWillReceiveProps');
  }
  componentWillUnmount() {
    console.log('componentWillUnmount');
  }
  changeHandler = () => {
    this.setState({
      msg: '仙人抚我顶，结发受长生',
    });
  };
  clickChange = () => {
    this.props.clickChanges(' 中 - 古龙 ');
  };
  render() {
    const { msg } = this.state;
```

```
    return (
      <div>
        生命周期函数:{msg} - {this.props.author}
        <button onClick={this.changeHandler}>修改 msg</button>
        <button onClick={this.clickChange}>修改 author</button>
      </div>
    );
  }
}
export default ComponentLife;
```

修改 index.js 文件:

```
import React from 'react';
import ReactDOM from 'react-dom';
import ComponentLife from './components/ComponentLife';
let author = '唐-李白';
let clickChange = (data) => {
  author = data;
  renderDom();
};
function renderDom() {
  ReactDOM.render(
    <ComponentLife clickChanges={clickChange} author={author} />,
    document.getElementById('app')
  );
}
renderDom();
```

浏览器运行结果如图 8-19 所示。

← → C ① 127.0.0.1:3000

生命周期函数:天上白玉京,十二楼五城。 - 中-古龙 [修改msg] [修改author]

图 8-19

浏览器控制台显示内容如下:

```
componentWillMount
componentDidMount
componentWillMount
componentWillUnmount
componentDidMount
```

单击 "修改 msg" 按钮,控制台显示内容如下:

```
shouldComponentUpdate
componentWillUpdate
componentDidUpdate
```

单击"修改 author"按钮，控制台显示内容如下：

```
componentWillReceiveProps
shouldComponentUpdate
componentWillUpdate
componentDidUpdate
```

8.9 表单

在 React 里，HTML 表单元素的工作方式和其他的 DOM 元素有些不同，这是因为表单元素通常会保持一些内部的 state。表单具有默认的 HTML 表单行为，即在用户提交表单后浏览到新页面。

8.9.1 表单受控组件

在 HTML 中，表单元素（如 <input>、<textarea> 和 <select>）通常自己维护 state，并根据用户的输入进行更新，使 React 的 state 成为"唯一数据源"。渲染表单的 React 组件还控制着用户输入过程中表单发生的操作，被 React 以这种方式控制取值的表单输入元素就叫作"受控组件"。

示例：FormDemo.jsx。代码如下：

```
import React, { Component } from 'react';
export class FormDemo extends Component {
  constructor(props) {
    super(props);
    this.state = {
      username: '',
    };
  }
  onChangeHandler = (e) => {
    this.setState({
      username: e.target.value,
    });
  };
  handleSubmit = (e) => {
    e.preventDefault();              // 阻止表单默认跳转事件
    console.log(this.state.username);
  };
  render() {
    return (
      <div>
        <form onSubmit={this.handleSubmit}>
          <input
```

```
            type="text"
            value={this.state.username}
            onChange={this.onChangeHandler}
          />
          <button type="submit">提交</button>
        </form>
      </div>
    );
  }
}
export default FormDemo;
```

有时使用受控组件会很麻烦，因为需要为数据变化的每种方式都编写事件处理函数，并通过一个 React 组件传递所有的输入 state。此时非受控组件就成了替代方案。

8.9.2　非受控组件

在大多数情况下，推荐使用受控组件处理表单数据。在一个受控组件中，表单数据是由 React 组件来管理的。另一种替代方案是使用非受控组件，这时表单数据将交由 DOM 节点来处理。

要编写一个非受控组件，而不是为每个状态更新都编写数据处理函数，你可以使用 ref 从 DOM 节点中获取表单数据。

Refs 提供了一种方式，用于访问在 render 方法中创建的 DOM 节点或 React 元素。

Refs 使用场景如下：

● 处理焦点、文本选择或媒体控制

● 触发强制动画

● 集成第三方 DOM 库

🔔 注意：

官方提示，如果可以通过声明式实现，应尽量避免使用 refs。也就是说，在 React 无法控制局面的时候，才需要直接操作 Refs。

示例：RefsForm.jsx。代码如下：

```
import React, { Component } from 'react';

export class RefsForm extends Component {
  constructor(props) {
    super(props);
    this.username = React.createRef();
    this.password = React.createRef();
  }
  clickHandler = (e) => {
```

```
      console.log(this.username.current.value);
      console.log(this.password.current.value);
    };
  render() {
    return (
      <div className="refs-form">
        <div>
          <label style={{ width: '100px', display: 'inline-block' }}>
            用户名：
          </label>
          <input type="text" ref={this.username} />
        </div>
        <div>
          <label style={{ width: '100px', display: 'inline-block' }}>
            密码：
          </label>
          <input type="password" ref={this.password} />
        </div>
        <button onClick={this.clickHandler} style={{ marginLeft: '100px' }}>
          提交
        </button>
      </div>
    );
  }
}
export default RefsForm;
```

8.9.3 组件组合

React 有十分强大的组合模式，我们推荐使用组合而非继承来实现组件间的代码重用。

有些组件无法提前知晓它们子组件的具体内容，这些组件使用一个特殊的 children prop 来将它们的子组件传递到渲染结果中，这使得其他组件可以通过 JSX 进行嵌套，将任意组件作为子组件传递给它们。这种方法可能使你想起 Vue 中"槽"（slot）的概念，但在 React 中没有"槽"这一概念的限制，你可以将任何东西作为 props 进行传递。

示例：MinxinsDemo.jsx。代码如下：

```
import React, { Component } from 'react';
export class MinxinsDemo extends Component {
  render() {
    return <div>{this.props.children ? this.props.children : '暂无数据'}</div>;
  }
}
```

```
export default MinxinsDemo;
```

在 index.js 文件中输入如下代码：

```
import MinxinsDemo from './components/MinxinsDemo';
 ReactDOM.render(
    <MinxinsDemo>暂无工单数据</MinxinsDemo>,
    document.getElementById('app')
 );
```

8.9.4　使用 PropTypes 进行类型检查

React 内置了一些类型检查的功能。要在组件的 props 上进行类型检查，只需配置特定的 propTypes 属性。当然也可以使用 TypeScript 等 JavaScript 扩展对整个应用程序做类型检查。

示例：PropsTypeDemo.jsx。代码如下：

```
import React, { Component } from 'react';
import PropTypes from 'prop-types';

export default class PropsTypeDemo extends Component {
  render() {
    return <div>{this.props.title}</div>;
  }
}
PropsTypeDemo.propTypes = {
  title: PropTypes.string,
};
//Prop 设置默认值
PropsTypeDemo.defaultProps = {
  title: '默认值',
};
```

在 index.js 文件中输入如下代码：

```
import PropsTypeDemo from './components/PropsTypeDemo';
 ReactDOM.render(
    <PropsTypeDemo title=" 你在他乡还好吗 " />,
    document.getElementById('app')
 );
```

PropTypes 提供一系列验证器，可用于确保组件接收到的数据类型是有效的。在本例中，我们使用了 PropTypes.string。当传入的 prop 值类型不正确时，JavaScript 控制台将会显示警告。出于性能方面的考虑，propTypes 仅在开发模式下进行检查。

第 9 章　React 进阶

本章学习目标

◆ 学会使用 Ant Design UI 组件库

◆ 掌握 Fetch 网络请求

◆ 熟悉路由

◆ 掌握 React-Redux 的用法

◆ 了解高阶组件

◆ 掌握 React.Fragment 和 React Context 的用法

在企业中用 React 进行项目开发，通常都是基于 React 的脚手架，我们称之为 SPA（singer page application）应用。

在这些应用中，会用到路由、网络、状态管理等全体系的知识，也会进一步运用 ES6/ES7 语法、构架工具、架构、设计模式等。

什么是 React 脚手架？

➢ React 脚手架是用来帮助我们快速创建一个基于 React 库的模板项目，主要包括模板项目所有需要的配置、模板项目所有需要的依赖和安装 / 运行 / 编译的环境，使程序可以直接运行起来。

➢ 使用脚手架开发的项目一定要遵循模块化、组件化和工程化；在 React 中提供了一个用于创建 React 项目的脚手架库：create-react-app。

➢ 通常项目的整体技术配置是：React + react-?? + Webpack + ES6/ES7 + eslint。

9.1　AntD UI 组件库

9.1.1　AntD UI 组件库引入

Ant Design of React 简称 AntD，是基于 Ant Design 设计体系的 React UI 组件库，主要用于研发企业级中后台产品。

Ant Design 官网地址为 https://ant.design/index-cn。

（1）创建项目，执行命令：npx create-react-app react-antd-demo。

（2）安装 antd，执行命令：npm install antd –save。注意：要在 react-antd-demo 目录下执行此命令安装。

（3）删除项目中一些用不到的文件及其引用。最终只保留如图 9-1 所示的代码结构。

图 9-1

（4）引入组件，在 App.js 中引入需要用到的组件：

```
import React from 'react';
import { Button } from 'antd';

function App() {
  return (
    <div className="App">
      <Button type="primary">Primary Button</Button>
      <Button>Default Button</Button>
      <Button type="dashed">Dashed Button</Button>
      <br />
      <Button type="text">Text Button</Button>
      <Button type="link">Link Button</Button>
    </div>
  );
}
export default App;
```

在 index.js 中引入组件的全局样式：

```
import 'antd/dist/antd.css';
```

（5）启动 npm run start。

运行结果如图 9-2 所示。

图 9-2

9.1.2　按需加载

在 9.1.1 小节的示例当中，使用的 antd 组件样式是全量引入的，而这个样式文件很大。
在实际应用过程中，可以通过按需加载的方式对 antd 组件样式进行引入。

方式一：eject 暴露配置

eject（弹射）命令做的事情，就是把潜藏在 react-scripts 中的一系列技术栈的配置都"弹射"到应用的顶层，然后我们就可以研究这些配置细节了，并且可以更灵活地定制应用的配置。

🔔 **注意：**

整个过程是不可逆的，也就是完成弹射之后是无法复原的。所以通常如无必要，不要轻易使用弹射来暴露配置。

（1）手动按需加载。

修改 App.js 文件中组件的引入方式，并将组件对应的 css 样式单独引用，代码如下：

```
import Button from 'antd/es/button';
import 'antd/es/button/style/css';
```

同时，可以注释掉 index.js 入口文件中 antd 组件的全局样式引用。此时，查看界面和 9.1.1 小节中的界面效果一模一样。

（2）babel-plugin-import。

在项目根目录下，执行命令：npm run eject，此时会提示：该命令不可逆，是否继续，输入 y，结果报错了。

```
> react-antd-demo@0.1.0 eject
D:\WorkSpace\react_book_write\codes\chapter9\react-antd-demo
> react-scripts eject
NOTE: Create React App 2+ supports TypeScript, Sass, CSS Modules and more without
ejecting: https://reactjs.org/blog/2018/10/01/create-react-app-v2.html
? Are you sure you want to eject? This action is permanent. Yes
This git repository has untracked files or uncommitted changes:
```

大意是说：代码结构有变更，导致失败了，这是因为前面删除了一些没有用到的文件。
解决办法：依次执行如下命令。

```
git init
git add .
git commit -m 'init'
```

原因是在创建脚手架时添加了 .gitgnore 文件，但是却没有本地仓库，所以要初始化一个本地仓库。这样操作后，我们就可以看到运行成功的结果了。

接下来安装 babel-plugin-import：npm install babel-plugin-import --save-dev。

当然，你也可以把整个项目全部删除，然后再重新创建。项目创建后，不要动文件，然后执行命令 npm run eject。

（3）配置 package.json，添加 plugins 节点：

```
"babel": {
  "presets": [
    "react-app"
  ],
  "plugins": [
    [
      "import",
      {
        "libraryName": "antd",
        "libraryDirectory": "es",
        "style": "css"
      }
    ]
  ]
},
```

（4）运行项目 npm run start。

方式二：react-app-rewired

前面第一种方式必须暴露配置，这会让我们在开发的时候不是很方便，所以推荐使用 react-app-rewired。

除了前面使用 npm 安装，我们也可以使用 yarn 来安装包。

首先全局安装 yarn：npm install -g yarn。

（1）安装 react-app-rewired。

```
yarn add babel-plugin-import react-app-rewired customize-cra
```

（2）修改配置文件 package.json 中整个 scripts 节点，修改后如下：

```
"scripts": {
  "start": "react-app-rewired start",
  "build": "react-app-rewired build",
  "test": "react-app-rewired test",
  "eject": "react-app-rewired eject"
},
```

（3）在项目根目录创建一个 config-overrides.js 文件用于修改默认配置，类似于 vue 的 vue.config.js 文件。

（4）重新启动项目，就可以按需加载了。

9.2　Fetch 网络请求

Fetch 是一种 HTTP 数据请求的方式，是 XMLHttpRequest 的一种替代方案。Fetch 不是 Ajax 的进一步封装，而是原生 js。Fetch 函数就是原生 js，并没有使用 XMLHttpRequest 对象。Fetch 文档地址为 https://developer.mozilla.org/zh-CN/docs/Web/API/Fetch_API/Using_Fetch。

9.2.1　get 请求和 post 请求

为了方便测试，我们先来准备 node.js 接口，新建 server 目录，用于存放 node.js 服务器相关的代码。

在 server 目录下新建 index.js 文件，代码如下：

```
const express = require('express');
const app = express();
const router = require('./router');
app.use('/', router);
app.listen(4000, function () {
  console.log('serve running at port 4000');
});
```

在 router.js 中输入代码如下：

```
const express = require('express');
const router = express.Router();

const userList = [
  {
    id: 1,
    name: '李渊',
    nickName: '唐高祖',
    msg: '享年七十岁，在位八年，五十二岁登基.',
  },
  {
    id: 2,
    name: '李世民',
    nickName: '唐太宗',
    msg: '享年五十二岁，在位二十三年，二十八岁登基。',
  },
];
router.get('/api/detail', (req, res) => {
  const { id } = req.query;
  let user = userList.find((n) => n.id == id);
```

```
      res.send(user);
});
router.post('/api/list', (req, res) => {
  let { username } = req.query;
  let filterData = username
    ? userList.filter((s) => s.name.includes(username))
    : userList;
  res.send(filterData);
});
module.exports = router;
```

这里写了两个接口，一个是 get 请求，另一个是 post 请求。

在 fetch.css 中输入如下代码：

```css
.fetch-demo {
  width: 400px;
}
.search-bar {
  display: flex;
}
```

运行 node 服务器代码，切换到 server 目录下：cd src/server，执行命令：nodemon index.js。

接下来准备测试组件，在 components 目录下新建文件 FetchDemo.jsx，代码如下：

```jsx
import React, { Component } from 'react';
import { Table, Button, Input, Space, Modal } from 'antd';
import { SearchOutlined, UserOutlined } from '@ant-design/icons';
import qs from 'querystring';
import './fetch.css';

export class FetchDemo extends Component {
  constructor(props) {
    super(props);
    this.state = {
      visible: false,
      searchKey: '',
      userList: [],
      detailData: {},
      columns: [
        {
          title: '姓名',
          dataIndex: 'name',
          key: 'name',
        },
        {
          title: '称呼',
```

```
            dataIndex: 'nickName',
            key: 'nickName',
        },
        {
            title: '操作',
            key: 'id',
            dataIndex: 'id',
            render: (text, record) => (
                <Space size="middle">
                    <a onClick={this.jumptoDetail.bind(this, record.id)}>查看详情</a>
                </Space>
            ),
        },
    ],
    };
}

render() {
    const {
        searchKey,
        userList,
        textChange,
        columns,
        visible,
        detailData,
    } = this.state;
    return (
        <div className="fetch-demo">
            <div className="search-bar">
                <Input
                    placeholder="请输入用户名"
                    value={searchKey}
                    onChange={textChange}
                    prefix={<UserOutlined />}
                />
                <Button
                    icon={<SearchOutlined />}
                    onClick={this.searchList.bind(this)}
                >
                    搜索
                </Button>
            </div>
            <Table dataSource={userList} columns={columns} rowKey="id" />;
            <Modal
                title="用户详情"
```

```
            visible={visible}
            onOk={this.handleCancel}
            onCancel={this.handleCancel}
            cancelText=" 取消 "
            okText=" 确定 "
        >
            <p> 用户名 :{detailData.name}</p>
            <p> 称呼 :{detailData.nickName}</p>
            <p> 简介 :{detailData.msg}</p>
        </Modal>
      </div>
   );
}
showModal = () => {
  this.setState({
    visible: true,
  });
};
textChange = (e) => {
  this.setState({
    searchKey: e.target.value,
  });
};
handleCancel = (e) => {
  console.log(e);
  this.setState({
    visible: false,
  });
};
// 查看详情
jumptoDetail(id, e) {
  e.stopPropagation(); // 阻止默认跳转事件
  fetch('/api/detail?id=${id}')
    .then((res) => res.json())
    .then((data) => {
      this.setState(
        {
          detailData: data,
        },
        () => {
          this.showModal();
        }
      );
    });
}
```

```
    // 查询数据列表
    searchList() {
      fetch('/api/list', {
        method: 'POST',
        headers: {
          'Content-Type': 'application/x-www-form-urlencoded',
          Accept: 'application/json,text/plain,*/*',
        },
        // 字符串拼接方法
        body: qs.stringify({
          username: this.searchKey,
        }),
      })
        .then((res) => res.json())
        .then((data) => {
          this.setState({
            userList: data,
          });
        });
    }
    // 界面加载后自动搜索
    componentDidMount() {
      this.searchList();
    }
}
export default FetchDemo;
```

打开浏览器控制台，发现接口调用报错了，出现如下错误提示信息：

```
localhost/:1 Access to fetch at 'http://localhost:4000/api/list' from origin
'http://localhost:3001' has been blocked by CORS policy: No 'Access-Control-Allow-
Origin' header is present on the requested resource. If an opaque response serves
your needs, set the request,s mode to 'no-cors' to fetch the resource with CORS
disabled.
```

这是因为接口调用出现了跨域，React 程序运行在 http://localhost:3000，而接口地址为 http://localhost:4000，两个程序的端口不一样，所以出现了跨域问题。

9.2.2　跨域

跨域解决方案通常有两种，一种是前端配置代理；另一种是后端接口做跨域支持。

（1）配置 package.json 文件解决跨域。

这里先通过修改前端配置代理的方式修改 package.json 文件，添加如下配置：

```
"proxy": "http://localhost:4000",
```

这里配置了接口的服务器地址和端口，修改了配置文件，一定要记得重启服务：npm run start。

最后运行结果如图9-3和图9-4所示。

图9-3   图9-4

（2）手动配置跨域——http-proxy-middleware --save。

① 安装 http-proxy-middleware：npm install http-proxy-middleware --save。

② 在 src 目录下创建 setupProxy.js 文件，配置如下：

```
const {createProxyMiddleware}= require('http-proxy-middleware');

module.exports = function (app) {
    //proxy 第一个参数为要代理的路由
    // 第二个参数中 target 为代理后的请求网址，changeOrigin 是否改变请求头，其他参数请看官网
    //https://github.com/chimurai/http-proxy-middleware#readme
    app.use(createProxyMiddleware('/api', {
        target: 'http://localhost:4000',
        changeOrigin: true // 是否改变请求头
    }))
}
```

🔔 注意：

你不需要在任何地方导入这个 setupProxy.js 文件，当你的应用启动时，它将自动注册，但是这个名称和路径不能修改。

（3）删除 package.json 中的 proxy 配置节点。

```
"proxy": "http://localhost:4000",
```

（4）启动应用：npm run start。

9.2.3 封装 http 请求

由于 http 请求将会在多处使用，所以我们可以对 Fetch 的请求进行二次封装，方便调用。

utils/request.js 中的代码如下：

```
import qs from 'querystring';
/**
 * get 请求
 * @param {*} url
 */
export function httpGet(url) {
  const result = fetch(url);
  return result;
}
/**
 * post 请求
 * @param {*} url
 * @param {*} params
 */
export function httpPost(url, params) {
  const result = fetch(url, {
    method: 'POST',
    headers: {
      'Content-Type': 'application/x-www-form-urlencoded',
      Accept: 'application/json,text/plain,*/*',
    },
    body: qs.stringify(params),
  });
  return result;
}
```

9.3　axios 网络请求

axios 是一个基于 Promise、用于浏览器和 Node.js 的 http 客户端，本质上也是对原生 XHR 的封装，只不过它是 Promise 的实现版本，符合最新的 ES 规范，它本身具有以下特征：

- 从浏览器中创建 XMLHttpRequest
- 支持 Promise API
- 客户端支持防止 CSRF
- 提供了一些并发请求的接口（重要，方便了很多的操作）
- 从 Node.js 中创建 http 请求
- 拦截请求和响应
- 转换请求和响应数据
- 取消请求

● 自动转换 JSON 数据

axios 对浏览器的支持情况如图 9-5 所示。

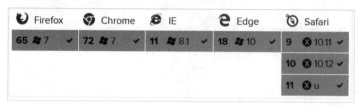

图9-5

（1）axios 安装

使用 npm：

```
npm install axios
```

使用 cdn：

```
<script src="https://unpkg.com/axios/dist/axios.min.js"></script>
```

（2）使用说明

以最为常见的 get、post 请求为例。执行 get 请求：

```
import axios from 'axios';
// 为给定 ID 的 user 创建请求
axios.get('/user?ID=12345')
  .then(function (response) {
    console.log(response);
  })
  .catch(function (error) {
    console.log(error);
  });

// 可选的，上面的请求可以这样做
axios.get('/user', {
    params: {
      ID: 12345
    }
  })
  .then(function (response) {
    console.log(response);
  })
  .catch(function (error) {
    console.log(error);
  });
```

执行 post 请求：

```
axios.post('/user', {
```

```
    firstName: '邹',
    lastName: '宇峰'
})
.then(function (response) {
    console.log(response);
})
.catch(function (error) {
    console.log(error);
});
```

关于 axios 更详细的操作说明，官方文档中介绍非常详细，这里就不再赘述，请参考 https://github.com/axios/axios。

在实际工作中，我们通常将对 axios 的操作进行统一封装，新建文件 api.js，输入代码如下：

```
import axios from 'axios';
import qs from 'qs';
export default {
    //get 请求
    get(url, param) {
        return new Promise((resolve, reject) => {
            axios({
                method: 'get',
                url,
                params: param
            })
                .then((res = {}) => {
                    if (res.code !== 200) reject(res);
                    resolve(res);
                })
                .catch(_ => reject(_));
        });
    },
    //post 请求
    post(url, param, headers) {
        return new Promise((resolve, reject) => {
            axios({
                method: 'post',
                url,
                data: param
            })
                .then((res = {}) => {
                    if (res.code !== 200) reject(res);
                    resolve(res);
                })
                .catch(_ => reject(_));
```

```
      });
    },
    //url 表单请求
    postForm(url, param, headers) {
      return new Promise((resolve, reject) => {
        axios({
          method: 'post',
          url,
          headers: {
            'Content-Type': 'application/x-www-form-urlencoded'
          },
          data: qs.stringify(param)
        })
          .then((res = {}) => {
            if (res.code !== 200) reject(res);
            resolve(res);
          })
          .catch(_ => reject(_));
      });
    },
    //post 表单数据
    postFormData(url, param) {
      const formtData = new FormData();
      for (const k in param) {
        formtData.append(k, param[k]);
      }
      return this.ajax({
        url: url,
        method: 'post',
        headers: {
          'Content-Type': 'multipart/form-data'
        },
        data: formtData
      });
    }
};
```

说明：axios 支持跨域，配置的方式和 9.2.2 小节中的跨域配置相同。

9.4 路 由

官方 API 文档地址为 https://reactrouter.com/web/api/。

9.4.1　路由介绍

路由的作用：在单页面应用（SPA）中通过路由跳转可以切换显示视图。

React-router 和 React-router-dom 的选择

React-router 提供了一些 router 的核心 API，包括 Router、Route、Switch 等，但是它没有提供 DOM 操作进行跳转的 API。React-router-dom 在此基础上提供了 BrowserRouter、Route、Link 等 API，我们可以通过 DOM 的事件控制路由。例如，单击一个按钮进行跳转，在开发过程中，我们更多使用的是 React-router-dom。

路由示例。

安装命令：

```
npm install react-router-dom -S
```

views/Home.jsx 中的代码如下：

```
import React, { Component } from 'react';
export class Home extends Component {
  render() {
    return <div>首页</div>;
  }
}
export default Home;
```

views/My.jsx 中的代码如下：

```
import React, { Component } from 'react';
export class My extends Component {
  render() {
    return <div>我的</div>;
  }
}
export default My;
```

App.js 中的代码如下：

```
import React from 'react';
import { BrowserRouter as Router, Route } from 'react-router-dom';
import Home from './views/Home';
import My from './views/My';

function App() {
  return (
    <div className="App">
      <Router>
        <Route path="/home" component={Home}></Route>
        <Route path="/my" component={My}></Route>
```

```
        </Router>
      </div>
    );
}
export default App;
```

运行效果如图 9-6 所示。

图 9-6

9.4.2 \<BrowserRouter> 与 \<HashRouter>

\<BrowserRouter>：\<Router> 的一种，通过使用 HTML5 提供的 history API(pushState,replace-State,propstate) 机制来维持页面 UI 与 URL 的统一。需要注意的是，采用这种方式的项目如果上线之后，需要后台做一些额外处理，例如：重定向处理 404 的 bug。

\<HashRouter>：\<Router> 的一种，通过 URL hash 部分，如 location.hash 来保持 UI 与 URL 一致，它是锚点链接。

在 9.3.1 小节中的示例，我们采用的是 \<BrowserRouter> 的方式，接下来我们修改 App.js，将

```
import {BrowserRouter as Router, Route} from 'react-router-dom';
```

改为

```
import {HashRouter as Router, Route} from 'react-router-dom';
```

首页和我的页面的访问地址分别变成了 http://localhost:3000/#/home 和 http://localhost:3000/#/my。URL 地址在 BrowserRouter 的基础上多了一个 /#。

（1）如果是非静态站点，要处理各种不同的 URL，需要使用 BrowserRouter。

（2）如果是静态站点，只需要匹配静态 URL，使用 HashRouter 即可。

9.4.3 \<Link>

\<Link> 可以为你的应用提供声明式的、可访问的导航链接。

在 App.js 中修改代码：

```
import { Link } from 'react-router-dom';
        <ul>
          <li>
            <Link to="/home">首页 </Link>
          </li>
          <li>
```

```
        <Link to="/my"> 我的 </Link>
      </li>
    </ul>
```

其实，如果直接写成 a 标签的形式也是可以跳转的，例如：

```
<a href="#/my"> 我的 </a>
```

只是通常实际项目中不建议这样使用，因为 Link 在内部给我们封装了许多其他的一些功能。

1. exact 匹配规则

exact 的值是一个 Bool 类型，如果为 true，则只有在位置完全匹配时才应用激活类 / 样式。

新建组件页面 views/Settings.js，代码如下：

```
import React, { Component } from 'react';
class Settings extends Component {
  render() {
    return <div> 设置 </div>;
  }
}
export default Settings;
```

然后 App.js 中引入组件：

```
import Settings from './views/Settings';
        <li>
          <Link to="/my/settings"> 设置 </Link>
        </li>
<Route path="/my/settings" component={Settings}></Route>
```

在浏览器地址栏中输入地址 http://localhost:3000/#/my/settings，运行效果如图 9-7 所示。

图9-7

可以看到界面中不但把 Settings 组件中的内容显示出来了，就连 My 组件中的内容也显示出来了。这是因为 /my/settings 包含了 /my，所以在 URL 进行地址解析时，默认把这两个路由地址都解析到了，相当于模糊匹配。

然而，有些时候这并不是我们想要的场景，我们需要完全匹配。这时就可以在需要进行完全匹配的 Link 对象上设置 exact 属性值为 true。

可以修改前面的代码：

```
<Route path="/my" component={My} exact={true}></Route>
```

此时再访问地址 http://localhost:3000/#/my/settings 时，就只会显示 Settings 组件中的内容了。

2. strict 严格匹配

strict 属性也是 Bool 类型，如果为 true，则在确定位置是否与当前 URL 匹配时，将考虑位置的路径名后面的斜杠。更通俗一点理解就是，如果 strict 属性值为 true，那么将会把路径最后面的斜杠当成路由地址的一部分去进行匹配。

在 My 路由上将 strict 属性值设置为 true：

```
<Route path="/my" component={My} exact={true} strict={true}></Route>
```

此时浏览器中 http://localhost:3000/#/my/ 和 http://localhost:3000/#/my 的访问结果是不一样的。

> **注意：**
>
> strict 属性值必须和 exact 属性一起使用才会生效。

9.4.4 <Switch> 和 404 页面

<Switch>：用于渲染与路径匹配的第一个子 <Route> 或 <Redirect>。

这与仅仅使用一系列 <Route> 有何不同？

<Switch> 只会渲染一个路由。相反，仅仅定义一系列 <Route> 时，每一个与路径匹配的 <Route> 都将包含在渲染范围内。

示例：NotFound.jsx 代码如下：

```
import React, { Component } from 'react';
class NotFound extends Component {
  render() {
    return <div>找不到对象</div>;
  }
}
export default NotFound;
```

在 App.js 中，在所有路由的最后面写入如下代码：

```
<Route component={NotFound}></Route>
```

为什么是最后面？因为路由的匹配顺序是从上至下进行匹配的。这里没有指定路由地址，因为这是一个全局的路由界面，我们希望的是当前面的路由都匹配不上时，最后直接显示这个组件页面。

然而真实情况是，当我们在浏览器中访问地址 http://localhost:3000/#/my 时，界面将 my 组件和 404 页面一起显示出来了，这是因为 Route 中默认会把所有匹配到的路由界面全部显示出来，如果想要界面只匹配第一个路由，需要将这些路由包裹在 <Switch> 标签中，如以下代码所示：

```
import { Switch } from 'react-router-dom';
<Switch>
        <Route path="/home" component={Home}></Route>
        <Route path="/my" component={My} exact={true} strict={true}></Route>
```

```
        <Route path="/my/settings" component={Settings}></Route>
        <Route component={NotFound}></Route>
</Switch>
```

9.4.5　render 和 func

在前面的示例中，路由中加载的组件使用的都是 component 的方式。

使用 render 可以方便地进行内联渲染和包装，而无须进行上文解释的不必要的组件重装。你可以传入一个函数，以在位置匹配时进行调用，而不是使用 component 创建一个新的 React 元素。render 渲染方式接收所有与 component 方式相同的 route props。

🔔 **注意：**

<Route component> 优先于 <Route render>，因此不要在同一个 <Route> 中同时使用两者。

示例如下：

```
<Route path="/render" render={() => <div>春雨弯刀 </div>}></Route>
```

RenderDemo.jsx 中的代码如下：

```
import React from 'react';
const RenderDemo = ({ name }) => {
  return <div>姓名:{name}</div>;
};
export default RenderDemo;
```

这里的 RenderDemo 组件是以方法的形式构建的。

App.js 中的代码如下：

```
import RenderDemo from './views/RenderDemo';
<Route
        path="/render-demo"
        render={(props) => (
          <RenderDemo {...props} name=" 谢晓峰 "></RenderDemo>
        )}
    >
</Route>
```

使用 scss
需要安装 node-sass：

```
npm i node-sass --save
```

提取和封装 Nav 导航组件
Nav.jsx 中的代码如下：

```
import React, { Component } from 'react';
```

229

```
import { Link } from 'react-router-dom';
import './nav.scss';

class Nav extends Component {
  render() {
    return (
      <div className="nav">
        <ul>
          <li>
            <Link to="/home">首页</Link>
          </li>
          <li>
            <Link to="/my">我的</Link>
            {/* <a href="#/my">我的</a> */}
          </li>
          <li>
            <Link to="/my/settings">设置</Link>
          </li>
        </ul>
      </div>
    );
  }
}
export default Nav;
```

nav.scss 中的代码如下：

```
.nav {
  ul {
    list-style: none;
    li {
      float: left;
      width: 60px;
    }
  }
}
```

重构 App.js：

```
import Nav from './components/Nav.jsx';
 <Nav></Nav>
```

在浏览器中输入地址 http://localhost:3000/#/render-demo，运行效果如图 9-8 所示。

图9-8

9.4.6 <NavLink> 高亮

<NavLink> 是一个特殊版本的 <Link>，它会在与当前 URL 匹配时为其呈现元素添加样式属性。

在 9.3.3 小节的示例代码中，当我们单击导航跳转界面的时候，无法高亮显示当前页面对应的链接。

接下来，我们修改 Nav.jsx 组件，将 <Link> 替换为 <NavLink>，代码如下：

```
<ul>
    <li>
      <NavLink to="/home"> 首页 </NavLink>
    </li>
    <li>
      <NavLink to="/my"> 我的 </NavLink>
      {/* <a href="#/my"> 我的 </a> */}
    </li>
    <li>
      <NavLink to="/my/settings"> 设置 </NavLink>
    </li>
</ul>
```

替换完成之后在浏览器中预览，单击"我的"，依然没有出现高亮，此时，我们查看浏览器中的源码，发现在"我的"链接上多了一个 class 名为 active 的类名，代码如下：

```
<a aria-current="page" class="active" href="#/my"> 我的 </a>
```

这也就意味着，我们只需要自定义一个 active 的 css 样式类来高亮区分即可。在 nav.scss 中添加样式代码：

```
.active {
    color: red;
}
```

再次查看浏览器界面运行状态，已经有了高亮样式，效果如图 9-9 所示。

图9-9

activeClassName 属性

activeClassName 的属性值是一个 string 类型，它表示当元素处于激活状态时，对应的类默认为 active。通过这个属性自定义激活状态的类名，它将与 className 属性一起使用。

例如，在 nav.scss 中添加一个样式：

```
.selected {
```

```
        color: blue;
}
```

然后修改 App.js 中的代码：

```
<NavLink to="/home" activeClassName="selected">
    首页
</NavLink>
```

此时当选中的是首页时，高亮色是蓝色；当选中的是其他页面时，高亮色是红色。

9.4.7 URL Parameters

在路由地址当中可以配置路由参数，示例代码如下：

```
<Route
        path="/my/:name"
        component={My}
        exact={true}
        strict={true}
></Route>
```

在 My.jsx 中接收参数：

```
render() {
  return <div>我的：{this.props.match.params.name}</div>;
}
```

运行结果如图 9-10 所示。

图 9-10

需要注意的是，如果地址栏没有传参数，会出现 404 的问题。例如，在地址栏中输入 http://localhost:3000/#/my，提示找不到对象。我们可以通过在路由参数后面加一个 "?" 的方式来解决这个问题，"?" 表示可选的意思。

```
<Route
        path="/my/:name?"
        component={My}
          exact={true}
          strict={true}
></Route>
```

9.4.8　querystring 读取方式

要获取 URL 的传值有两种方式，一种是使用 URLSearchParams 方法，另一种是使用 querystring.parse 方法。通过这两个方法可以解析 props.location.search 对象。

假设浏览器地址为 http://localhost:3000/#/my?username= 玉杰 &age=31。

My.jsx 中的代码如下：

```
export class My extends Component {
  render() {
    const params = new URLSearchParams(this.props.location.search);
    return (
      <div>
        <br />
        <p>用户名：{params.get('username')}</p>
        <p>年龄：{params.get('age')}</p>
        我的：{this.props.match.params.name}
      </div>
    );
  }
}
```

运行效果如图 9-11 所示。

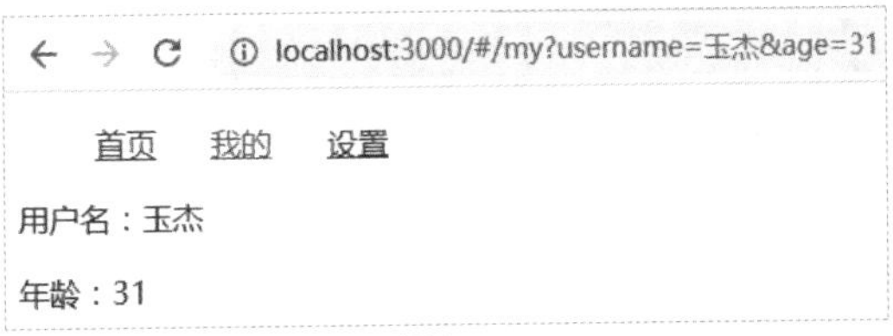

图9-11

使用 querystring.parse 方法需要单独引入 querystring 库，代码如下：

```
import querystring from 'querystring';
render() {
    // 要去掉前面的问号，否则无法解析第一个参数
    const search = this.props.location.search.substr(1);
    const params = querystring.parse(search);
    return (
      <div>
        <br />
        <p>用户名：{params.username}</p>
        <p>年龄：{params.age}</p>
      </div>
);
```

运行结果如图 9-11 所示。

9.4.9　<NavLink> to object

<NavLink> 的 to 属性，它的属性值是一个形如 {pathname, search, hash, state} location 对象。

在 My.jsx 中，把这个 this.props.location 对象打印出来，代码如下：

```
console.log('this.props.location :>> ', this.props.location);
```

在浏览器中输入地址 http://localhost:3000/#/my?username= 玉杰 &age=31。

控制台中运行结果如图 9-12 所示。

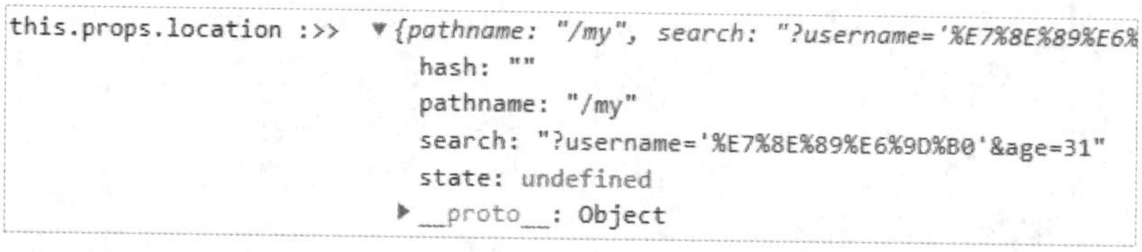

```
this.props.location :>>    ▼{pathname: "/my", search: "?username='%E7%8E%89%E6%
                               hash: ""
                               pathname: "/my"
                               search: "?username='%E7%8E%89%E6%9D%B0'&age=31"
                               state: undefined
                             ▶ __proto__: Object
```

图 9-12

我们可以直接在 NavLink 中通过配置 to 属性来配置 this.props.location 对象。

在 Nav.jsx 中进行如下配置：

```
<NavLink
  to={{
    hash: '',
    pathname: '/my',
    search: '?username= 玉杰 &age=31',
    state: { salary: 30000 },
  }}
>
  我的
</NavLink>
```

参数说明如下。

- hash：哈希值
- pathname：路径名称
- search：查询字符串
- state：隐藏数据，不在浏览器 URL 地址栏中显示，可用于传递数据。

9.4.10　<Redirect> 重定向

通过 <Redirect> 可以跳转到一个新的页面，新的页面将会覆盖当前页面，它与服务器重定向是一样的。

在 App.js 中添加配置：

```
<Redirect from="/me" to="/my" />
```

当浏览器访问 http://localhost:3000/#/me 的时候，将会自动跳转到 http://localhost:3000/#/my，浏览器的地址也会更新。

9.4.11　push 和 replace

push 和 replace 实现路由的跳转功能。

两者的区别是：push 会形成 history，可以回到上一级；replace 回不到上一级，上一级的页面消失了，它适用于登录后不需要重新回到登录页面的场景。

用法如下：

```
this.props.history.replace('router 地址')
this.props.history.push('router 地址')
```

在 My.jsx 中输入如下代码：

```
clickHandler = () => {
  this.props.history.replace('/home');
};
<div>
    <button onClick={this.clickHandler}>回到首页</button>
</div>
```

9.4.12　withRouter

高阶组件中的 withRouter，作用是将一个组件包裹进 Route 中，然后 react-router 的三个对象 history、location、match 就会被放进这个组件的 props 属性中。

新建组件 Skill.jsx，代码如下：

```
import React, { Component } from 'react';

export default class Skill extends Component {
  clickHandler() {
    this.props.history.push('/home');
  }
  render() {
    return (
      <div>
        灵犀一指
        <button onClick={this.clickHandler.bind(this)}>返回首页</button>
      </div>
    );
  }
}
```

My.jsx 中引入 Skill.jsx 组件：

```
import Skill from './Skill';
  <Skill></Skill>
```

单击 Skill 组件中的"返回首页"按钮，控制台报错，因为 Skill 组件没有直接被路由管理，所以没有路由对象。

而 withRouter 的作用就是，如果某个组件不是一个 Router，但是我们要依靠它去跳转到另一个页面，这时候就可以使用 withRouter。

修改 Skill.jsx 中的代码：

```
import React, { Component } from 'react';
import { withRouter } from 'react-router-dom';
class Skill extends Component {
  clickHandler() {
    this.props.history.push('/home');
  }
  render() {
    return (
      <div>
        灵犀一指
        <button onClick={this.clickHandler.bind(this)}>返回首页 </button>
      </div>
    );
  }
}
export default withRouter(Skill);
```

此时，再单击 Skill 组件中的"返回首页"按钮就可以直接跳转到首页了。

9.4.13　Prompt

Prompt 组件主要作用是在用户准备离开该页面时弹出提示，返回 true 或者 false，如果为 true，则离开页面；如果为 false，则停留在该页面。

Prompt 组件里有一个 message 属性，该属性就是在用户离开页面时所提示的文字内容。

在 Settings.jsx 中输入如下代码：

```
import React, { Component } from 'react';
import { Prompt } from 'react-router-dom';
class Settings extends Component {
  render() {
    return (
      <div>
        设置
```

```
        <Prompt message=" 您确定要离开该页面吗？" />
      </div>
    );
  }
}
export default Settings;
```

Prompt 组件中还有一个 when 属性，就是渲染该组件的条件，应该传入一个布尔值，值为
true 时，则渲染该组件，修改 Settings.jsx 代码：

```
<Prompt when={this.state.isOpen} message={' 您确定要离开页面吗 '} />
      <input
        type="checkbox"
        value={this.state.isOpen}
        onChange={(e) => this.setState({ isOpen: !this.state.isOpen })}
      /> 是否离开
```

9.4.14　路由嵌套

我们通过一个示例来演示如何使用路由嵌套。

views/ Book.jsx 代码如下：

```
import React, { Component } from 'react';
class Book extends Component {
  render() {
    return (
      <div>
        图书列表
        <hr></hr>
        {this.props.children}
      </div>
    );
  }
}
export default Book;
```

🔔 注意：

这里的 this.props.children 用于显示子组件内容。

views/books/ NetBook.jsx 代码如下：

```
import React, { Component } from 'react';
class NetBook extends Component {
  render() {
    return <div>《ASP.NET MVC 企业级实战》</div>;
```

```
    }
  }
export default NetBook;
```

views/books/ VueBook.jsx 代码如下：

```
import React, { Component } from 'react';
class VueBook extends Component {
  render() {
    return <div>《Vue.js 2.x 实践指南》</div>;
  }
}
export default VueBook;
```

在浏览器中输入地址 http://localhost:3000/#/book/net-book，运行结果如图 9-13 所示。

在浏览器中输入地址 http://localhost:3000/#/book/vue-book，运行结果如图 9-14 所示。

图 9-13   图 9-14

9.5 React-Redux 基础知识

Redux 是 React 当中比较重要且比较难的一个知识点。Redux 中文文档地址为 https://www.redux.org.cn/。

Redux 是 JavaScript 状态容器，提供可预测化的状态管理。它和 Vue 中的 Vuex 功能一样，一般是管理多个组件中共享数据状态。

组件与组件之间可以传递数据：props、回传事件（this. props. 回传事件名称）；兄弟之间组件传递数据：共同的子元素或者共同的父元素。

如果你不知道什么时候需要使用 Redux，当你遇到解决不了的问题时，自然会想起 Redux。Redux 在兄弟之间进行数据传递时非常方便，当大量的组件需要共享同一条数据时，就要考虑使用它。

不使用 Redux 的情况下，各个组件之间的数据传递是高耦合的，其中任意一个组件出了问题都会影响和其关联的所有组件，而在使用 Redux 的情况下，各个组件之间是低耦合的，任意一个组件出了问题，都不会影响其他组件之间的数据共享和传递。

在讲解 Redux 之前，我们先来讲解一下父子组件之间的数据传递。

9.5.1 父子组件之间的数据传递

从父组件向子组件传递数据可通过 props 的方式，而通过子组件向父组件可通过回传事件的方式。我们通过一个示例来演示父子之间的数据传递。

在 components 目录下，分别新建子组件 Child.jsx 和父组件 Parent.jsx，Child.jsx 代码如下：

```
import React, { Component } from 'react';

class Child extends Component {
  clickHandle = (e) => {
    this.props.onParentEvent('屠龙刀');
  };
  render() {
    return (
      <div>
        教无忌孩儿：{this.props.name}
        <button onClick={this.clickHandle}>送礼物</button>
      </div>
    );
  }
}
export default Child;
```

Parent.jsx 代码如下：

```
import React, { Component } from 'react';
import Child from './Child';

class Parent extends Component {
  state = {
    value: '',
  };
  clickHandle = (data) => {
    this.setState({
      value: data,
    });
  };
  render() {
    return (
      <div>
        义父金毛狮王收到礼物：{this.state.value}
        <Child name="七伤拳" onParentEvent={this.clickHandle} />
      </div>
    );
```

```
  }
}
export default Parent;
```

App.js 代码如下：

```
import React from 'react';
import Parent from './components/Parent';
function App() {
  return (
    <div className="App">
      <Parent></Parent>
    </div>
  );
}
export default App;
```

最终运行结果如图 9-15 所示。

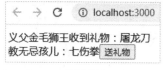

图 9-15

9.5.2　引入 Redux

Redux 是 JS 应用的可预测状态的容器。可以理解为全局数据状态管理工具（状态管理机），用于组件通信等。

什么情况下需要使用 Redux 呢？如果你不知道是否需要 Redux，那就是不需要它。只有遇到 React 实在解决不了的问题，你才需要 Redux。Redux 的适用场景：多交互、多数据源。不同组件之间的数据通信在使用 Redux 和不使用 Redux 时的区别如图 9-16 所示。

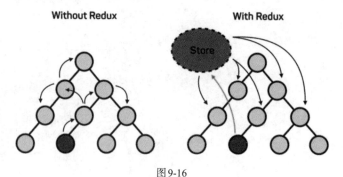

图 9-16

Redux 适用于中大型项目开发进行统一的数据管理和维护。Redux = Reducer + Flux，Flux 是 React 原始用于数据管理的，由于存在多个 store 的问题，最终升级成了 Redux。

Redux 工作流如图 9-17 所示。

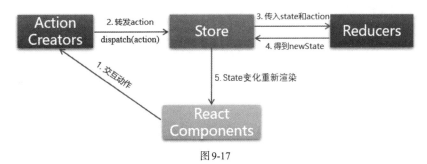

图9-17

用户打开浏览器看到的内容其实是组件渲染的结果，也就是 React Compontents。例如，用户当前看到的组件有一些绑定事件的按钮，用户单击按钮这个操作就称为 action，也就是一个交互动作，这个 action 可以带一些参数过去，通过 action 描述要执行的操作，接着就调用 Redux 给我们提供的 dispatch(action) 函数转发 action，每当我们调用 dispatch()，这个函数就会执行 Store 对象下的 Reducers 函数，Reducers 函数会对当前的 state 执行一些逻辑处理的操作，就会形成一个新的 state，把这个新的 state 保存在 Store 对象中。Store 对象中的 state 发生变化后，所有依赖于它的视图层都会同步更新（也就是用户看到的组件内容会进行更新发生变化）。

在这里我们先只安装 Redux，然后通过一个计数器的示例来讲解 Redux 的应用。

（1）安装 Redux。

```
npm install --save-dev redux
createStore(reducer, [preloadedState], enhancer)
```

创建一个 Redux store 用来以存放应用中所有的 state。

应用中应有且仅有一个 store。

参数说明如下。

- reducer (Function)：接收两个参数，分别是当前的 state 树和要处理的 action，返回新的 state 树。

- [preloadedState] (any)：初始时的 state。在同构应用中，你可以决定是否把服务端传来的 state 水合（hydrate）后传给它，或者从之前保存的用户会话中恢复一个传给它。如果你使用 combineReducers 创建 reducer，它必须是一个普通对象，与传入的 keys 保持同样的结构。否则，你可以自由传入任何 reducer 可理解的内容。

- enhancer (Function)：Store enhancer 是一个组合 store creator 的高阶函数，返回一个新的强化过的 store creator。这与 middleware 相似，它也允许你通过复合函数改变 store 接口。

返回值

(Store)：保存了应用所有 state 的对象。改变 state 的唯一方法是 dispatch action。也可以使用

subscribe 监听 state 的变化，然后更新 UI。

（2）在 src 目录下新建一个目录 reducers，用于存放所有 reducer 文件，新建 reducer/counter.js，添加如下代码：

```
const counter = (state = 0, action) => {
  switch (action.type) {
    case 'INCREMENT':
      return state + 1;
    case 'DECREMENT':
      return state - 1;
    default:
      return state;
  }
};
export default counter;
```

（3）在 index.js 中引入 redux：

```
import { createStore } from 'redux';
```

（4）引入 reducer：

```
import counter from './reducers/counter.js';
```

（5）创建 store 仓库：

```
const store = createStore(counter);
```

index.js 文件的完整代码如下：

```
import React from 'react';
import ReactDOM from 'react-dom';
import App from './App';
//import 'antd/dist/antd.css';
//1. 引入 redux
import { createStore } from 'redux';
//2. 引入 reducer
import counter from './reducers/counter.js';
//3. 创建 store 仓库
const store = createStore(counter);

const render = () => {
  ReactDOM.render(
    <App
      onIncrement={() => store.dispatch({ type: 'INCREMENT' })}
      onDecrement={() => store.dispatch({ type: 'DECREMENT' })}
      counter={store.getState()}
    />,
    document.getElementById('root')
```

```
  );
};
render();

//4.监听state变化
store.subscribe(render);
```

（6）新建 UI 组件 App.js，代码如下 :

```
import React, { Component } from 'react';
import { Button } from 'antd';
class App extends Component {
  render() {
    return (
      <div className="App">
        <h3 style={{ width: '120px', textAlign: 'center' }}>
          {this.props.counter}
        </h3>
        <Button onClick={() => this.props.onIncrement()}>自增</Button>
        <Button onClick={() => this.props.onDecrement()}>自减</Button>
      </div>
    );
  }
}
export default App;
```

（7）运行结果如图 9-18 所示。

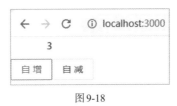

图9-18

9.5.3 引入 React–Redux 与 mapStateToProps 读取数据

Redux 官方提供了 React-Redux 来简化 React 和 Redux 之间的绑定，不再需要像 Flux 那样手动注册和解绑回调函数。

React-Redux 可以避免 Redux 中 store 全局化，把 store 直接集成到 React 应用的顶层 props 里面，方便各个子组件能访问到顶层 props。

React-Redux 可以解决 Redux 中手动监听 state 中数据改变 : store.subscribe(render)。

React–Redux 和 Redux 的区别

● Redux : JS 的状态管理 createStore

● React-Redux：为了在 React 中容易使用 connect provider

React-Redux 是 Redux 的官方 React 绑定库，它能够使你的 React 组件从 Redux store 中读取数据，并且向 store 分发 actions 以更新数据。

安装 React–Redux

说明：React-Redux 依赖 React 0.14 或更新版本。

npm install --save react-redux

React-Redux 只有两个 API，分别是 <Provider> 和 Connect。

<Provider> 作为一个容器组件，用来接收 Store，并且让 Store 对子组件可用。<Provider> 包裹之后，所有组件就处于 React-Redux 的控制之下了，store 作为参数放到 <Provider> 组件中，方便其中所有子组件调用，所有组件都能够访问到 Redux 中的数据。

<Provider> 接收 Redux 的 store 作为 props，并通过 context 对象传递给子孙组件。

Provider.js 代码如下：

```
export default class Provider extends Component {
    getChildContext() {
      return { store: this.store }
    }
    constructor(props, context) {
      super(props, context)
      this.store = props.store
    }
    render() {
      return Children.only(this.props.children)
    }
  }
if (process.env.NODE_ENV !== 'production') {
  Provider.prototype.componentWillReceiveProps = function (nextProps) {
    const { store } = this
    const { store: nextStore } = nextProps
    if (store !== nextStore) {
      warnAboutReceivingStore()
    }
  }
}
Provider.propTypes = {
  store: storeShape.isRequired,
  children: PropTypes.element.isRequired
}
Provider.childContextTypes = {
  store: storeShape.isRequired
}
```

Provider 使用结构如下：

```
<Provider store = {store}>
    <组件 />
<Provider>
```

修改 index.js 代码如下 ：

```
import React from 'react';
import ReactDOM from 'react-dom';
import App from './App';
//1.引入 redux
import { createStore } from 'redux';
//2.引入 reducer
import counter from './reducers/counter.js';
//3.引入 Provider
import { Provider } from 'react-redux';
//4.创建 store 仓库
const store = createStore(counter);

ReactDOM.render(
  <Provider store={store}>
    <App />
  </Provider>,
  document.getElementById('root')
);
```

通过 connect 可以将 React 和 Redux 进行关联。修改 App.js，代码如下 ：

```
import React, { Component } from 'react';
import { Button } from 'antd';
// 引入 connect
import { connect } from 'react-redux';

class App extends Component {
  render() {
    console.log(this.props);//{counter: 0, dispatch: f}
    return (
      <div className="App">
        <h3 style={{ width: '120px', textAlign: 'center' }}>
          {this.props.counter}
        </h3>
        <Button>自增</Button>
        <Button>自减</Button>
      </div>
    );
  }
}
const mapStateToProps = (state) => {
```

```
  return {
    counter: state,
  };
};
export default connect(mapStateToProps)(App);
```

connect([mapStateToProps], mapDispatchToProps], [mergeProps], [options]) 最多接收 4 个参数，参数都是可选的，并且这个方法调用会返回另一个函数，用这个返回的函数来接收一个组件类作为参数，最后才返回一个和 Redux Store 关联起来的新组件，类似这样：

```
class App extends Component { ... }
export default connect()(App);
```

参数说明如下。

- [mapStateToProps(state, [ownProps]): stateProps]：第一个可选参数是一个函数，只有指定了这个参数，这个关联（connected）组件才会监听 Redux Store 的更新，每次更新都会调用 mapStateToProps 这个函数，返回一个字面量对象将会合并到组件的 props 属性。ownProps 是可选的第二个参数，它是传递给组件的 props，当组件获取到新的 props 时，ownProps 会拿到这个值并且执行 mapStateToProps 这个函数。

- [mapDispatchToProps(dispatch, [ownProps]): dispatchProps]：这个函数用来指定如何传递 dispatch 给组件，在这个函数里面直接 dispatch action creator，返回一个字面量对象将会合并到组件的 props 属性，这样关联组件可以直接通过 props 调用到 action，Redux 提供了一个 bindActionCreators() 辅助函数来简化这种写法。如果省略这个参数，默认直接把 dispatch 作为 props 传入。ownProps 作用同上。

connect 核心代码如下：

```
export default function connect(mapStateToProps, mapDispatchToProps,mergeProps,
options = {}) {
    return function wrapWithConnect(WrappedComponent) {
      class Connect extends Component {
        constructor(props, context) {
          // 从祖先 Component 处获得 store
          this.store = props.store || context.store
          this.stateProps = computeStateProps(this.store, props)
          this.dispatchProps = computeDispatchProps(this.store, props)
          this.state = { storeState: null }
          // 对 stateProps、dispatchProps、parentProps 进行合并
          this.updateState()
        }
        shouldComponentUpdate(nextProps, nextState) {
          // 进行判断，当数据发生改变时，Component 重新渲染
          if (propsChanged || mapStateProducedChange || dispatchPropsChanged) {
            this.updateState(nextProps)
```

```
            return true
          }
        }
        componentDidMount() {
          // 改变 Component 的 state
          this.store.subscribe(() = {
            this.setState({
              storeState: this.store.getState()
            })
          })
        }
        render() {
          // 生成包裹组件 Connect
          return (
            <WrappedComponent {...this.nextState} />
          )
        }
      }
      Connect.contextTypes = {
        store: storeShape
      }
      return Connect;
    }
  }
```

9.5.4 dispatch 与 mapDispatchToProps 修改数据

接下来，我们将 action 独立提取出来，新建 actions 目录，在该目录下新建文件 counter.js，代码中封装了两个 action，代码如下：

```
export function increment() {
  return {
    type: 'INCREMENT',
  };
}
export function decrement() {
  return {
    type: 'DECREMENT',
  };
}
```

App.js 最终代码如下：

```
import React, { Component } from 'react';
import { Button } from 'antd';
```

```
// 引入 connect
import { connect } from 'react-redux';
// 引入 action
import { increment, decrement } from './actions/counter';
class App extends Component {
  render() {
    console.log(this.props); //counter: 0 decrement: () => {...}  increment: () => {...}
    const { increment, decrement } = this.props;
    return (
      <div className="App">
        <h3 style={{ width: '120px', textAlign: 'center' }}>
          {this.props.counter}
        </h3>
        <Button onClick={() => increment()}>自增</Button>
        <Button onClick={() => decrement()}>自减</Button>
      </div>
    );
  }
}
const mapStateToProps = (state) => {
  return {
    counter: state,
  };
};
const mapDispatchProps = (dispatch) => {
  return {
    increment: () => {
      dispatch(increment());
    },
    decrement: () => {
      dispatch(decrement());
    },
  };
};
export default connect(mapStateToProps, mapDispatchProps)(App);
```

9.5.5　bindActionCreators 与参数传递

在 9.5.4 小节中，引入 action 时是按需一个一个引入的，当组件需要用到很多个 action 时会很不方便，可以通过 bindActionCreators() 辅助函数来简化这种写法。改造后的 App.js 代码如下：

```
import React, { Component } from 'react';
import { Button } from 'antd';
// 引入 connect
```

```
import { connect } from 'react-redux';
// 引入 action
import * as counterActions from './actions/counter';
import { bindActionCreators } from 'redux';

class App extends Component {
  render() {
    console.log(this.props); //counter: 0 decrement: () => {...}  increment: () => {...}
    return (
      <div className="App">
        <h3 style={{ width: '120px', textAlign: 'center' }}>
          {this.props.counter}
        </h3>
        <Button onClick={() => this.props.counterActions.increment()}>
          自增
        </Button>
        <Button onClick={() => this.props.counterActions.decrement()}>
          自减
        </Button>
      </div>
    );
  }
}
const mapStateToProps = (state) => {
  return {
    counter: state,
  };
};
const mapDispatchProps = (dispatch) => {
  return {
    counterActions: bindActionCreators(counterActions, dispatch),
  };
};
export default connect(mapStateToProps, mapDispatchProps)(App);
```

　　在 actions/counter.js 和 reducers/counter.js 文件的代码中都存在相同的常量，而我们之前都是直接采用硬编码的形式来实现的。这样的实现方式非常糟糕，因为一旦需要变更这个常量时，有多处地方需要修改，根据软件设计的基本原则：不要重复你的代码。我们可以对其进行进一步的优化，将所有的常量集中在一个地方，封装变化点，让变化的入口单一。

　　新建目录 src/constants，用于存放所有的常量文件，在该目录下新建 base.js 用于存放之前代码中用的常量，代码如下：

```
export const INCREMENT = 'INCREMENT';
export const DECREMENT = 'DECREMENT';
```

然后在其他用到了这些常量的地方引入 base.js 及其暴露出来的常量对象，以 actions/counter.js 为例：

```
import  * as constObj from '../constants/base';
export function increment() {
  return {
    type: constObj.INCREMENT,
  };
}
export function decrement() {
  return {
    type: constObj.DECREMENT,
  };
}
```

在前面的计数器示例当中，依然存在一个问题，那就是自增和自减的步骤都是写死的 1，如果我们需要修改这个步骤，需要将其进行提取和封装，以参数的形式来动态赋值。

我们来继续改造计数器的代码，自增是按照 2 的步骤来增，自减是按照 4 的步骤来减。

改造 App.js 的代码如下：

```
<Button onClick={() => this.props.counterActions.increment(2)}>
自增
</Button>
<Button onClick={() => this.props.counterActions.decrement(4)}>
自减
</Button>
```

reducers/counter.js 代码如下：

```
const counter = (state = 0, action) => {
  switch (action.type) {
    case constObj.INCREMENT:
      return state + action.num;
    case constObj.DECREMENT:
      return state - action.num;
    default:
      return state;
  }
};
```

actions/counter.js 代码如下：

```
import * as constObj from '../constants/base';
export function increment(num) {
  return {
    type: constObj.INCREMENT,
    num, // 等价于 num:num, ES6 新语法
```

```
  };
}
export function decrement(num) {
  return {
    type: constObj.DECREMENT,
    num,
  };
}
```

9.5.6　combineReducers 合并 reducer

在实际的一些应用当中经常会出现有许多 reducer 的情况，如果在同一个组件当中用到了多个 reducer 文件，则需要将其分别引入进来，这样会显得比较烦琐，我们可以通过 combineReducers 将所有 reducer 合并到一个 reducer 文件中，保证只有一个引用入口。

（1）修改 base.js，增加一个常量：

```
//event
export const WIPEOUT = 'WIPEOUT';
```

（2）新建文件 reducers/eventReducer.js，添加代码如下：

```
import * as constObj from '../constants/base';
const eventReducer = (state = '', action) => {
  switch (action.type) {
    case constObj.WIPEOUT:
      state = '六大派围攻光明顶';
      return state;
    default:
      return state;
  }
};
export default eventReducer;
```

（3）新建文件 reducers/index.js，合并 reducer：

```
import { combineReducers } from 'redux';
import counter from './counter';
import eventReducer from './eventReducer';

const allReducer = combineReducers({
  counter,
  eventReducer,
});
export default allReducer;
```

（4）新增 actions/eventAction.js，代码如下：

```
import * as constObj from '../constants/base';
export function wipeOut() {
  return {
    type: constObj.WIPEOUT,
  };
}
```

（5）修改 App.js，代码如下：

```
import * as eventAction from './actions/eventAction';
<div>
    <Button onClick={() => this.props.eventAction.wipeOut()}>
    消灭明教
    </Button>
    <div> {this.props.eventMsg}</div>
</div>
const mapStateToProps = (state) => {
  return {
    counter: state.counter,
    eventMsg: state.eventReducer,
  };
};
const mapDispatchProps = (dispatch) => {
  return {
    counterActions: bindActionCreators(counterActions, dispatch),
    eventAction: bindActionCreators(eventAction, dispatch),
  };
};
```

特别需要注意的是，在 mapStateToProps 返回的数据中，state 对象此时如图 9-19 所示。

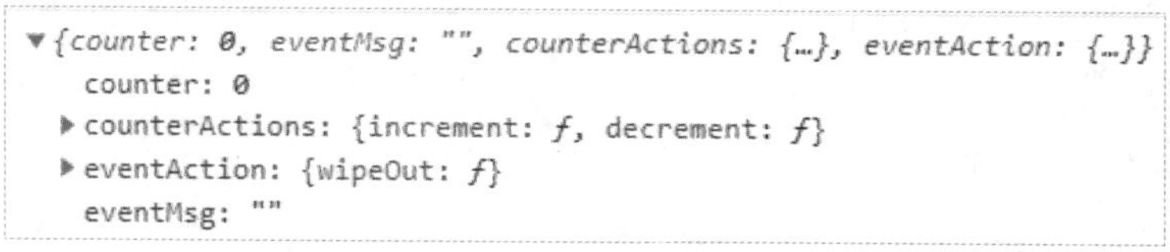

```
▼{counter: 0, eventMsg: "", counterActions: {…}, eventAction: {…}}
    counter: 0
  ▶ counterActions: {increment: f, decrement: f}
  ▶ eventAction: {wipeOut: f}
    eventMsg: ""
```

图 9-19

（6）示例运行效果如图 9-20 所示。

图 9-20

9.5.7 Redux Middleware(中间件)

在前面章节中介绍的 Express 框架中也有 middleware，Express 中的 middleware 是指可以被嵌入框架接收请求到产生响应过程中的代码。例如，Express 的 middleware 可以完成添加 CORS headers、记录日志、内容压缩等工作。middleware 最优秀的特性就是可以被链式组合。你可以在一个项目中使用多个独立的第三方 middleware。

相对于 Express 的 middleware，Redux middleware 被用于解决不同的问题，但其中的概念是类似的。它提供的是位于 action 被发起之后到达 reducer 之前的扩展点。你可以利用 Redux middleware 进行日志记录、创建崩溃报告、调用异步接口或者路由等。

middleware 我们可以自己定义，也可以使用一些第三方的中间件。这里我们通过一个示例来演示如何使用自定义 middleware。

在 index.js 中，首先引入 applyMiddleware，代码如下：

```
import { createStore, applyMiddleware } from 'redux';
```

然后创建一个记录信息的自定义中间件：

```
// 自定义中间件
const logger = (store) => (next) => (action) => {
  console.log('action', action);
  let res = next(action);              // 加载下一个中间件
  console.log('next state', store.getState());
  return res;
};
```

在创建 strore 时应用 middleware：

```
const store = createStore(allReducer, applyMiddleware(logger));
```

在浏览器中单击"自增"按钮，此时，浏览器控制台将会执行我们前面自定义的中间件中的代码，运行结果如下：

```
action {type: "INCREMENT", num: 2}
next state {counter: 2, eventReducer: ""}
```

还可以继续添加自定义的 middleware，如添加一个异常捕获的 middleware。

修改 index.js 代码：

```
const error = (store) => (next) => (action) => {
  try {
    next(action);
  } catch (exe) {
    console.log('error', exe);
  }
};
const store = createStore(allReducer, applyMiddleware(logger, error));
```

然后，在 reducers/counter.js 中人为地构造一个异常信息，代码如下：

```
case constObj.INCREMENT:
  throw new Error(' 秀逗了 ');
//return state + action.num;
```

最后，单击"自增"按钮，浏览器控制台打印出如下信息：

```
action {type: "INCREMENT", num: 2}
index.js:21 error Error: 秀逗了
```

说明这两个中间件中的代码都已经被触发了，而且触发的顺序和引入的顺序一致。

关于多层"=>"的说明：多层"=>"等价于多层函数嵌套。代码如下：

```
// 自定义中间件
const logger=store=>next=>action=>{

}
// 等价于
const logger(store){
  return function(next){
    return function(action){
    }
  }
}
```

在实际工作中，我们可能很少使用自定义的一些 middleware，而是使用一些第三方的 middleware，如日志 middleware。

安装：

```
npm i --save redux-logger
```

引用：

```
import logger from 'redux-logger';
```

单击"自增"按钮，浏览器控制台运行结果如下：

```
prev state {counter: 0, eventReducer: ""}
action     {type: "INCREMENT", num: 2}
next state {counter: 0, eventReducer: ""}
```

9.5.8　异步中间件 redux–thunk

常见的异步操作：定时器、网络请求。

接前面计数器的示例，假设我们单击了"自增"按钮之后，不希望马上就看到自增后的数据，而是希望延时一段时间再显示，我们可以添加一个定时器来实现。但是这个定时器放在哪个地方呢？如果定时器放在界面事件调用的地方，那么有多个页面调用就得创建多个定时器，这样很难维护。我们可以把定时器写在 action 中，因为不管 action 在哪个界面调用都是同一个 action。

修改 actions/counter.js 中的 increment 方法，代码如下：

```
export function increment(num) {
  return (dispatch) => {
    setTimeout(() => {
      dispatch({
        type: constObj.INCREMENT,
        num,          // 等价于num:num，ES6新语法
      });
    }, 1000);
  };
}
```

将 reducers/counter.js 中之前构造的异常测试代码注释掉：

```
...
switch (action.type) {
    case constObj.INCREMENT:
        //throw new Error(' 秀逗了 ');
    return state + action.num;
...
```

单击浏览器中的"自增"按钮，浏览器控制台会出现如下异常信息：

```
error Error: Actions must be plain objects. Use custom middleware for async actions.
```

表示 actions 必须是一个普通的对象，需要自定义中间件去操作异步 action。

Redux store 仅支持同步数据流。使用 thunk 等中间件可以帮助在 Redux 应用中实现异步性。可以将 thunk 看作 store 的 dispatch() 方法的封装器。我们可以使用 thunk action creator 派遣函数或 Promise，而不是返回 action 对象。

redux-thunk 是一个 redux 的中间件，用来处理 redux 中的复杂逻辑，如异步请求。

redux-thunk 中间件可以让 action 创建函数不仅只返回一个 action 对象，也可以是返回一个函数。

（1）安装 redux-thunk：

```
npm install --save redux-thunk
```

（2）在 index.js 中引入 redux-thunk：

```
import thunk from 'redux-thunk';
const store = createStore(allReducer, applyMiddleware(logger, error, thunk));
```

（3）在浏览器中单击"自增"按钮时，就可以实现延时显示结果了。

redux-thunk 处理网络请求

我们通过一个获取在线天气预报的示例来演示 thunk 是如何处理网络请求的。

天气预报在线 API 测试地址为 http://wthrcdn.etouch.cn/weather_mini?city= 长沙。

（1）在 constants/base.js 中添加一个获取天气的常量：

```
//weather
export const WEATHER='WEATHER';
```

（2）添加 reducers/weather.js，代码如下：

```
import * as constObj from '../constants/base';
const initState = {
  yesterday: {},
};
const weather = (state = initState, action) => {
  switch (action.type) {
    case constObj.WEATHER:
      return {
        yesterday: action.yesterday,
      };
    default:
      return state;
  }
};
export default weather;
```

（3）添加 actions/ weather.js，代码如下：

```
import * as constObj from '../constants/base';

export function getWeather(yesterday) {
  return {
    type: constObj.WEATHER,
    yesterday,
  };
}

export const yesterdayWeather = () => {
  return (dispatch) => {
    fetch('http://wthrcdn.etouch.cn/weather_mini?city=长沙')
      .then((res) => res.json())
      .then((data) => {
        console.log('data', data.data);
        dispatch(getWeather(data.data.yesterday));
      })
      .catch((err) => {
        console.log('err', err);
      });
  };
};
```

（4）修改 reducers/index.js，代码如下：

```
import weather from './weather';


const allReducer = combineReducers({
  counter,
  eventReducer,
  weather
});
```

（5）添加 components/Weather.jsx 组件，代码如下：

```
import React, { Component } from 'react';
import { bindActionCreators } from 'redux';
import { connect } from 'react-redux';
import * as weatherActions from '../actions/weather';
import { Button } from 'antd';


class Weather extends Component {
  render() {
    console.log('props', this.props);
    return (
      <div>
        <Button onClick={() => this.props.weatherActions.yesterdayWeather()}>
            昨日天气
        </Button>
        {this.props.yesterday.date ? (
          <div>
              日期：{this.props.yesterday.date}，最高温度：
              {this.props.yesterday.high}，最低温度：
              {this.props.yesterday.low}，状态：{this.props.yesterday.type}
          </div>
        ) : null}
      </div>
    );
  }
}
const mapStateToProps = (state) => {
  return {
    yesterday: state.weather.yesterday,
  };
};
const mapDispatchProps = (dispatch) => {
  return {
    weatherActions: bindActionCreators(weatherActions, dispatch),
  };
```

```
};
export default connect(mapStateToProps, mapDispatchProps)(Weather);
```

（6）修改 App.js，代码如下：

```
import React, { Component } from 'react';
import Weather from './components/Weather';
class App extends Component {
  render() {
    return (
      <div className="App">
        <Weather></Weather>
      </div>
    );
  }
}
export default App;
```

（7）运行结果如图 9-21 所示。

图9-21

9.5.9 异步中间件 redux–saga

redux-saga 是一个用于管理 redux 应用异步操作的中间件，redux-saga 通过创建 sagas 将所有异步操作逻辑收集在一个地方集中处理，可以用来代替 redux-thunk 中间件。大型项目中通常使用 redux-saga，而小型项目则可以使用 redux-thunk。

网址为 https://github.com/redux-saga/redux-saga。

表现形式：

● reducer 负责处理 action 的 stage 更新

● sagas 负责协调那些复杂或者异步的操作

（1）sagas 是通过 generator 函数来创建的，避免了 redux-thunk 的回调写法。

（2）sagas 监听发起的 action，然后决定基于这个 action 来做什么。例如，是发起一个异步请求，还是发起其他的 action 到 store，或者是调用其他的 sagas 等。

（3）在 redux-saga 中，所有的任务都通过用 yield Effects 来完成，Effects 都是简单的 javascript 对象，包含了要被 saga middleware 执行的信息。

（4）redux-saga 为各项任务提供了各种 Effects 创建器，让我们可以用同步的方式来写异步代码。

执行过程：UI 组件触发 action 创建函数 → action 创建函数返回一个 action → action 被传入

redux 中间件 (被 sagas 等中间件处理)，产生新的 action，传入 reducer → reducer 把数据传给 UI 组件显示 → mapStateToProps → UI 组件显示。

安装：

```
npm install redux-saga --save
```

示例：写一个输入框，输入门派名称会返回对应的人员列表。

（1）新建 utils /user.js，代码如下：

```
const users = [
  { skill: '三尺气墙', name: '扫地僧', school: '少林' },
  { skill: '纯阳无极功', name: '张三丰', school: '武当' },
  { skill: '峨眉九阳功', name: '郭襄', school: '峨眉' },
];
export default users;
```

（2）构造 state。

state 有两个值，一个是 value，代表文本框输入的值；另一个是数组 list，代表筛选的结果集合。

（3）构造 reducer/。

新建 reducers/user-reducer.js，代码如下：

```
const userReducer = (state, action) => {
  switch (action.type) {
    case 'INPUT':
      return { ...state, value: action.payload };
    case 'SET_LIST':
      return { ...state, list: action.payload };
  }
  return { ...state };
};
export default userReducer;
```

（4）App.js 代码如下：

```
import React, { Component } from 'react';
// 引入 connect
import { connect } from 'react-redux';
class App extends Component {
  constructor(props) {
    super(props);
  }
  render() {
    console.log('this.props', this.props);
    return (
      <div className="App">
        <input
```

```
           type="text"
           onChange={this.props.handleChange}
           value={this.props.value}
        />
        <ul>
          {this.props.list.map((i, index) => (
            <li key={index}>{i.name} </li>
          ))}
        </ul>
      </div>
    );
  }
}
const mapStateToProps = (state) => ({
  value: state.value,
  list: state.list || [],
});
const mapActionToProps = (dispatch) => ({
  handleChange: (v) =>
    dispatch({
      type: 'INPUT',
      payload: v.target.value,
    }),
});
export default connect(mapStateToProps, mapActionToProps)(App);
```

在react-redux的connect方法中传入两个参数，mapStateToProps将state传入App.js的props，mapActionToProps将handleChange传入App.js，当调用handleChange时，会调用INPUT这个action。

（5）saga.js代码如下：

```
import { takeEvery, put, take } from 'redux-saga/effects';
import users from './utils/user';
function* input() {
  yield takeEvery('INPUT', function* (v) {
    let filterUsers = yield getData(v.payload);
    yield put({ type: 'SET_LIST', payload: filterUsers.slice(0, 10) });
  });
}
function getData(v) {
  return new Promise(function (res, rej) {
    // 模拟异步ajax请求
    setTimeout(() => {
      let result = users.filter((i) => i.school.includes(v));
      console.log('result', result);
```

```
    res(result);
  }, 1000);
});
}
export default input;
```

takeEvery 可以监听对应的 action，如果为 * 号，则监听所有的 action；如果 action.type 匹配，调用对应的回调函数。put 可以主动去触发 action，在这里触发了获取的门派的结果。

put(action)：创建一条 Effect 描述信息，提示 middleware 发起一个 action 到 store。注意，put 是异步的，不会立即发生。

（6）index.js 代码如下：

```
import React from 'react';
import ReactDOM from 'react-dom';
import App from './App';
import { Provider } from 'react-redux';
import createSagaMiddleware from 'redux-saga';
import { createStore, applyMiddleware } from 'redux';
import reducers from './reducers/user-reducer.js';
import saga from './saga.js';
const sagaMiddleware = createSagaMiddleware();
const store = createStore(
  reducers,
  { value: '', list: [] },
  applyMiddleware(sagaMiddleware)
);
sagaMiddleware.run(saga);
ReactDOM.render(
  <Provider store={store}>
    <App />
  </Provider>,
  document.getElementById('root')
);
```

（7）运行命令 npm start.

运行结果如图 9-22 所示，在文本框中输入"武当"，下面会显示出"张三丰"。

图9-22

9.5.10　Redux 调试工具 Redux DevTools

Redux DevTools 是 Redux 项目的开发的 Chrome 插件，用于 Redux 调试。通过 Redux DevTools，我们可以清晰地看到当前 store 仓库中的 state 是怎么样的，在可视化工具的左边，我们还可以看到触发的 action 的变化。这样，使得我们在开发过程中可以很方便地进行调试。

1. 安装 Redux DevTools

如果你能访问谷歌浏览器，可以在谷歌应用商店下载 Redux DevTools，去谷歌应用商店搜索 redux-devtools 直接安装即可，或者使用谷歌浏览器访问 https://chrome.google.com/webstore/detail/redux-devtools/lmhkpmbekcpmknklioeibfkpmmfibljd 直接安装，如图 9-23 所示。

图 9-23

单击"添加至 Chrome"按钮即可下载。

如果不能访问谷歌，可以使用离线下载 chrome redux 调试插件，然后将下载好的插件直接拖到浏览器右上角 → 更多工具 → 扩展程序中。在这里为了方便读者，已经将插件下载到了源码中，读者可以在源码中找到文件 ReduxDevTools_2.17.0.zip 进行解压，然后打开谷歌浏览器，在地址栏中输入 chrome://extensions/，进入到扩展程序，单击"加载已解压的扩展程序"按钮，选择 ReduxDevTools_2.17.0 目录即可进行安装。

2. 安装 redux-devtools-extension

安装命令：

```
npm install --save-dev redux-devtools-extension
```

安装成功后，还需要在项目中配置 redux-devtools，实际上就是在创建 store 的时候把 redux-devtools 安装即可。

修改 index.js：

```
import { composeWithDevTools } from 'redux-devtools-extension';
const store = createStore(
  allReducer,
  composeWithDevTools(applyMiddleware(logger, error, thunk))
);
```

运行程序，单击"昨日天气"按钮，在浏览器控制台中的 Redux 选项卡中就可以看到如图 9-24 所示 Redux 的相关信息。

图 9-24

9.6 高阶组件

高阶函数与高阶组件的区别如下。

➢ 高阶函数：接受函数作为参数的函数，如 map 函数就是一个高阶函数。

➢ 高阶组件：类似于高阶函数，指接受 React 组件作为参数，输出一个新的组件的函数，在这个函数中，我们可以修饰组件的 props 与 state，所以在一些特定情况下高阶组件可以让我们的代码看起来更优美，更具有复用性，它其实很像设计模式中的装饰者模式。

高阶组件的两种实现方式如下。

➢ 属性代理 (props proxy)：高阶组件通过被包裹的 React 组件来操作 props。

➢ 反向继承 (inheritance inversion)：高阶组件继承于被包裹的 React 组件。

在 App.js 中，定义两个组件，一个是无状态的 Button 组件，另一个是传统的 Label 组件，代码如下：

```
import React, { Component } from 'react';
const Button = (props) => <button>{props.children}</button>; // 无状态组件
// 传统组件
class Label extends Component {
  render() {
    return <label>{this.props.children}</label>;
  }
}
// 根组件
class App extends Component {
  render() {
    return (
```

```
      <div>
        <Button> 陆游 </Button>
        <br />
        <Label> 花如解语还多事，石不能言最可人 </Label>
      </div>
    );
  }
}
export default App;
```

运行结果如图 9-25 所示。

陆游
花如解语还多事，石不能言最可人

图 9-25

接下来，我们定义一个高阶组件，具体内容代码如下：

```
// 高阶组件
const HOC = (HighOrderComponent) =>
  class extends Component {
    render() {
      // 在 render() 的时候，让 props 继承到 return 出来的组件中
      return <HighOrderComponent {...this.props} />;
    }
};
```

使用高阶组件：

```
// 使用高阶组件
const LabelHoc = HOC(Label);
// 根组件
class App extends Component {
  render() {
    return (
      <div>
        <Button> 陆游 </Button>
        <br />
        <LabelHoc> 花如解语还多事，石不能言最可人 </LabelHoc>
      </div>
    );
  }
}
```

需要注意的是：高阶组件的生命周期并不会影响传入组件的生命周期。高级组件也是组件，同样存在声明周期，继续修改代码，具体内容如下：

```
// 传统组件 class Label extends Component {
```

```
componentWillMount() {
console.log('Label 组件挂载前 ');
}
  componentDidMount() {
    console.log('Label 组件更新后 ');
  }
  render() {
    return <label>{this.props.children}</label>;
  }
}
// 高阶组件
const HOC = (HighOrderComponent) =>
  class extends Component {
    componentWillMount() {
      console.log(' 高级组件挂载前 ');
    }
    componentDidMount() {
      console.log(' 高级组件更新后 ');
    }
    render() {
      // 在 render() 的时候让 props 继承到 return 出来的组件中
      return <HighOrderComponent {...this.props} />;
    }
  };
```

重新编译程序，在浏览器控制台会看到如下打印日志：

```
高级组件挂载前
Label 组件挂载前
Label 组件更新后
高级组件更新后
```

在浏览器控制台，我们还会看到如下警告信息：

```
react-dom.development.js:88 Warning: componentWillMount has been renamed, and is
not recommended for use. See...
```

警告信息说明：React 16.x 新的生命周期弃用了 componentWillMount、componentWillReceivePorps、componentWillUpdate 这 三 个 钩 子 函 数， 并 新 增 了 getDerivedStateFromProps、getSnapshotBeforeUpdate 来代替弃用的三个钩子函数。

React 16.x 并没有删除这三个钩子函数,但是它们不能和新增的钩子函数(getDerivedStateFromProps、getSnapshotBeforeUpdate) 混 用，React 17.x 将 会 删 除 componentWillMount、componentWillReceivePorps、componentWillUpdate,且新增了对错误问题的处理（componentDidCatch）。

componentWillMount 修改原则如下：

● 使用 constructor() 初始化 state。

● 避免在此方法中引入任何副作用或订阅。如遇此种情况，请改用 componentDidMount()。

高阶组件的应用：对一系列相似的组件进行装饰，从而构造出新的组件，这样可以有效地避免许多重复代码。

9.7　React.Fragment

React 中的一个常见模式是为一个组件返回多个元素。Fragment 可以聚合一个子元素列表，并且不在 DOM 中增加额外节点。

Fragment 看起来像空的 JSX 标签，修改 App.js 中的代码如下：

```
import React, { Component } from 'react';
// 传统组件
class Item extends Component {
  render() {
    return (
      <>
        <li>老程序员未死，只是凋零</li>
      </>
    );
  }
}
// 根组件
class App extends Component {
  render() {
    return (
      <div>
        <ul>
          <Item></Item>
        </ul>
      </div>
    );
  }
}
export default App;
```

空 JSX 标签也可以用 Fragment 代替：

```
import React, { Component, Fragment } from 'react';
// 传统组件
class Item extends Component {
  render() {
    return (
```

```
    //<>
    //<li>老程序员未死, 只是凋零</li>
    //</>
    <Fragment>
      <li>老程序员未死, 只是凋零</li>
    </Fragment>
  );
  }
}
```

因为组件的最外层必须是一个 HTML 标签, 否则会报错, 而有些时候, 我们并不需要一个真实的 HTML 标签, 此时就可以用 Fragment 来代替。

9.8 React Context

Context 通过组件树提供了一个传递数据的方法, 从而避免了在每一个层级手动的传递 props 属性。如果我们不想通过 props 实现组件树的逐层传递数据, 可以使用 Context 实现跨层级进行数据传递。

React 的 Context 就是一个全局变量, 可以从根组件跨级别地在 React 的组件中传递。React Context 的 API 有两个版本, React 16.x 之前的是老版本的 Context, 之后的是新版本的 Context。

9.8.1 老版本的 Context

➢ getChildContext 根组件中声明, 一个函数返回一个对象, 就是 Context。

➢ childContextTypes 根组件中声明, 指定 Context 的结构类型, 如不指定, 会产生错误。

➢ contextTypes 子孙组件中声明, 指定要接收的 Context 的结构类型, 可以只是 Context 的一部分结构。如果没有定义 contextTypes, Context 将是一个空对象。

this.context 用于在子孙组件中获取上下文。App.js 代码如下 :

```
import React, { Component } from 'react';
import PropTypes from 'prop-types';

const Comment = (props, context) => {
  return <div>{context.text}</div>;
};
class Article extends Component {
  render() {
    return (
      <div>
```

```
        {this.context.color}
        <Comment></Comment>
      </div>
    );
  }
}
// 根组件
class App extends Component {
  getChildContext() {
    return { color: 'yellow', text: '黄色闪光' };
  }
  render() {
    return (
      <div>
        <ul>
          <Article></Article>
        </ul>
      </div>
    );
  }
}
Article.contextTypes = {
  color: PropTypes.string,
};
Comment.contextTypes = {
  text: PropTypes.string,
};
App.childContextTypes = {
  text: PropTypes.string,
  color: PropTypes.string,
};
export default App;
```

运行结果如图 9-26 所示。

图9-26

9.8.2 新版本的 Context

新版本的 React Context 使用了 Provider 和 Consumer 模式，它和 react-redux 的模式非常像，

在顶层的 Provider 中传入 value，在子孙级的 Consumer 中获取该值，并且能够传递函数，用来修改 Context，代码如下：

```
import React, { Component } from 'react';
//常量对象
const themes = { light: 'orange', dark: 'lightblue' };
// 创建 Context 组件
const ThemeContext = React.createContext({
  theme: themes.light,
  toggle: () => {},          // 向上下文设定一个回调方法
});

// 根组件
class App extends Component {
  constructor(props) {
    super(props);
    this.toggle = () => {
      // 设定 toggle 方法，会作为 Context 参数传递
      this.setState((state) => ({
        theme: state.theme === themes.dark ? themes.light : themes.dark,
      }));
    };

    this.state = {
      theme: themes.light,
      toggle: this.toggle,
    };
  }

  render() {
    return (
      //Provider 提供值
      <ThemeContext.Provider value={this.state}>
        <Button />
      </ThemeContext.Provider>
    );
  }
}
// 接收组件
function Button() {
  return (
    //Consumer 接收值
    <ThemeContext.Consumer>
      {({ theme, toggle }) => (
        <button
```

```
        onClick={toggle} // 调用回调
        style={{ backgroundColor: theme }}
      >
        切换主题
      </button>
    )}
  </ThemeContext.Consumer>
  );
}
export default App;
```

运行结果如图 9-27 所示。

图 9-27

React context 的局限性如下：

（1）在组件树中，如果中间某一个组件 ShouldComponentUpdate returning false 了，会阻碍 context 的正常传值，导致子组件无法获取更新。

（2）组件本身 extends React.PureComponent 也会阻碍 context 的更新。

🔔 **注意：**

（1）Context 应该是唯一不可变的。

（2）组件只在初始化的时候去获取 Context。

第 10 章　后台管理系统

本章学习目标

◆ 学会用 yarn 进行包管理

◆ 熟悉 Ant Design 的使用

◆ 搭建 Node 后端接口

◆ 搭建 React 前端项目

◆ 前后端完全分离的方式进行开发

10.1　项目介绍

10.1.1　项目需求

本项目是一个教育管理系统的后台，书中完成的功能有：后台首页统计、用户管理这两个模块。至于其他功能模块，读者可以参照书中的示例自行扩展和进行二次开发。

10.1.2　技术选型

● 包管理：yarn。

● UI 框架：Ant Design，简称：antd。antd 是基于 Ant Design 设计体系的 React UI 组件库，主要用于研发企业级中后台产品。

● 前端框架：React、Redux、redux-thunk。

● 预编译的样式：scss。

● 开发工具：VS Code。

10.1.3　准备工作

本书所有示例代码都是采用 VS Code 作为开发工具，读者也可以根据自己的喜好选中其他开发工具。如果你也是用 VS Code，建议安装相应的 VS Code 插件：

```
Reduex DevTools
ES7 React/Redux/GraphQL/React-Native snippets
```

在 VS Code 的 settings.json 中设置 javascript.implicitProjectConfig.experimentalDecorators 的值为 true。

🔔 提示：

在 VS Code 中，按组合键 Ctrl+Alt+P，可以打开全局查找，输入 settings.json，可以找到 settings.json 配置文件。

10.1.4　yarn 和 npm 的区别

yarn 是由 Facebook、Google、Exponent 和 Tilde 联合推出的一个新的 JS 包管理工具，正如官方文档中所言，"yarn 是为了弥补 npm 的一些缺陷而出现的。"

用过 npm 的都知道，使用 npm 安装工具包非常慢，即便使用了镜像还是比较慢。当我们删除 node_modules，重新安装的时候更是慢得难以接受。并且，有时同一个项目，安装的时间无法保持一致性。

npm 5.0 之后做了一些改进。

➢ 默认新增了类似 yarn.lock 的 package-lock.json。

➢ git 依赖支持优化：这个特性在需要安装大量内部项目（例如，在没有自建源的内网开发）或需要使用某些依赖的未发布版本时很有用。在这之前可能需要使用指定 commit_id 的方式来控制版本。

➢ 文件依赖优化：在之前的版本，如果将本地目录作为依赖来安装，将会把文件目录作为副本拷贝到 node_modules 中。而在 npm 5.0 中，将改为使用创建 symlinks 的方式来实现（使用本地 tarball 包除外），而不再执行文件拷贝。这将会提升安装速度，目前 yarn 还不支持。

在 npm 5.0 之前，yarn 的优势特别明显。但是在 npm 5.0 之后，通过以上一系列对比，我们可以感受到 npm 5.0 在速度和使用上确实有了很大提升，值得尝试，不过还没有超过 yarn。

yarn 的优点如下：

➢ 速度快。

➢ 并行安装：无论 npm 还是 yarn 在执行包的安装时，都会执行一系列任务。npm 是按照队列执行每个包，也就是说必须要等到当前包安装完成之后，才能继续后面的安装。而 yarn 是同步执行所有任务，提高了性能。

➢ 离线模式：如果之前已经安装过一个软件包，用 yarn 再次安装时，直接从缓存中获取，就不用像 npm 那样再从网络中下载了。

➢ 安装版本统一：为了防止拉取到不同的版本，yarn 有一个锁定文件 (lock file)，记录了被确切安装上的模块的版本号。每次只要新增了一个模块，yarn 就会创建（或更新）yarn.lock

这个文件。这样做就保证了每一次拉取同一个项目依赖时，使用的都是一样的模块版本。npm 其实也有办法实现处处使用相同版本的 packages，但需要开发者执行 npm shrinkwrap 命令。这个命令将会生成一个锁定文件，在执行 npm install 的时候，该锁定文件会先被读取，和 yarn 读取 yarn.lock 文件一个道理。npm 和 yarn 两者的不同之处在于，yarn 默认会生成这样的锁定文件，而 npm 要通过 shrinkwrap 命令生成 npm-shrinkwrap.json 文件，只有当这个文件存在的时候，packages 版本信息才会被记录和更新。

- 更简洁的输出：npm 的输出信息比较冗长。在执行 npm install <package> 命令的时候，命令行里会不断打印出所有被安装上的依赖。相比之下，yarn 就简洁很多，默认情况下，结合了 emoji（表情符号）直观且直接地打印出必要的信息，也提供了一些命令供开发者查询额外的安装信息。

- 多注册来源处理：所有的依赖包，不管被不同的库间接关联引用多少次，安装这个包时，只会从一个注册来源去安装，要么是 npm 要么是 bower，防止出现混乱不一致的现象。

- 更好的语义化：yarn 改变了一些 npm 命令的名称，如 yarn add/remove，感觉上比 npm 原本的 install/uninstall 要更清晰。表 10-1 所示列出了 yarn 与 npm 的命令对比。

表10-1　yarn与npm的命令对比

yarn	npm
npm	yarn
npm install	yarn i
npm install xx --save	yarn add xx
npm uninstall xx --save	yarn remove xx
npm install xx --save-dev	yarn add xx --dev
npm update --save	yarn upgrade

10.2　项目搭建

10.2.1　基础目录结构构建

由于前面我们已经安装了 yarn，所以这里我们可以使用 yarn 来安装包，当然你也可以使用 npm 来安装。

全局安装 yarn：npm I yarn -g。

建议切换为国内镜像，使用淘宝源，地址为 https://registry.npm.taobao.org。

执行命令：

```
yarn config set registry https://registry.npm.taobao.org/
```

（1）全局安装 create-react-app 脚手架。

执行命令：

```
yarn global add create-react-app
```

（2）通过脚手架创建项目。

在控制台执行命令：

```
create-react-app manage-sys
```

创建项目之后的代码目录结构如图 10-1 所示。

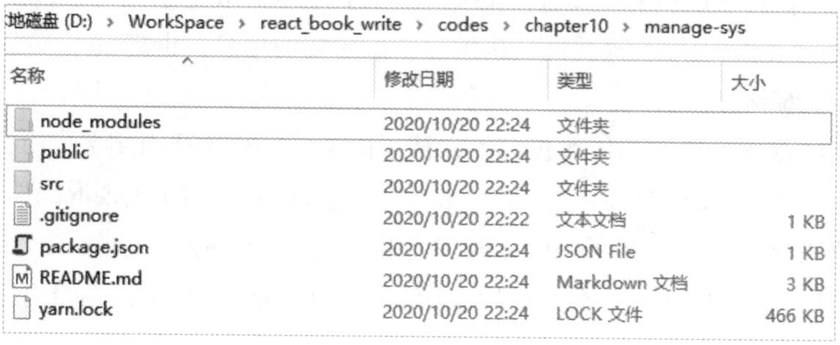

地磁盘 (D:) › WorkSpace › react_book_write › codes › chapter10 › manage-sys
名称
修改日期
类型
大小
node_modules 2020/10/20 22:24 文件夹
public 2020/10/20 22:24 文件夹
src 2020/10/20 22:24 文件夹
.gitignore 2020/10/20 22:22 文本文档 1 KB
package.json 2020/10/20 22:24 JSON File 1 KB
README.md 2020/10/20 22:24 Markdown 文档 3 KB
yarn.lock 2020/10/20 22:24 LOCK 文件 466 KB

图 10-1

项目文件目录说明如下。

- node_modules：依赖包存放的目录
- public：用于存放静态资源
- src：编写的项目源代码，需要编译的代码
- .gitignore：git 的忽略配置文件，用于配置一些不需要提交到 git 服务器上的文件和目录
- package.json：项目所有包依赖的管理文件
- README.md：项目说明文件
- yarn.lock：此文件会锁定你安装的每个依赖项的版本，这可以确保你不会意外获得不良依赖

（3）删除 src 中一些无用的文件。

src 目录中会默认生成如图 10-2 所示文件列表。

src
App.css
App.js
App.test.js
index.css
index.js
logo.svg
serviceWorker.js
setupTests.js

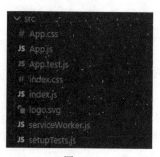

图 10-2

在这里，只保留 App.js 和 index.js 文件，其他的全部删除。

（4）修改 App.js 和 index.js，删除无效的文件引用。

修改后 index.js 代码如下：

```
import React from 'react';
import ReactDOM from 'react-dom';
import App from './App';
ReactDOM.render(
  <React.StrictMode>
    <App />
  </React.StrictMode>,
  document.getElementById('root')
);
```

修改后 App.js 代码如下：

```
import React from 'react';
function App() {
  return <div className="App">轻轻的，我来了</div>;
}
export default App;
```

（5）执行命令 npm run start 运行项目，运行结果如图 10-3 所示。

图 10-3

此时，项目已经运行起来了，接下来完善项目目录结构。

在项目中，需要调用到一些后端接口，我们可以将 API 请求相关的内容都存放在 src/api 目录下，然后在该目录下创建一个 index.js 作为入口文件。

考虑到我们的项目会采用组件化开发的方式，所以创建一个 src/components 目录用于存放公共组件。

同时，我们的项目也会运用模块化开发，项目当中会用到一些公共的处理方法，创建一个 src/common 目录用于存放这些公共的类库。至于关于页面相关的文件，可以创建一个目录 src/views 来存储。

项目中界面的跳转肯定会用到路由，我们可以单独创建一个目录 src/router 来存储。2.1.1 中组件之间的通信，将用到 Redux，所以新建目录 src/store 用于存储公共数据。

最终项目基础目录结构如图 10-4 所示。

项目结构通常不是一成不变的，在项目的开发过程中会不断地重构。但是项目的基础框架基本上是不变的，而在项目开发的初始阶段，我们能定义出来的就是这些基础目录结构。项目框架的搭建过程就是一个由粗到细不断完善和优化的过程。

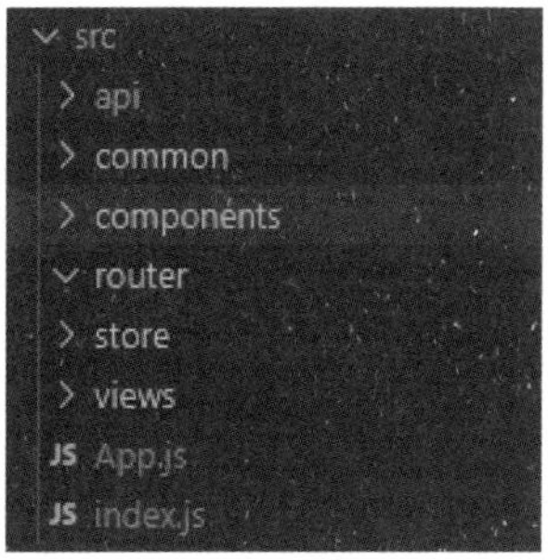

图 10-4

10.2.2 配置 Redux

（1）安装相关的包。

在项目根目录下，运行命令：

```
yarn add redux react-redux redux-thunk
```

（2）在 store 目录下，新建 index.js 作为总控入口文件，代码如下：

```
import { createStore, applyMiddleware, compose } from 'redux';
import reducer from './reducer';
import thunk from 'redux-thunk';
const composeEnhancers = window.__REDUX_DEVTOOLS_EXTENSION_COMPOSE__
  ? window.__REDUX_DEVTOOLS_EXTENSION_COMPOSE__({})
  : compose;
const enhancer = composeEnhancers(applyMiddleware(thunk));
const store = createStore(reducer, enhancer);
export default store;
```

（3）新建 store/actionCreators.js 作为行为处理中心。

（4）新建 store/reducer.js，用于对数据的处理以及返回新数据。

```
// 默认的数据
const defaultState = {};
export default (state = defaultState, action) => {
  return state;
};
```

（5）为了约束 reducer.js 和 actionCreators.js，可以创建一个保存常量的文件 store/actionTypes.js。

（6）将 store 在 App.js 中引入：

```
import React, { Component } from 'react';
import { Provider } from 'react-redux';
import store from './store';
class App extends Component {
  render() {
    return (
      <Provider store={store}>
        <div className="App">轻轻的，我来了</div>
      </Provider>
    );
  }
}
export default App;
```

10.2.3　准备路由环境

（1）安装路由：

```
yarn add react-router-dom
```

（2）App.js 中引入路由：

```
import { BrowserRouter as Router, Route, Link } from 'react-router-dom';
...
    <Provider store={store}>
      <Router>
        <div className="App">轻轻的，我来了</div>
      </Router>
    </Provider>
...
```

10.2.4　搭建主界面

界面 UI 使用 antd，这里用到 layout，参考 https://ant.design/components/layout-cn/。

（1）安装 antd：

```
yarn add antd
```

（2）修改 src/App.css，在文件顶部引入 antd/dist/antd.css：

```
import 'antd/dist/antd.css';
```

系统后台主界面采用：顶部 - 侧边布局 - 通栏的方式，效果如图 10-5 所示。

图 10-5

（3）新建 assets 目录存放和资源相关的文件，在 assets 目录下依次新建 images 和 scss 目录用于存放图和 scss 样式。

（4）新建 header/JieHeader.jsx 作为顶部组件，代码如下：

```
import React, { Component } from 'react';
import { Layout, Menu } from 'antd';
import banner from '../../../assets/images/banner.jpg';
import './header.scss';
const { Header } = Layout;
class JieHeader extends Component {
  render() {
    return (
        <Header className="header">
          <div className="logo">
        {/* <img src="../../../assets/images/banner.jpg" /> */}
    <img src={banner} /></div>
          <Menu theme="dark" mode="horizontal" defaultSelectedKeys={['3']}>
            <Menu.Item key="1"> 帮助中心 </Menu.Item>
            <Menu.Item key="2"> 博客首页 </Menu.Item>
            <Menu.Item key="3"> 个人中心 </Menu.Item>
          </Menu>
        </Header>
    );
  }
}
export default JieHeader;
```

🔔 **注意：**

banner.jpg 图片的引入，不能直接在 HTML 代码中以相对路径的方式引入（图片无法显示），而是要通过模块化的方式引入，然后通过 {} 绑定。

新建样式文件 header/header.scss：

```
.logo {
  margin: 0px 28px 0px 0;
  float: left;
  height: 64px;
  line-height: 64px;
  background: rgba(255, 255, 255, 0.2);
  float: left;
  >img{
    height: 100%;
  }
}
```

（5）新建左侧菜单。

新建 sider/JieSider.jsx，代码如下：

```
import { Layout, Menu } from 'antd';
import React, { Component } from 'react';
import {
  UserOutlined,
  LaptopOutlined,
  NotificationOutlined,
} from '@ant-design/icons';
const { Sider } = Layout;
const { SubMenu } = Menu;
class JieSider extends Component {
  render() {
    return (
      <Sider width={200} className="site-layout-background">
        <Menu
          mode="inline"
          defaultSelectedKeys={['1']}
          defaultOpenKeys={['sub1']}
          style={{ height: '100%', borderRight: 0 }}
        >
          <SubMenu key="sub1" icon={<UserOutlined />} title="用户管理">
            <Menu.Item key="1">用户列表</Menu.Item>
          </SubMenu>
          <SubMenu key="sub2" icon={<LaptopOutlined />} title="课程管理">
            <Menu.Item key="5">视频课程</Menu.Item>
            <Menu.Item key="6">文章教程</Menu.Item>
          </SubMenu>
          <SubMenu key="sub3" icon={<NotificationOutlined />} title="系统配置">
            <Menu.Item key="9">基础信息</Menu.Item>
            <Menu.Item key="10">退出登录</Menu.Item>
          </SubMenu>
        </Menu>
      </Sider>
    );
  }
}
export default JieSider;
```

（6）创建面包屑。

新建 nav/JieBreadcrumb.jsx，代码如下：

```
import React, { Component } from 'react';
import { Breadcrumb } from 'antd';
class JieBreadcrumb extends Component {
  render() {
    return (
```

```
        <Breadcrumb style={{ margin: '16px 0' }}>
          <Breadcrumb.Item>Home</Breadcrumb.Item>
          <Breadcrumb.Item>List</Breadcrumb.Item>
          <Breadcrumb.Item>App</Breadcrumb.Item>
        </Breadcrumb>
    );
  }
}
export default JieBreadcrumb;
```

（7）在 App.js 中引入这些布局组件，添加代码如下：

```
// 引入布局组件
import JieHeader from './components/layout/header/JieHeader';
import JieSider from './components/layout/sider/JieSider';
import JieBreadcrumb from './components/layout/nav/JieBreadcrumb';
import { Layout } from 'antd';
const { Content } = Layout;
...
<Router>
            {/* <div className="App">轻轻的，我来了</div> */}
            <Layout>
              <JieHeader></JieHeader>
              <Layout>
                <JieSider></JieSider>
                <Layout style={{ padding: '0 24px 24px' }}>
                  <JieBreadcrumb></JieBreadcrumb>
                  <Content
                    className="site-layout-background"
                    style={{
                      padding: 0,
                      margin: 0,
                      minHeight: 280,
                    }}
                  >
                        再别康桥
                  </Content>
                </Layout>
              </Layout>
            </Layout>
</Router>
```

（8）public/index.html 中添加样式如下：

```
<style>
    #root {
      height: 100%;
    }
```

```
</style>
```

设置高度100%，让界面高度铺满全屏。

运行命令 yarn run start。

至此，我们的后台主界面就已经搭建好了。

10.2.5 构建一级路由

由于我们的界面很少，所以只需要配置一级路由就行了，如果项目比较庞大，建议根据模块进行路由嵌套。

（1）新建内容页 views/home/Main.jsx，代码如下：

```
import React, { Component } from 'react';
export default class componentName extends Component {
  render() {
    return <div> 内容 </div>;
  }
}
```

（2）新建路由文件 router/index.js，代码如下：

```
import Main from '../views/home/Main';
let routers = [{ path: '/', component: Main, exact: true,strict: true }];
export default routers;
```

（3）在 App.js 中引入路由文件，然后遍历一级路由菜单，并动态构建路由，代码如下：

```
import routers from './router';
...
                {/* 再别康桥 */}
                <JieBreadcrumb></JieBreadcrumb>
                {/* 配置路由 */}
                {routers.map((m, index) => {
                  return (
                    <Route
                      key={index}
                      path={m.path}
                      exact={m.exact}
                      strict={m.strict}
                      render={(props) => (
                        <m.component {...props}></m.component>
                      )}
                    ></Route>
                  );
                })}
...
```

10.2.6　构建系统后台首页

首先需要改造面包屑组件 JieBreadcrumb.jsx，因为它会根据不能界面动态变化，所以它里面的内容不能写成固定内容，而是要以参数的形式动态传入，改造后的代码如下：

```
import PropTypes from 'prop-types';
class JieBreadcrumb extends Component {
  constructor(props) {
    super(props);
  }
  render() {
    return (
      <Breadcrumb style={{ margin: '16px 0' }}>
        <Breadcrumb.Item>{this.props.menuName}</Breadcrumb.Item>
        <Breadcrumb.Item>{this.props.subMuneName}</Breadcrumb.Item>
      </Breadcrumb>
    );
  }
}
JieBreadcrumb.propTypes = {
  menuName: PropTypes.string,
  subMuneName: PropTypes.string,
};
//Prop 设置默认值
JieBreadcrumb.defaultProps = {
  menuName: '首页',
  subMuneName: '个人中心',
};
```

系统的主界面通常展示一些统计信息，这里的布局使用 antd 中的 Grid 栅格，使用阿里巴巴矢量库创建项目并添加自定义矢量图标，然后生成在线地址。

阿里巴巴矢量库官网地址为 https://www.iconfont.cn/。

阿里巴巴矢量库项目管理界面如图 10-6 所示。

图 10-6

在 public/index.html 中引入生成的样式地址：

```
<link rel="stylesheet" href="//at.alicdn.com/t/font_2155726_mp6h
gha7b2g.css" >
```

修改首页内容 homt/Main.jsx，代码如下：

```
import React, { Component } from 'react';
import './main.scss';
import { Row, Col } from 'antd';
export default class componentName extends Component {
  render() {
    return (
      <div className="main">
        {/* 个人资料 */}
        <Row gutter={25}>
          <Col span={8}>
            <div className="cell s1">
              <i className="iconfont icon-yonghu"></i>
              <h4> 登录用户 </h4>
              <h5>1024</h5>
            </div>
          </Col>
          <Col span={8}>
            <div className="cell s2">
              <i className="iconfont icon-zhuce"></i>
              <h4> 新增注册 </h4>
              <h5>12</h5>
            </div>
          </Col>
          <Col span={8}>
            <div className="cell s3">
              <i className="iconfont icon-xinzeng"></i>
              <h4> 课程新增学员 </h4>
              <h5>27</h5>
            </div>
          </Col>
        </Row>
        <Row gutter={25}>
          <Col span={8}>
            <div className="cell s4">
              <i className="iconfont icon-banjiguanli"></i>
              <h4> 班级新增学员 </h4>
              <h5>66</h5>
            </div>
          </Col>
```

```
        <Col span={8}>
          <div className="cell s5">
            <i className="iconfont icon-huiyuan"></i>
            <h4>新增会员</h4>
            <h5>31</h5>
          </div>
        </Col>
        <Col span={8}>
          <div className="cell s6">
            <i className="iconfont icon-yiwen"></i>
            <h4>未回复问答</h4>
            <h5>11</h5>
          </div>
        </Col>
      </Row>
    </div>
  );
  }
}
```

main.scss 代码如下：

```scss
.main {
 .cell {
   height: 200px;
   padding: 15px;
   color: #FFF;
   overflow: hidden;
   border-radius: 4px;
   margin-bottom: 20px;
   h4,h5{
     color: #FFF;
   }
   display: flex;
   flex-direction: column;
   justify-content: center;
   align-items: center;
   .iconfont {
     font-size: 80px;
     height: 110px;
   }
 }
 .s1,.s4 {
   background-color: #2AA74F;
 }
 .s2,.s5 {
```

```
    background-color: #D7AF13;
  }
.s3,.s6 {
    background-color: #166CBD;
  }
}
```

最终首页内容展示效果如图 10-7 所示。

图 10-7

10.2.7　配置用户界面

用户配置界面的主要功能是展示表格数据，同时支持条件搜索和分页。这里会用到 antd 当中的 Table 表格组件和一些查询表单相关的文本框组件、按钮组件。

新建用户列表界面 user/User.jsx，代码如下：

```
import React, { Component } from 'react';
import { Table } from 'antd';
import { Form, Input, Button } from 'antd';
import { UserOutlined } from '@ant-design/icons';
import './user.scss';

class User extends Component {
  constructor(props) {
    super(props);
    this.state = {
      form: {},
      columns: [
        {
```

```
            title: 'Name',
            dataIndex: 'name',
            key: 'name',
            render: (text) => <a>{text}</a>,
          },
          {
            title: 'Age',
            dataIndex: 'age',
            key: 'age',
          },
          {
            title: 'Address',
            dataIndex: 'address',
            key: 'address',
          },
        ],
        tableData: [],
      };
    }
    componentWillMount() {
      for (let i = 0; i < 46; i++) {
        this.state.tableData.push({
          key: i,
          name: 'Edward King ${i}',
          age: 32,
          address: 'London, Park Lane no. ${i}',
        });
      }
    }

    onSearch = (values) => {
      console.log('Finish:', values);
    };
    render() {
      return (
        <div>
          <div className="search-bar">
            <Form name="horizontal_login" layout="inline">
              <Form.Item
                name="用户名">
                <Input
                  prefix={<UserOutlined className="site-form-item-icon" />}
                  placeholder="用户名"
                />
              </Form.Item>
```

```
                    <Form.Item shouldUpdate={true}>
                      {() => (
                        <Button
                          type="primary"
                          htmlType="submit"
                          onClick={this.onSearch}
                        >
                          查 询
                        </Button>
                      )}
                    </Form.Item>
                  </Form>
                </div>
                <Table columns={this.state.columns} dataSource={this.state.tableData} />
              </div>
          );
        }
      }
    export default User;
```

增加路由配置，在 router/index.js 中添加如下代码：

```
{
  path: '/user',
  component: User,
  exact: true,
  strict: true,
  menuName: '用户管理',
  subMenuName: '用户列表',
},
```

修改 App.js 中的代码：

```
{routers.map((m, index) => {
                return (
                  <Route
                    key={index}
                    path={m.path}
                    exact={m.exact}
                    strict={m.strict}
                    render={(props) => (
                      <Fragment>
                        <JieBreadcrumb
                          menuName={m.menuName}
                          subMenuName={m.subMenuName}
                        ></JieBreadcrumb>
                        <m.component {...props}></m.component>
```

```
                </Fragment>
            )}
        ></Route>
    );
})}
```

面包屑组件 JieBreadcrumb 是动态变化的，所以需要将其位置改到 Route 容器中。

用户列表界如图 10-8 所示。

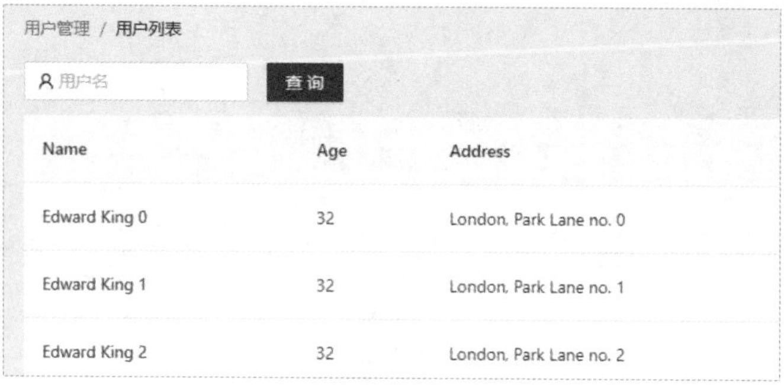

图 10-8

修改左侧菜单 sider/JieSider.jsx，配置路由导航：

```
<Menu.Item key="1">
    <NavLink to="/user">用户列表</NavLink>
</Menu.Item>
```

10.2.8 配置课程管理界面

课程管理下包含了三个页面，依次是课程列表、课程添加和课程分类，由于我们系统的路由界面很少，所以可以把这三个界面也当成一级路由界面处理。当系统当中界面较多较复杂时，就得考虑使用嵌套路由的形式。

在 views/course 目录下，新建三个界面 CourseList.jsx、CourseAdd.jsx、CourseCategory.jsx，在每个界面中，输入 rcc，然后按回车键自动创建组件的代码初始化模板，以 CourseList.jsx 为例，代码如下：

```
import React, { Component } from 'react';
export default class componentName extends Component {
  render() {
    return <div>课程列表</div>;
  }
}
```

接下来是将这些新建的界面和路由进行关联，在 router/index.js 中添加如下代码：

```
import CourseAdd from '../views/courser/CourseAdd';
import CourseCategory from '../views/courser/CourseCategory';
import CourseList from '../views/courser/CourseList';
...
{
    path: '/course-list',
    component: CourseList,
    exact: true,
    strict: true,
    menuName: '课程管理',
    subMenuName: '课程列表',
},
{
    path: '/course-add',
    component: CourseAdd,
    exact: true,
    strict: true,
    menuName: '课程管理',
    subMenuName: '课程添加',
},
{
    path: '/course-category',
    component: CourseCategory,
    exact: true,
    strict: true,
    menuName: '课程管理',
    subMenuName: '课程分类',
},
...
```

修改左侧菜单 sider/JieSider.jsx，构建路由导航：

```
<Menu
        mode="inline"
        style={{ height: '100%', borderRight: 0 }}
        defaultSelectedKeys={['0']}
    >
        <Menu.Item key="0" icon={<HomeOutlined />}>
          <NavLink to="/">仪表盘</NavLink>
        </Menu.Item>
        <SubMenu key="sub1" icon={<UserOutlined />} title="用户管理">
          <Menu.Item key="1">
            <NavLink to="/user">用户列表</NavLink>
          </Menu.Item>
```

```
      </SubMenu>
      <SubMenu key="sub2" icon={<LaptopOutlined />} title="课程管理">
        <Menu.Item key="5">
          <NavLink to="/course-list">课程列表</NavLink>
        </Menu.Item>
        <Menu.Item key="6">
          <NavLink to="/course-add">课程添加</NavLink>
        </Menu.Item>
        <Menu.Item key="7">
          <NavLink to="/course-category">课程分类</NavLink>
        </Menu.Item>
      </SubMenu>
      <SubMenu key="sub3" icon={<NotificationOutlined />} title="系统配置">
        <Menu.Item key="9">基础信息</Menu.Item>
        <Menu.Item key="10">退出登录</Menu.Item>
      </SubMenu>
  </Menu>
```

至此，项目的基本界面框架已经搭建完成，剩下的就是在这个基础上编写界面交互和编写接口业务逻辑，然后进行接口联调工作。

10.3　服务器搭建

利用前面所学的技术 Node.js、Express、MongoDB，搭建 Web 服务器。由于本章的重点在于前端 React 部分，而非 Node.js，所以这里不再详细介绍具体搭建的过程，读者可以参考第 7 章的内容。第 7 章用的是 npm 装包，这里用 yarn 来装包，第 7 章是前后端融合在一起的一个完整 Web 项目，而这里我们只需要提供接口，不需要前端展示。

为了简化接口调用，这里并没有使用接口 token 授权，而在实际的应用当中，基于安全考虑，通常都会给所有的接口调用增加权限校验。

10.3.1　创建 node web 接口服务器

（1）新建目录 manage-sys-api 用于存放 Web 服务器接口的代码。
（2）运行命令：yarn init -y。
安装依赖包：

```
yarn add express mongoose body-parser config moment mongoose-sex-page
```

（3）新建一级目录：controllers、public、models、config。
新建文件 routes.js、app.js，app.js 代码如下：

```
const express = require('express');
```

```
const path = require('path');
// 导入 config 模块
const config = require('config');
// 引入 body-parser 模块，用来处理 post 请求参数
const bodyPaser = require('body-parser');
// 数据库连接
require('./models/conn');
const app = express();
// 解析 application/json
app.use(bodyPaser.json());
// 处理 post 请求参数
app.use(bodyPaser.urlencoded({ extended: false }));
// 配置静态资源目录
app.use(express.static(path.join(__dirname, 'public')));
// 添加路由
require('./routes.js')(app);

app.listen(8000);
console.log(' 网站服务器启动成功，监听端口 80，请访问 http://localhost');
```

🔔 注意：

由于前后端进行了分离，post 请求通常传递的是 JSON 数据格式的参数，所以这里要配置 bodyPaser.json() 方法来解析 JSON 格式的数据。

routes.js 代码如下：

```
let homeController = require('./controllers/home-controller');
let userController = require('./controllers/user-controller');
module.exports = function (app) {
  homeController.registerRoutes(app);
  userController.registerRoutes(app);
};
```

（4）控制器调用代码。

home-controller.js 代码如下：

```
const { Home } = require('../models/home');
module.exports = {
  registerRoutes: function (app) {
    app.get('/api/home', this.getHomeData);
  },
  // 首页
  getHomeData: async (req, res) => {
    let homeData = await Home.findOne({});
    console.log('homeData', homeData);
    let resData = { code: 200, data: {}, msg: '' };
```

```
    if (homeData) {
      resData.data = homeData;
    } else {
      resData.code = 400;
      resData.msg = '暂无数据';
    }
    res.send(resData);
  },
};
```

这里接口的数据结构最好统一，这样前后端都方便封装。例如，这里的数据结构就是：{code:200,data:{},msg:'}，所有的接口返回数据时都应当遵循这样一种数据结构。

（5）创建首页实体对象 models/home.js：

```
// 引入 mongoose 第三方模块
const mongoose = require('mongoose');
const homeSchema = new mongoose.Schema({
  // 登录用户数
  login_user: { type: String, required: true },
  // 新增注册数
  new_register: { type: String, required: true },
  // 课程新增学员
  new_stu_course: { type: String, required: true },
  // 班级新增学员
  new_stu_classes: { type: String, required: true },
  // 新增会员
  new_member: { type: String, required: true },
  // 未回复问答
  not_reply: { type: String, required: true },
  // 订单统计
  order_counter: { type: Object, require: true },
  // 当前编辑的时间
  c_time: { type: Date, default: Date.now },
  // 最后编辑时间
  l_time: { type: Date, default: Date.now },
});
const Home = mongoose.model('Home', homeSchema);
module.exports = {
  Home
};
```

10.3.2　数据库初始化

（1）创建数据库 manage_sys。

打开控制台，输入 mongo，然后输入 use manage_sys，切换数据。

（2）创建登录账户和密码：

```
db.createUser({user:"admin",pwd:"123456",roles:["readWrite"]})
```

（3）给集合 home 添加一条记录

```
db.homes.insert({
  login_user:111,
  new_register:2,
  new_stu_course:7,
  new_stu_classes:5,
  new_member:21,
  not_reply:3,
  order_counter:4
})
```

注意：

mongoose 在创建 model 时会自动添加 s，而使用 shell 命令时不会自动添加，所以这里我们使用 db.homes。

10.3.3 接口测试

执行命令 nodemon app.js，启动 Wed 服务器。

使用 Postman 工具进行接口测试，Postman 的下载地址为 https://www.postman.com/downloads/。

在 Postman 中输入地址 http://localhost:8000/api/home，然后单击 Send 按钮，如图 10-9 所示。

图10-9

出现如图 10-9 中所示的内容就说明接口已经可以调用了。

10.4　后台首页数据获取和展示

10.4.1　封装接口请求

安装 qs：yarn add qs。

安装 axios：yarn add axios。

新建文件 api/axios.js，用于 axios 的全局配置：

```
import axios from 'axios'; //https://www.kancloud.cn/yunye/axios/2
34845
import { message } from 'antd';
axios.defaults.headers.post['Content-Type'] = 'application/json;charset=utf8';
axios.defaults.withCredentials = true;
axios.defaults.baseURL = '/api';
axios.defaults.timeout = 5000;
// 请求拦截器
axios.interceptors.request.use(
  (config) => {
    // 登录验证
    //config.headers.token = localStorage.getItem('$token_info');
    return config;
  },
  (error) => {
    return Promise.reject(error);
  }
);
// 响应拦截器
axios.interceptors.response.use(
  (response) => {
    if (
      response &&
      response.data &&
      (response.data.code === 401 || response.data.code === 403)
    ) {
      //token 过期
      message.error(' 无权限访问 ');
      console.log(' 退出，跳转到登录页 ');
    }
    if (response && response.data && response.data.code !== 200) {
        message.error(response.data.msg);
      return Promise.reject(response.data);
    }
    return response.data;
```

```
    },
    (error) => {
      if (error && error.response && error.response.status) {
          message.error(error.response.msg)
        return Promise.reject(error);
      }
    }
);
export default axios;
```

axios/request.js 用于封装请求：

```
import axios from './axios';
import qs from 'qs';
export default {
  //get 请求
  get(url, param) {
    return new Promise((resolve, reject) => {
      axios({
        method: 'get',
        url,
        params: param
      })
        .then((res = {}) => {
          if (res.code !== 200) reject(res);
          resolve(res);
        })
        .catch(_ => reject(_));
    });
  },
  //post 请求-json
  post(url, param, headers) {
    return new Promise((resolve, reject) => {
      axios({
        method: 'post',
        url,
        data: param
      })
        .then((res = {}) => {
          if (res.code !== 200) reject(res);
          resolve(res);
        })
        .catch(_ => reject(_));
    });
  },
  //url 表单请求
```

```
    postForm(url, param, headers) {
      return new Promise((resolve, reject) => {
        axios({
          method: 'post',
          url,
          headers: {
            'Content-Type': 'application/x-www-form-urlencoded'
          },
          data: qs.stringify(param)
        })
          .then((res = {}) => {
            if (res.code !== 200) reject(res);
            resolve(res);
          })
          .catch(_ => reject(_));
      });
    },
    //post 表单数据
    postFormData(url, param) {
      const formtData = new FormData();
      for (const k in param) {
        formtData.append(k, param[k]);
      }
      return this.ajax({
        url: url,
        method: 'post',
        headers: {
          'Content-Type': 'multipart/form-data'
        },
        data: formtData
      });
    }
};
```

关于接口请求的封装，相关代码是从我的另一本书《Vue.js 2.x 实践指南》当中直接复制过来使用的。

修改 store 目录下的 actionTypes.js 中的代码：

```
export const INIT_HOME_DATA = 'init_home_data';
```

actionCreators.js 代码如下：

```
import * as constants from './actionCreators';

// 获取首页数据
export const getHomeDataAction = () => {
```

```
    type: constants.INIT_HOME_DATA;
};
```

reducer.js 代码如下：

```
import * as constants from './actionTypes';
// 默认的数据
const defaultState = {};
export default (state = defaultState, action) => {
  let newState = {};
  switch (action.type) {
    case constants.INIT_HOME_DATA:
      newState = JSON.parse(JSON.stringify(state));
      newState.homeData = action.homeData;
      break;
  }
  return newState;
};
```

首页接口请求 api/index.js：

```
import request from './request';
// 获取首页数据
export const getHomeData = () => {
  return request.get('/home', {});
};
```

10.4.2　配置代理

由于项目进行了前后端分离，接口服务器和 React 代码服务器的端口不同，会产生跨域问题。可以使用 http-proxy-middleware 插件来解决跨域问题，在 manage-sys 项目中安装插件：

```
yarn add http-proxy-middleware
```

然后在 src 目录下创建一个 setupProxy.js 文件，最新的写法如下：

```
const { createProxyMiddleware } = require('http-proxy-middleware');
module.exports = function (app) {
  app.use(createProxyMiddleware('/api', { target: 'http://localhost:8000/' }));
};
```

🔔 注意：

http-proxy-middleware 在 1.x 版本之前的写法如下：

```
const proxy = require('http-proxy-middleware');
module.exports = function(app) {
```

```
    app.use(proxy('/api', { target: 'http://localhost:8000' }));
};
```

这个 target 属性值就是 Node 接口服务器的地址。配置完成后，重新启动项目即可。

10.4.3 配置 store

由于我们前面已经集成了 react-thunk，所以可以直接在 action 中进行异步操作，actionCreators.js 代码改造如下：

```
import * as constants from './actionTypes';
import { getHomeData } from '../api/index';
// 获取首页数据
export const getHomeDataAction = () => {
  return (dispatch) => {
    getHomeData().then((res) => {
      if (res.code == 200) {
        let homeData = res.data;
        // 派发给 reducer
        dispatch({
          type: constants.INIT_HOME_DATA,
          homeData,
        });
      }
    });
  };
}
```

10.4.4 主界面接口数据绑定

修改 Main.jsx 进行绑定数据，代码如下：

```
import React, { Component } from 'react';
import './main.scss';
import { Row, Col } from 'antd';
import { connect } from 'react-redux';
import { getHomeDataAction } from '../../store/actionCreators';

class Main extends Component {
  render() {
    console.log('this.props.homeData :>> ', this.props.homeData);
    const { homeData } = this.props;
    if (!homeData) return <div></div>;
    return (
```

```
<div className="main">
  {/* 个人资料 */}
  <Row gutter={25}>
    <Col span={8}>
      <div className="cell s1">
        <i className="iconfont icon-yonghu"></i>
        <h4>登录用户 </h4>
        <h5>{homeData.login_user}</h5>
      </div>
    </Col>
    <Col span={8}>
      <div className="cell s2">
        <i className="iconfont icon-zhuce"></i>
        <h4>新增注册 </h4>
        <h5>{homeData.new_register}</h5>
      </div>
    </Col>
    <Col span={8}>
      <div className="cell s3">
        <i className="iconfont icon-xinzeng"></i>
        <h4>课程新增学员 </h4>
        <h5>{homeData.new_stu_course}</h5>
      </div>
    </Col>
  </Row>
  <Row gutter={25}>
    <Col span={8}>
      <div className="cell s4">
        <i className="iconfont icon-banjiguanli"></i>
        <h4>班级新增学员 </h4>
        <h5>{homeData.new_stu_classes}</h5>
      </div>
    </Col>
    <Col span={8}>
      <div className="cell s5">
        <i className="iconfont icon-huiyuan"></i>
        <h4>新增会员 </h4>
        <h5>{homeData.new_member}</h5>
      </div>
    </Col>
    <Col span={8}>
      <div className="cell s6">
        <i className="iconfont icon-yiwen"></i>
        <h4>未回复问答 </h4>
        <h5>{homeData.not_reply}</h5>
```

```
                    </div>
                </Col>
            </Row>
        </div>
        );
    }
    // 组件渲染完成之后就去发起获取数据的请求
    componentDidMount() {
        this.props.reqHomeData();
    }
}
const mapStateToProps = (state) => {
    return {
        homeData: state.homeData,
    };
};
const mapDispatchToProps = (dispatch) => {
    return {
        reqHomeData: () => {
            const action = getHomeDataAction();
            dispatch(action);
        },
    };
};
export default connect(mapStateToProps, mapDispatchToProps)(Main);
```

最终运行结果如图 10-10 所示。

图 10-10

在钩子函数 componentDidMount 中调用接口请求，当第一次渲染时，homeData 没有数据，所以返回一个空的 div 对象，只有当 homeData 中有数据时，才渲染界面。

在实际项目当中，并非所有的数据都需要在 Redux 中进行存储，这里为了演示在 react-redux 当中应用 Ajax 请求，特意将 Ajax 请求的数据存储到了 Redux 当中。

至此，一个界面的请求到响应，在 React 和 Node.js 以及 MongoDB 中直接的交互就已经完成了，其他界面的实现方式都和此类似，读者可以进行举一反三。

10.5 菜单折叠和展开

本节通过菜单折叠和展开这一示例来演示 Redux 当中的非 Ajax 操作，同时演示兄弟组件之间的通信方式。

要实现的效果是：当单击顶部的"折叠"图标时，左侧菜单进行折叠，并且图标变成"展开"图标，当单击"展开"图标时，左侧菜单进行展开，图标变成"折叠"。

菜单的展开和折叠如图 10-11 和图 10-12 所示。

图 10-11

图 10-12

10.5.1 配置 JieHeader.jsx

折叠和展开按钮位于 JieHeader.jsx 组件中，而左侧菜单位于 JieSider.jsx 组件中。这里就涉及兄弟组件之间的通信。

由于在本项目当中已经集成了 react-redux，所以可以直接通过 connect 进行通信。

（1）在 JieHeader.jsx 组件当中引入折叠和展开图标，代码如下：

```
import { MenuUnfoldOutlined, MenuFoldOutlined } from '@ant-design/
icons';
…
  render() {
    let { collapsed } = this.props;
    let icon =
```

```
      collapsed != undefined && collapsed ? (
        <MenuUnfoldOutlined />
      ) : (
        <MenuFoldOutlined />
      );
    return (
    <Header className="header">
      <span
        className="icon-btn"
        onClick={() => this.props.toggleCollapsed(this.props.collapsed)}
      >
        {icon}
      </span>
...
```

（2）修改样式文件 header.scss：

```scss
.ant-layout-header{
  display: flex;
  padding-left: 0px;
}
.logo {
  display: flex;
  align-items: center;
  background: rgba(255, 255, 255, 0.2);
  >img{
    height: 100%;
  }
}
  .icon-btn{
    display: flex;
    justify-content: center;
    width: 50px;
    color:white;
    align-items: center;
    .anticon{
      font-size: 24px;
      &:hover{
        color:lightblue;
      }
    }
  }
```

（3）引入 connect，并进行配置：

```
import { connect } from 'react-redux';
import { toggleCollapsedAction } from '../../../store/actionCreators';
```

```
...
const mapStateToProps = (state) => {
  return {
    collapsed: state.collapsed,
  };
};
const mapDispatchToProps = (dispatch) => {
  return {
    toggleCollapsed: (collapsed) => {
      const action = toggleCollapsedAction(collapsed);
      dispatch(action);
    },
  };
};
export default connect(mapStateToProps, mapDispatchToProps)(JieHeader);
```

（4）配置 redux，在 actionTypes.js 中增加常量：

```
/**
 * 折叠 / 展开
 */
export const TOGGLE_COLLAPSED = 'toggle_collapsed';
```

在 actionCreators.js 中增加 action 操作：

```
// 菜单折叠 / 展开
export const toggleCollapsedAction = (collapsed) => {
  return (dispatch) => {
    dispatch({
      type: constants.TOGGLE_COLLAPSED,
      collapsed: !collapsed,
    });
  };
};
```

在 reducer.js 中创建 reduce，用于返回修改后的 state 数据：

```
import * as constants from './actionTypes';
// 默认的数据
const defaultState = { collapsed: false };
export default (state = defaultState, action) => {
  let newState = JSON.parse(JSON.stringify(state));
  switch (action.type) {
...
    case constants.TOGGLE_COLLAPSED:
      newState.collapsed = action.collapsed;
      break;
  }
```

图 10-13

实现方式

在 manage-sys-api 项目中准备用户管理相关的接口。

（1）在 Node 中安装 bcryptjs、joi、mongoose-sex-page 模块。

```
yarn add bcryptjs joi mongoose-sex-page
```

（2）在 models 目录下新建 user.js，这里和第 7 章中的内容非常相似，代码如下：

```
// 创建用户集合
// 引入 mongoose 第三方模块
const mongoose = require('mongoose');
// 导入 bcrypt
const bcrypt = require('bcryptjs');
// 引入 joi 模块（这是新版本的）
const Joi = require('joi');
// 创建用户集合规则
const userSchema = new mongoose.Schema({
  username: {
    type: String,
    required: true,
    unique: true, // 用户名唯一
```

```
      minlength: 4,
      maxlength: 20,
    },
    email: {
      type: String,
      //保证邮箱地址在插入数据库时不重复
      unique: true,
      required: true,
    },
    password: {
      type: String,
      required: true,
    },
    //admin 超级管理员
    //normal 普通用户
    role: {
      type: String,
      required: true,
    },
    //0 启用状态
    //1 禁用状态
    status: {
      type: Number,
      default: 0,
    },
    // 创建时间
    createTime: {
      type: Date,
      default: Date.now,
    },
});
// 创建集合
const User = mongoose.model('User', userSchema);
// 创建用户记录
async function createUser(parms) {
  const salt = await bcrypt.genSalt(10);
  const pass = await bcrypt.hash(parms.password, salt);
  const user = await User.create({
              username: parms.username,
              email: parms.email,
              password: pass,
              role: parms.role,
              status: parms.status,
  });
}
```

```
// 初始化 30 条用户数据
async function createUserTestData() {
    for (let i = 0; i < 30; i++) {
        await createUser({
            username: 'zouyujie${i}',
            email: 'zouyujie${i}@126.com',
            password: '123456',
            role: i % 2 == 0 ? 'admin' : 'user',
            status: 0,
        });
    }
}
//createUserTestData(); // 调用初始化数据方法
// 验证用户信息
const validateUser = (user) => {
    // 定义对象的验证规则
    const schema = Joi.object({
        username: Joi.string()
            .min(4)
            .max(12)
            .required()
            .error(new Error('用户名不符合验证规则')),
        email: Joi.string()
            .email()
            .required()
            .error(new Error('邮箱格式不符合要求')),
        password: Joi.string()
            .regex(/^[a-zA-Z0-9]{3,30}$/)
            .required()
            .error(new Error('密码格式不符合要求')),
        role: Joi.string()
            .valid('normal', 'admin')
            .required()
            .error(new Error('角色值非法')),
        status: Joi.number().valid(0, 1).required().error(new Error('状态值非法')),
    });
    // 实施验证
    return schema.validate(user);
};
// 将用户集合作为模块成员进行导出
module.exports = {
    User,
    validateUser,
};
```

🔔 **注意：**

第一次运行项目时，为了构造测试数据，我们要取消注释 createUserTestData() 方法，让它执行一次，这样就可以创建30条测试用户数据。当我们执行一次之后，MongoDB 数据库当中就已经给我们创建好了数据，此时就可以把这个方法给注释了。

此外，这里的 joi 使用的是新版本 17.3.0，调用方式和第 7 章有细微的区别。

（3）在 user-controller.js 中添加分页查询接口，代码如下：

```javascript
// 导入用户集合构造函数
const { User, validateUser } = require('../models/user');
const bcrypt = require('bcryptjs');              // 导入加密包
// 导入 mongoose-sex-page 模块
const pagination = require('mongoose-sex-page');
module.exports = {
  registerRoutes: function (app) {
    // 用户列表
    app.post('/api/user/list', this.list);
  },
  // 用户列表
  list: async (req, res) => {
    let { email, username } = req.body;
    let pagerData = req.body.pagination;
    // 接收客户端传递过来的当前页参数
    let page = pagerData ? pagerData.current : 1;
    // 每一页显示的数据条数
    let size = pagerData ? pagerData.pageSize : 10;
    let searchObj = {};
    if (username) {
      searchObj.username = username;
    }
    if (email) {
      searchObj.email = email;
    }
    // 将用户信息从数据库中查询出来
    let users = await pagination(User)
      .find(searchObj)
      .sort({ createTime: -1 })          // 默认按照创建时间降序排列
      .page(page)                         //page 指定当前页
      .size(size)                         //size 指定每页显示的数据条数
      .display(7)                         //display 指定客户端要显示的页码数量
      .exec();                            //exec 向数据库中发送查询请求
    let resData = { code: 200, data: users, msg: '' };
    return res.send(resData);
  },
};
```

注意：

分页查询接口的请求参数是根据 antd 的 Table 分页参数制定的。

Tabel 组件当中用到了分页器 Pagination，Pagination 官方文档地址为 https://ant-design.gitee.io/components/pagination-cn/。

比较重要的几个参数如下。

- current：当前页数
- pageSize：每页条数
- total：数据总数

在 manage-sys 项目中，需要用到日期处理，可以使用 moment 来处理。

（1）安装 moment：yarn add moment。

（2）修改 User.jsx，代码如下：

```jsx
import React, { Component } from 'react';
import { Table, Tag, Space } from 'antd';
import { Form, Input, Button } from 'antd';
import { UserOutlined, WhatsAppOutlined } from '@ant-design/icons';
import './user.scss';
import { getUserListData } from '../../api/index';
const moment = require('moment');

class User extends Component {
  constructor(props) {
    super(props);
    this.state = {
      //表单查询参数
      searchForm: { username: '', email: '' },
      //分页参数
      pagination: {
        current: 1,          //当前页面
        pageSize: 10,        //每页显示记录数
      },
      loading: false,
      tableData: [],          //列表数据
      columns: [
        {
          title: '序号',
          render: (text, record, index) =>
            (this.state.pagination.current - 1) *
              this.state.pagination.pageSize +
            index +
            1,
        },
```

```
          {
            title: '用户名',
            dataIndex: 'username',
          },
          {
            title: '邮箱',
            dataIndex: 'email',
          },
          {
            title: '角色',
            dataIndex: 'role',
          },
          {
            title: '用户状态',
            dataIndex: 'status',
            render: (status) => {
              let txt = status == 0 ? '启用' : '禁用';
              let color = status == 0 ? 'green' : 'red';
              return <>{<Tag color={color}>{txt}</Tag>}</>;
            },
          },
          {
            title: '创建时间',
            dataIndex: 'createTime',
            render: (createTime) => moment(createTime).format('YYYY-MM-DD HH:mm'),
          },
          {
            title: '操作',
            key: 'action',
            render: (text, record) => (
              <Space size="middle">
                <a>编辑</a>
                <a style={{ color: 'red' }}>删除</a>
              </Space>
            ),
          },
        ],
    };
}
//componentWillMount() {
UNSAFE_componentWillMount() {
    const { pagination, searchForm } = this.state;
    let params = { pagination, ...searchForm };
    this.onSearch(params);
}
```

```
// 查询提交
submitForm = (params) => {
  const pagination = this.state.pagination;
  this.onSearch({
    username: params.username,
    email: params.email,
    pagination,
  });
};
// 查询
onSearch = (params = {}) => {
  this.setState({ loading: true });
  getUserListData(params)
    .then((res) => {
      if (res.code == 200) {
        this.setState({
          loading: false,
          tableData: res.data.records,
          pagination: {
            ...params.pagination,
            total: res.data.total,
          },
        });
      }
    })
    .catch((res) => {
      this.setState({
        loading: false,
      });
    });
};
// 表格变化
handleTableChange = (pagination, filters, sorter) => {
  this.onSearch({
    pagination,
    sortField: sorter.field,
    sortOrder: sorter.order,
    ...filters,
  });
};
render() {
  const { tableData, pagination, loading, columns } = this.state;
  return (
    <div>
      <div className="search-bar">
```

```
                <Form
                  name="horizontal_login"
                  layout="inline"
                  onFinish={this.submitForm}
                >
                  <Form.Item name="username" label="用户名">
                    <Input
                      prefix={<UserOutlined className="site-form-item-icon" />}
                      placeholder="用户名"
                      allowClear
                    />
                  </Form.Item>
                  <Form.Item name="email" label="邮箱">
                    <Input
                      prefix={<WhatsAppOutlined className="site-form-item-icon" />}
                      placeholder="邮箱"
                      allowClear
                    />
                  </Form.Item>
                  <Form.Item shouldUpdate={true}>
                    {() => (
                      <Button type="primary" htmlType="submit">
                        查 询
                      </Button>
                    )}
                  </Form.Item>
                </Form>
            </div>
            <Table
              columns={columns}
              dataSource={tableData}
              pagination={pagination}
              loading={loading}
              onChange={this.handleTableChange}
              rowKey="_id"
            />
          </div>
        );
      }
    }
    export default User;
```

🔔 注意：

这里的序号在分页的情况下保持了连续。要在 Table 组件当中指定 rowKey 属性，否则浏览器可能会出现 table should have a unique 'key' prop 警告。

多数分页组件都要求我们在调用分页接口时返回记录总数（total）给分页组件，这样分页组件就可以根据 pageSize（页面显示数目）和 total（总数）计算出页数。而 antd 中的 Table 组件自动集成了分页功能。

在 api/index.js 中增加获取分页接口的调用代码：

```
// 获取用户列表数据
export const getUserListData = (params) => {
  return request.post('/user/list', params);
};
```

（3）启动 manage-sys-api 项目。

运行 nodemon app.js。

（4）启动 manage-sys 项目。

运行 yarn start。

10.6.2　删除用户

在用户列表中单击某一行的"删除"按钮，为了避免误操作，通常会弹出一个删除确认提示框，当单击"取消"按钮时，取消删除操作，当单击"确定"按钮时，执行删除操作。运行效果如图 10-14 所示。

图 10-14

（1）首先在 api/index.js 中添加调用删除用户接口的代码，代码如下：

```
// 删除用户记录
export const delUserRecord = (id) => {
  return request.get('/user/delete?id=${id}');
};
```

（2）在 User.jsx 中，引入 delUserRecord 方法、确认框组件 Popconfirm 和消息提示框组件 message，代码如下：

```
import { getUserListData, delUserRecord } from '../../api/index';
import {
  Popconfirm,
  message,
} from 'antd';
```

（3）修改"删除"按钮。

```
<Popconfirm
          title=" 确定要删除这条记录吗？"
          onConfirm={(e) => this.delConfirm(record)}
          okText=" 确定 "
```

```
                    cancelText=" 取消 "
                >
                    <a href="/#" className="del">
                        删除
                    </a>
                </Popconfirm>
...
// 刷新数据
refreshData = () => {
    const { pagination, searchForm } = this.state;
    let params = { pagination, ...searchForm };
    this.onSearch(params);
};
// 删除确认
delConfirm = async (e) => {
    let res = await delUserRecord(e._id);
    if (res.code == 200) {
        message.success(' 删除成功 ');
        this.refreshData(); // 重新查询数据
    }
};
```

🔔 **注意：**

当删除操作执行成功之后，要再执行一次查询操作，从而及时刷新界面数据。

解决控制台警告

在 React 中使用 <a> 标签控制台显示警告信息，解决方法：将 <a href="#" > 删除 </a> 改成 <a href="/#" > 删除 </a>，加个 / 即可。

浏览器控制台警告：Useless constructor no-useless-constructor。

原因是构造函数里缺少 state，解决方法：只要在 constructor 里面加上 state 对象就可以。

说明：关于控制台的警告信息，通常可以忽略它，因为它并不会影响程序的正常运行，但是为了养成良好的编程习惯，建议尽量避免出现控制台警告。

10.6.3　新增 / 编辑用户

当用户访问一个展示了某个列表的页面，想新建一个选项又不想跳转页面时，可以用 Modal 弹出一个表单，用户填写必要信息后创建新的项。

当单击"新增"按钮之后，显示新增用户的界面弹窗，效果如图 10-15 所示。

当单击"编辑"按钮时，显示编辑用户的界面弹窗，效果如图 10-16 所示。

图 10-15   图 10-16

编辑用户弹窗和新增用户弹窗除了标题文字不同之外，界面是一样的，所以可以封装为公共的组件以实现复用。

在 user-controller.js 中添加新增用户接口，代码如下：

```javascript
// 添加
add: async (req, res, next) => {
  let resData = { code: 200, data: {}, msg: '' };
  try {
    await validateUser(req.body);
  } catch (e) {
    // 验证没有通过
    resData.code = 500;
    resData.msg = '数据格式有误';
    return res.send(resData);
  }
  // 根据邮箱地址查询用户是否存在
  let user = await User.findOne({
    $or: [{ email: req.body.email }, { username: req.body.username }],
  });
  // 如果用户已经存在，邮箱地址已经被别人占用
  if (user) {
    resData.code = 500;
    resData.msg = '用户已存在';
    return res.send(resData);
  }
  // 对密码进行加密处理——生成随机字符串
  const salt = await bcrypt.genSalt(10);
  // 加密
```

```
    const password = await bcrypt.hash(req.body.password, salt);
    // 替换密码
    req.body.password = password;
    // 将用户信息添加到数据库中
    await User.create(req.body);
    return res.send(resData);
},
```

添加用户时，要先校验用户名和邮箱是否已经存在，只有不存在时才能新增。

编辑用户接口的代码如下：

```
// 编辑
edit: async (req, res, next) => {
  // 接收客户端传递过来的请求参数
  const { username, email, role, state, password, id } = req.body;
  let resData = { code: 200, data: {}, msg: '' };
  try {
    await validateUser(req.body);
  } catch (e) {
    // 验证没有通过
    resData.code = 500;
    resData.msg = '数据格式有误';
    return res.send(resData);
  }
  // 根据 id 查询用户信息
  let user = await User.findOne({ _id: id });
  // 密码比对
  const isValid = await bcrypt.compare(password, user.password);
  // 密码比对成功
  if (isValid) {
    //res.send('密码比对成功');
    // 将用户信息更新到数据库中
    await User.updateOne(
      { _id: id },
      {
        username: username,
        email: email,
        role: role,
        state: state,
      }
    );
  } else {
    resData.msg = '密码比对失败';
    resData.code = 500;
  }
```

```
    return res.send(resData);
},
```

修改用户时，需要验证输入的密码是否正确，只有密码输入正确才能修改。

🔔 **注意：**

后端接口要对输入的数据格式进行校验。

在 registerRoutes 方法中添加路由，代码如下：

```
// 用户修改
app.post('/api/user/edit', this.edit);
// 用户新增
app.post('/api/user/add', this.add);
```

修改 User.jsx：

```jsx
<Button
    type="primary"
    danger
    icon={<PlusCircleOutlined />}
    onClick={() =>
      this.setState({
        winVisible: true,
        isEdit: false,
      })
    }
>
  新增
</Button>
...
<a href="/#" onClick={(event) => this.doEdit(event, record)}>
              编辑
</a>
...
  // 编辑
  doEdit = (e, record) => {
    e.preventDefault();
    let obj = {
      isEdit: true,
      curItem: { ...record },
    };
    this.setState(obj, () => {
      this.setState({
        winVisible: true,
      });
    });
```

```
  };
```

引入模态窗体，新增 / 编辑用户界面组件：

```
import {
  Modal,
} from 'antd';
import UserAdd from './UserAdd.jsx';
  <Modal
          title={this.winTitle}
          visible={winVisible}
          onOk={this.handleOk}
          confirmLoading={winLoading}
          onCancel={this.handleCancel}
          cancelText=" 取消 "
          okText=" 确定 "
      >
        <UserAdd
          winVisible={winVisible}
          isEdit={isEdit}
          onRef={(ref) => {
            this.userAdd = ref;
          }}
          curItem={curItem}
          handleCancel={this.handleCancel}
        refreshData={this.refreshData}
      ></UserAdd>
    </Modal>
// 确定
handleOk = (e) => {
  // 调用子组件函数
  this.userAdd.onSubmitForm();
};
// 取消
handleCancel = (e) => {
  console.log(e);
  this.setState({
    winVisible: false,
  });
};
```

　　单击"编辑"按钮时，将选中的记录 curItem 传递给子组件 UserAdd.jsx。由于"确定"按钮在 motal 窗体上，单击"确定"按钮时，需要提交子组件 UserAdd.jsx 中的表单，所以要用到父组件调用子组件的方法，通过 onRef 传递一个回调函数给子组件，然后在子组件当中调用这个回调函数 onRef，就可以把子组件的引用传递给父组件。

添加/编辑用户界面可以封装为独立的组件，在 views/user 目录下新建文件 UserAdd.jsx，代码如下：

```jsx
import React, { Component } from 'react';
import { Form, Input, Radio, Select, message } from 'antd';
import { UserOutlined, LockOutlined } from '@ant-design/icons';
import './user-add.scss';
import { addUser, editUser } from '../../api/index';
const layout = {
  labelCol: { span: 4 },
  wrapperCol: { span: 20 },
};
export class UserAdd extends Component {
  constructor(props) {
    super(props);
    this.formRef = React.createRef();
  }
  componentDidMount() {
    this.initData();
    this.props.onRef(this);
  }
  // 初始化表单数据
  initData() {
    if (this.props.isEdit) {
      this.formRef.current.setFieldsValue({ ...this.props.curItem });
      this.formRef.current.setFieldsValue({ password: '' });
    }
  }
  componentDidUpdate() {
    if (!this.props.winVisible) {
      this.onReset();
    } else {
      this.initData();
    }
  }
  // 重置表单
  onReset = () => {
    this.formRef.current.resetFields();
  };
  // 提交表单操作
  onFinish = async (values) => {
    let res = null;
    let operateFlag = '编辑';
    if (this.props.isEdit) {
      // 编辑
```

```
        res = await editUser({ ...values, id: this.props.curItem._id });
      } else {
        // 新增
        operateFlag = ' 新增 ';
        res = await addUser(values);
      }
      if (res && res.code === 200) {
        message.success('${operateFlag} 用户成功 ');
        this.props.handleCancel();         // 操作成功，关闭弹窗
        this.props.refreshData();           // 刷新界面数据
      } else {
        // 操作失败
        message.error('${operateFlag} 用户失败 ');
      }
    };
    // 提交表单，父组件调用
    onSubmitForm = () => {
      this.formRef.current.submit();
    };
    render() {
      return (
        <div>
          <Form
            {...layout}
            layout="horizontal"
            onFinish={this.onFinish}
            ref={this.formRef}
            initialValues={{ role: 'normal', status: 0 }}
          >
            <Form.Item
              name="username"
              label=" 用户名 "
              rules={[
                { required: true, message: '请输入用户名 ' },
                {
                  min: 4,
                  message: '用户名长度少于 4 个字符 ',
                },
                {
                  max: 20,
                  message: '用户名长度大于 20 个字符 ',
                },
              ]}
            >
              <Input
```

```
          prefix={<UserOutlined className="site-form-item-icon" />}
          placeholder=" 用户名 "
        />
    </Form.Item>
    <Form.Item
      name="email"
      label=" 邮箱 "
      rules={[
        { required: true, message: ' 请输入邮箱 ' },
        { type: 'email', message: ' 请输入正确的邮箱格式 ' },
      ]}
    >
      <Input placeholder=" 邮箱 " />
    </Form.Item>
    <Form.Item
      name="password"
      label=" 密码 "
      rules={[[{ required: true, message: ' 请输入密码 ' }]]}
    >
      <Input
        prefix={<LockOutlined className="site-form-item-icon" />}
        type="password"
        placeholder=" 密码 "
      />
    </Form.Item>
    <Form.Item label=" 角色 " name="role">
      <Select>
        <Select.Option value="normal"> 普通用户 </Select.Option>
        <Select.Option value="admin"> 超级管理员 </Select.Option>
      </Select>
    </Form.Item>
    <Form.Item label=" 状态 " name="status">
      <Radio.Group onChange={this.onChangeStatus}>
        <Radio.Button value={0}> 启用 </Radio.Button>
        <Radio.Button value={1}> 禁用 </Radio.Button>
      </Radio.Group>
    </Form.Item>
    </Form>
  </div>
);
  }
}
export default UserAdd;
```

新增用户的时候，我们希望表单选中一些默认信息，可以通过 Form 中的 initialValues 属性进行配置。

我们希望在编辑弹窗显示的时候可以把编辑信息传递过来，而当编辑弹窗隐藏的时候又重置表单数据和表单验证，可是在 React 中没有像 Vue 中的 watch 对象，我们只能在 componentDidUpdate 这个钩子函数中来执行。编辑用户时，由于用户密码不需要传递过来，所以这里手动将其清空了。

🔔 **注意：**

\<Form.Item name="field" /\> 会对它的直接子元素绑定表单功能，也就是说我们不再需要对 \<Form.Item\> 中的组件手动绑定 value 和 onChange 事件了。

当为 Form.Item 设置 name 属性后，子组件会转为受控模式。因而 defaultValue 不会生效，需要在 Form 上通过 initialValues 设置默认值。

user-add.scss 代码如下：

```scss
.ant-modal-footer{
    text-align: center;
}
```

由于 Modal 弹窗底部的按钮默认是右对齐的，如果我们要对其进行修改，可以直接修改样式，这里将对齐方式设为居中。

通过用户管理这个功能模块完整地向大家展示了如何实现用户的 CRUD 操作，而在实际应用中，大多数场景都是做 CRUD 的操作，所以我将不再继续讲解这方面的内容，读者可以对照书中现有的示例逐步完善这个项目剩余的功能，甚至在这个基础之上进行扩展，算是对自己学习成果的一个验证。

这种前后端分离的项目一定要先运行 Node 接口服务，再运行前端 React 项目，否则接口调用将会报错。

第 11 章　React 扩展

本章学习目标

◆ 掌握 React 新特性：State Hook、Effect Hook 以及 useReducer

◆ 掌握 dva 的使用

◆ 熟悉 Umi 前端 UI 框架

◆ 掌握 TypeScript 和 Node 结合开发

11.1　React 新特性

Hook 是 React 16.8 中新增的特性，它可以让你在不编写 class 的情况下使用 state 以及其他的 React 特性。

它是一些可以让你在函数组件里"钩入"React state 及生命周期等特性的函数。

Hook 一个优秀的特点是，它是渐进式的，也就是说当我们引入 Hook 时，它并不会影响我们项目当中原来使用 class 方式实现的组件。我们完全可以让 class 和 Hook 在同一个项目中共存，即旧的组件界面保留 class 的实现方式，新的组件界面当中采用 Hook。

11.1.1　State Hook

useState 唯一的参数就是初始 state，你可以在一个组件中多次使用 State Hook。useState 就是一个 Hook。通过在函数组件里调用它来给组件添加一些内部 state。React 会在重复渲染时保留这个 state。useState 会返回一对值：当前状态和一个让你更新它的函数，你可以在事件处理函数中或其他一些地方调用这个函数。它类似 class 组件中的 this.setState，但是它不会把新的 state 和旧的 state 进行合并。

我们通过一个示例来演示 setState。

创建项目 react-hook-demo：yarn create react-app react-hook-app。

跳转到项目目录：cd react-hook-app。

启动项目：yarn start。

在项目根目录下，新建 components 用于存放组件，新建 /components/StateDemo.jsx 用于演示

useState，代码如下：

```
import React, { useState } from 'react';
export default () => {
  /**
   * count：状态数据
   * setCount：修改状态的方法
   * useState 中的参数：是状态数据的默认值
   */
  const [count, setCount] = useState(100);
  const [user, setUser] = useState(' 不败顽童 - 古三通 ');
  return (
    <div>
      <div>
        {user} 太湖一役，击败 {count} 位高手
      </div>
      <button onClick={() => setCount(count + 8)}> 太湖一役 </button>
    </div>
  );
};
```

修改 index.js，引入组件 StateDemo.jsx：

```
import StateDemo from './components/StateDemo.jsx';
ReactDOM.render(<StateDemo />, document.getElementById('root'));
```

单击"太湖一役"按钮，界面运行效果如图 11-1 所示。

图 11-1

11.1.2　Effect Hook

Effect Hook 可以让你在函数组件中执行一些额外的操作。我们先来看一个例子，先使用 class 的方式来实现。

示例：为计数器增加了一个小功能，将 document 的 title 设置为包含了点击次数的消息。

新建 EffectClassDemo.jsx，代码如下：

```
import React, { Component } from 'react';
export default class EffectClassDemo extends Component {
  state = {
    count: 0,
  };
```

```
  // 组件初始化后执行
  componentDidMount() {
    document.title = '你点击了 ${this.state.count} 次';
  }
  // 组件数据变化时执行
  componentDidUpdate() {
    document.title = '你点击了 ${this.state.count} 次';
  }
  render() {
    return (
      <div>
        <div>你点击了 {this.state.count} 次</div>
        <div>
          <button
            onClick={() => this.setState({ count: this.state.count + 1 })}
          >
            添加
          </button>
        </div>
      </div>
    );
  }
}
```

修改 index.js：

```
import EffectClassDemo from './components/EffectClassDemo';
ReactDOM.render(
  <React.StrictMode>
    <EffectClassDemo />
  </React.StrictMode>,
  document.getElementById('root')
);
```

运行效果如图 11-2 所示。

图11-2

接下来，使用 Effect Hook 的方式来实现。添加 EffectDemo.jsx，代码如下：

```
import React, { useState, useEffect } from 'react';
export default () => {
```

```
const [count, setCount] = useState(0);
// 相当于 componentDidMount 和 componentDidUpdate:
useEffect(() => {
  // 更新浏览器标题
  document.title = '你点击了 ${count} 次';
});
return (
  <div>
    <div>你点击了 {count} 次</div>
    <button onClick={() => setCount(count + 1)}>添加</button>
  </div>
);
};
```

我们看到代码精简了许多。Effect 在每次渲染的时候都会执行，并且 React 会在执行当前 Effect 之前对上一个 Effect 进行清除。

修改 index.js：

```
import EffectDemo from './components/EffectDemo';
ReactDOM.render(
  <React.StrictMode>
    <EffectDemo />
  </React.StrictMode>,
  document.getElementById('root')
);
```

最终运行效果和前面一致。

11.1.3　useReducer

useReducer 是 useState 的替代方案，它接收一个形如 (state, action) => newState 的 reducer，并返回当前的 state 以及与其配套的 dispatch 方法。

在某些场景下，useReducer 会比 useState 更适用，如 state 逻辑较复杂且包含多个子值，或者下一个 state 依赖于之前的 state 等。使用 useReducer 还能给那些会触发更新的组件做性能优化，因为你可以向子组件传递 dispatch 而不是回调函数。

下面是用 reducer 重写 useState 一节的示例，新建 UseReducerdDemo.jsx，代码如下：

```
import React, { useReducer } from 'react';
const initialState = { count: 100 };
function reducer(state, action) {
  switch (action.type) {
    case 'doIt':
      return { count: state.count + 8, user: '不败顽童-古三通' };
    default:
```

```
    throw new Error();
  }
}
export default () => {
  const [state, dispatch] = useReducer(reducer, initialState);
  return (
    <div>
      <div>
        {state.user} 太湖一役，击败 {state.count} 位高手
      </div>
      <button onClick={() => dispatch({ type: 'doIt' })}>太湖一役</button>
    </div>
  );
};
```

11.2　dva

11.2.1　dva 介绍与环境搭建

dva 首先是一个基于 Redux 和 redux-saga 的数据流方案，然后为了简化开发体验，dva 还额外内置了 react-router 和 fetch，所以也可以理解为一个轻量级的应用框架。

dva 官方文档地址为 https://dvajs.com/guide/。

在编写本书时，dva 在 github 上的星星数为 15.2k，说明使用的人很多。

dva 特性如下：

① 易学易用，仅有 6 个 API，对 Redux 用户尤其友好，配合 UMI 使用后更是降低为 0 API。

② elm 概念，通过 reducers、effects 和 subscriptions 组织 model。

③ 插件机制，如 dva-loading 可以自动处理 loading 状态，不用一遍遍地写 showLoading 和 hideLoading。

④ 支持 HMR，基于 babel-plugin-dva-hmr 实现 components、routes 和 models 的 HMR。

一些使用命令如下。

安装 dva-cli：npm install dva-cli -g。

查看 dva 版本：dva -v。

创建项目：dva new dva-app。

创建好的 dva-app 目录，包含项目初始化目录和文件，并提供开发服务器、构建脚本、数据 mock 服务、代理服务器等功能。

进入 dva-app 目录，并启动开发服务器：cd dva-app。

```
npm start
```

当看到以下输出时，表示运行成功：

```
Compiled successfully in 4.0s!
The app is running at:
  http://localhost:8000/
Note that the development build is not optimized.
To create a production build, use npm run build.
```

打开浏览器控制台，出现如图 11-3 所示信息。

```
❌ ▶ Warning: Please use `require("history").createHashHistory` instead of          warnAboutDepreca
    `require("history/createHashHistory")`. Support for the latter will be removed in the next major release.
❌ Uncaught Invariant Violation: [app.router] router should be function, but got undefined
      at invariant (eval at <anonymous> (http://localhost:8000/index.js:1710:2), <anonymous>:38:15)
      at Object.router (eval at <anonymous> (http://localhost:8000/index.js:1080:2), <anonymous>:55:28)
      at eval (eval at <anonymous> (http://localhost:8000/index.js:1068:2), <anonymous>:21:5)
      at Object.<anonymous> (http://localhost:8000/index.js:1068:2)
      at __webpack_require__ (http://localhost:8000/index.js:556:30)
      at fn (http://localhost:8000/index.js:87:20)
      at Object.<anonymous> (http://localhost:8000/index.js:587:19)
      at __webpack_require__ (http://localhost:8000/index.js:556:30)
      at http://localhost:8000/index.js:579:37
      at http://localhost:8000/index.js:582:10
```

图 11-3

第一个是警告信息，可以忽略它。第二个是报错信息，需要修改 index.js 中的代码。

将 app.router(require('./router').default); 替换为如下代码：

```
import router from "./router";
app.router(router);
```

当我们在浏览器界面上看到如图 11-4 所示的界面时，才表示真正运行成功。

图 11-4

一些其他可能出现的问题。

● Module not found: '@babel/runtime/helpers/interopRequireWildcard'

原因：某些模块的版本更新了，重新安装 @babel/runtime@7.0.0-beta.55。

解决办法：cnpm i @babel/runtime@7.0.0-beta.55 –S 或者 cnpm i @babel/runtime。

● Error in ./~/_react-redux@5.0.7@react-redux/lib/connect/mapDispatchToProps.js

原因：react-redux 插件是基于 Redux 的，必须先安装 Redux 再使用 react-redux。

解决办法：cnpm install –D redux。

项目代码目录结构说明如下：

● mock：存放用于 mock 数据的文件

● public：一般用于存放静态文件，打包时会被直接复制到输出目录（./dist）

● src：用于存放项目源代码的目录

● asserts：用于存放静态资源，打包时会经过 webpack 处理

● components：用于存放 React 组件，一般是该项目公用的无状态组件

● models：用于存放模型文件

● routes：用于存放需要 connect model 的路由组件

● services：用于存放服务文件，一般是网络请求等

● utils：工具类库

● router.js：路由文件

● index.js：项目的入口文件

● index.css：一般是共用的样式

● .editorconfig：编辑器配置文件

● .eslintrc：ESLint 配置文件

● .gitignore：Git 忽略文件

● .roadhogrc.mock.js：Mock 配置文件

● .webpackrc：自定义的 webpack 配置文件，JSON 格式，如果需要 JS 格式，可修改为 .webpackrc.js

● package.json：安装包及依赖配置文件

11.2.2　在 dva 中引入 antd

通过 npm 安装 antd 和 babel-plugin-import 。babel-plugin-import 是用来按需加载 antd 的脚本和样式的。

```
cnpm install antd babel-plugin-import --save
```

编辑 .webpackrc，使 babel-plugin-import 插件生效。

```
{
  "extraBabelPlugins": [
    ["import", { "libraryName": "antd", "libraryDirectory": "es", "style": "css" }]
  ]
```

```
}
```

由于修改了配置文件，所以需要重新运行项目：npm run start。

npm start 和 npm run start 是等效关系。

在 IndexPage.js 文件中引入 antd：

```
import { Button } from "antd";
        <Button type="primary">上市公司 </Button>
        <Button> 私营企业 </Button>
        <Button type="dashed"> 外包公司 </Button>
```

运行结果如图 11-5 所示。

图 11-5

如遇到编译错误 Error in @ctrl_tinycolor ctrl/tinycolor/dist/index.js，或其他一些奇怪的编译错误信息，可以尝试先删除 node_modules 目录，然后使用 yarn install 重新安装依赖包。

11.2.3 dva 路由配置

显示用户列表的第一步是创建路由，路由可以想象成是组成应用的不同页面。

新建路由组件 routes/user/UserPage.js，代码如下：

```
import React from "react";
const Users = (props) => (
  <>
    <h3> 剑魔 – 独孤求败 </h3>
    <h3> 神雕大侠 – 杨过 </h3>
    <h3> 华山 – 风清扬 </h3>
  </>
);
export default Users;
```

添加路由信息到路由表，编辑 router.js，代码如下：

```
import UserPage from "./routes/user/UserPage";
 <Route path="/user" exact component={UserPage} />
```

在浏览器地址栏中输入 http://localhost:8000/#/user，运行结果如图 11-6 所示。

图 11-6

路由有两种模式，一种是采用 # 的 hash 模式；另一种是 history 模式。

➢ hash 模式：带有 # 号，后面就是 hash 值的变化。改变后面的 hash 值，它不会向服务器发出请求，因此也就不会刷新页面。每次 hash 值发生改变的时候，会触发 hashchange 事件。因此，我们可以通过监听该事件来知道 hash 值发生了哪些变化。

➢ history 模式：HTML5 的 History API 为浏览器的全局 history 对象增加了该扩展方法。它是浏览器的一个接口，在 Window 对象中提供了 onpopstate 事件监听历史栈的改变，只要历史栈有信息发生改变，就会触发该事件。

此时发现浏览器地址栏中带上了 # 号，如果要去掉 # 号，我们可以切换为 history 模式，操作步骤如下：

（1）安装 history 依赖：

```
cnpm install --save history
```

（2）修改入口文件 index.js：

```
import { createBrowserHistory as createHistory } from "history";
const app = dva({
  history: createHistory(),
});
```

现在我们可以直接在浏览器当中通过 http://localhost:8000/user 来访问用户列表页面了。

🔔 注意：

dva 官方文档由于维护的人不多，文档可能并没有及时更新，所以当我们安装 dva 官方文档进行配置时可能会出现一些错误。这需要读者多去查一些相关资料、多动动脑筋、多加思考。

错误提示：Module not found: Can, t resolve 'history/createHashHistory'。

解决方案：找到依赖文件 node_modules/dva/lib/index.js，然后把 require("history/createHashHistory") 替换为 require("history").createHashHistory。修改完成后重启项目。

11.2.4 编写 UI Component

在项目开发中，如果存在一些界面模块在多个页面当中都有使用的情况，此时，我们可以在 dva 里把这部分抽成 component。

直接在 components 目录下新建 jsx 后缀（js 后缀也是可以的，只是 jsx 会有更好的提示）的

React 组件文件就可以了，既可以采用 class 的形式也可以采用 hook 的形式。从面向对象的编程思想考虑，个人还是比较喜欢 class 的形式，虽然 hook 的形式看上去用起来简单很多。

新建 components/UserList.jsx，代码如下：

```
import React, { Component } from "react";
export default class UserList extends Component {
  // 添加人员
  addUser = (event) => {
    const curUser = {
      name: "成是非",
      title: "黄字第一号",
      realName: "郭晋安",
    };
    this.props.dispatch({
      type: "users/updateList", //users 是命名空间, updateList 是 users 命名空间下的方法 updateList
      data: curUser,
    });
  };
  render() {
    const { userList } = this.props.userList;
    return (
      <div style={{ padding: "10px" }}>
        天、地、玄、黄
        <ul>
          {userList.map((ele, index) => {
            return (
              <li key={index}>
                {ele.name}-{ele.title}-{ele.realName}
              </li>
            );
          })}
        </ul>
        <button onClick={this.addUser}>新加入成员</button>
      </div>
    );
  }
}
```

11.2.5　dva model 创建

dva 通过 model 的概念对一个领域的模型进行管理，包含同步更新 state 的 reducers、处理异步逻辑的 effects 和订阅数据源的 subscriptions。

新建 models/users.js，代码如下：

```
export default {
  namespace: "users",
  state: {
    userList: [
      {
        name: "段天涯",
        title: "天字第一号",
        realName: "李亚鹏",
      },
      {
        name: "归海一刀",
        title: "地字第一号",
        realName: "霍建华",
      },
      {
        name: "上官海棠",
        title: "玄字第一号",
        realName: "叶璇",
      },
    ],
  },
  reducers: {
    updateList(state, action) {
      let curState=deepCopy(state);
      curState.userList.push(action.data);
      return curState;
    },
  },
};
/**
 * 深拷贝
 * @param {*} obj 待拷贝对象
 */
function deepCopy(obj){
return JSON.parse(JSON.stringify(obj));
}
```

🔔 **注意：**

namespace 配置项一定要写，否则会报错。

在入口文件 index.js 中引入 model，代码如下：

```
app.model(require("./models/users").default);
```

在 Redux DevTools 中可以查看到 Rtate 数据，如图 11-7 所示。

图11-7

新建路由界面 routes/user/UserListPage.jsx，代码如下：

```
import React, { Component } from "react";
import { connect } from "dva";
import UserList from "../../components/UserList";
class UserListPage extends Component {
  render() {
    const { userList, dispatch } = this.props;
    return (
      <div>
        <UserList dispatch={dispatch} userList={userList}></UserList>
      </div>
    );
  }
}
const mapStateToProps = (state) => {
  return {
    userList: state.users, //users是命名空间
  };
};
export default connect(mapStateToProps)(UserListPage);
```

dva 提供了 connect 方法。如果你熟悉 Redux，这个 connect 就是 react-redux 的 connect。
在 router.js 中配置路由，代码如下：

```
import UserListPage from "./routes/user/UserListPage";
<Route path="/user-list" exact component={UserListPage} />
```

在浏览器中输入地址 http://localhost:8000/user-list，运行结果如图 11-8 所示。

图 11-8

11.2.6 dva 路由跳转

dva 中路由的跳转有三种方式，分别是 Link 标签、history.push 和 routerRedux。

正常情况下，只有 route 标签直接包含的组件才会有 history 对象，而通过 withRouter 包裹后，非路由页面也可以获取到 history 对象。

接下来，我们将通过一个示例来演示这三种路由跳转方式。

新建导航组件 components/Nav.jsx，代码如下：

```
import React, { Component } from "react";
import { Link, withRouter, routerRedux } from "dva/router";
class Nav extends Component {
  // 跳转到用户列表页面
  jumpToUserList = () => {
    this.props.history.push("/user-list");
  };
  // 跳转到用户页面
  jumpToUserPage = (event) => {
    this.props.dispatch(routerRedux.push("/user"));
  };
  render() {
    return (
      <div style={{ padding: "8px" }}>
        <Link to={{ pathname: "/" }}>去首页</Link>
        <button onClick={this.jumpToUserList}>用户列表</button>
        <button onClick={this.jumpToUserPage}>用户页</button>
      </div>
    );
  }
}
export default withRouter(Nav);
```

新建路由页面 NavPage.jsx，代码如下：

```
import React, { Component } from "react";
```

```
import Nav from "../components/Nav";
import { connect } from "dva";
class NavPage extends Component {
  render() {
    const { dispatch } = this.props;
    return (
      <div>
        <Nav dispatch={dispatch}></Nav>
      </div>
    );
  }
}
const mapStateToProps = (state) => {
  return {};
};
export default connect(mapStateToProps)(NavPage);
```

在路由文件 router.js 中引入 NavPage.jsx 文件：

```
import NavPage from "./routes/NavPage";
  <Route path="/nav" exact component={NavPage} />
```

在浏览器地址栏中输入 http://localhost:8000/nav，运行结果如图 11-9 所示。

图 11-9

单击不同的按钮可以进行路由跳转。

11.2.7　Model 异步请求

dva 的 effects 是通过 generator 组织的。generator 返回的是迭代器，通过 yield 关键字实现暂停功能。

这是一个典型的 dva effect，通过 yield 把异步逻辑通过同步的方式组织起来。

修改 models/users.js，添加代码如下：

```
removeUser(state, action) {
      let curState = deepCopy(state);
      let curIndex = curState.userList.findIndex(
        (f) => f.name === action.payload.name
      );
      curState.userList.splice(curIndex, 1);
      return curState;
}
```

```
effects: {
  *updateListAsync({ payload }, { put, call }) {
    yield put({ type: "removeUser", payload });
  }
}
```

修改 UserList.jsx，代码如下：

```
// 移除人员
removeUser = (event) => {
  const curUser = { name: "上官海棠", title: "玄字第一号", realName: "叶璇" };
  this.props.dispatch({
    type: "users/updateListAsync",
    payload: curUser,
  });
};
<button onClick={this.removeUser}>移除一名成员</button>
```

运行结果如图 11-10 所示。

图 11-10

单击"移除一名成员"按钮，界面中就少了一条记录。

11.2.8 Mock 数据

（1）代理配置，解决跨域问题。

在 utils 目录下创建 config.js 文件 utils/config.js，对 fetch 请求路径进行如下配置：

```
//config.js 文件
const config = {
    apiUrl: process.env.NODE_ENV === 'development' ? ' http://127.0.0.1:8001' :
    'https://www.cnblogs.com/jiekzou/',
    apiPrefix: ' http://127.0.0.1:8001',
    proxy: true  // 是否开启mock 代理
};
export default config;
```

（2）简单封装 fetch 请求。

修改 utils 目录下的 request.js 文件：

```
import config from './config';
const assyParams = (obj) => {
  let str = ''
  for (let key in obj) {
    const value = typeof obj[key] !== 'string' ? JSON.stringify(obj[key]) :
    obj[key]
    tstr += '&' + key + '=' + value
  }
  return str.substr(1)
}
/**
 * Requests a URL, returning a promise.
 *
 * @param  {string} url       The URL we want to request
 * @param  {object} [options] The options we want to pass to "fetch"
 * @return {object}           An object containing either "data" or "err"
 */
export default function request(obj) {
  let url = '';
  let options = {
    method: obj.method,
    headers: {
      'Content-Type': 'application/json; charset=utf8',
    },
    // 是否携带cookie，默认为omit不携带；same-origi同源携带；include同源跨域都携带
    credentials: 'include'
  };
  if (obj.method === 'GET' || obj.method === 'get') {
    url = (config.proxy ? obj.url : config.apiUrl + obj.url) + '?' +
    assyParams(obj.data);
  }
  if (obj.method === 'POST' || obj.method === 'post') {
    url = config.proxy ? obj.url : config.apiUrl + obj.url;
    options.body = JSON.stringify(obj.data);
  }
  return fetch(url, options)
    .then(checkStatus)
    .then(parseJSON)
    .then(data => ({ data }))
    .catch(err => ({ err }))
}
```

（3）创建mock文件mock/user.js，代码如下：

```
//user.js 文件
import Mock from 'mockjs';
```

```
import { delay } from 'roadhog-api-doc';
const proxy = {
  'GET /api/user': (req, res) => {
  res.setHeader('Access-Control-Allow-Origin', '*');
  res.send(Mock.mock({
    code: 200,
    msg: '请求成功',
    data: {
    title:'不败顽童',
    name: '古三通',
    realName:'张卫健'
    }
  }));
  }
};
// 调用 delay 函数，统一处理
export default delay(proxy, 1000);
```

安装 mockjs 和 roadhog-api-doc：cnpm i mockjs roadhog-api-doc。

mockjs 用于模拟数据，roadhog-api-doc 用于模拟延时操作。

（4）加载 mock 数据。

修改 .roadhogrc.mock.js 文件：

```
//.roadhogrc.mock.js 文件，加载 mock 的数据，通过循环把在 mock 目录下的所有扩展名是 .js
// 的配置文件都拿到，并最后 export 出去
const fs = require('fs');
const path = require('path');
const mockPath = path.join(__dirname + '/mock');
const mock = {};
fs.readdirSync(mockPath).forEach(file => {
    if(file.match(/\.js$/)){
        Object.assign(mock, require('./mock/' + file));
    }
});
export default mock;
```

（5）创建 API 调用。

在 services/example.js 中添加 API 调用方法：

```
export function getUserInfo() {
    return request({
    url: '/api/user',
    method: 'get',
    data: {}
  })
}
```

（6）页面调用。

创建路由页面 routes/RequestPage.jsx，代码如下：

```
import React, { Component } from "react";
import { Button } from "antd";
import * as api from "../services/example";
class RequestPage extends Component {
  getUserInfo = () => {
    api.getUserInfo().then((res) => {
      console.log("res :>> ", res);
    });
  };
  render() {
    return (
      <div style={{padding:'8px'}}>
        <Button type="primary" onClick={this.getUserInfo}>
          获取用户信息
        </Button>
      </div>
    );
  }
}
export default RequestPage;
```

（7）在路由页面 router.js 中引入路由页面：

```
import RequestPage from "./routes/RequestPage";
    <Route path="/request" exact component={RequestPage} />
```

在浏览器地址栏中输入 http://localhost:8000/request，单击"获取用户信息"按钮，运行结果如图 11-11 所示。

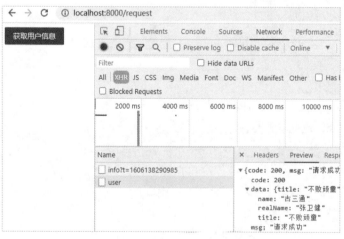

图 11-11

在浏览器控制台返回如下调用信息：

```
{"code":200,"msg":"请求成功","data":{"title":"不败顽童","name":"古三通"}}
```

11.2.9　dva 中的网络请求

在 11.2.8 小节中我们已经把 API 请求给 mock 出来了，接下来通过示例演示 dva 中的网络请求。

在 models/user.js 当中添加如下代码：

```
import * as api from "../services/example";
effects: {
    //params是请求参数
    *updateListHttp({ params }, { put, call }) {
      // 网络请求
      const result = yield call(api.getUserInfo, params);
      if (result.data.code === 200 && result.data.data) {
        yield put({ type: "updateList", data:result.data.data });
      }
    },
```

在 components/UserList.jsx 中添加如下代码：

```
// 添加新 boss
addNewUser=()=>{
  this.props.dispatch({
    type: "users/updateListHttp"
  });
}
    <button onClick={this.addNewUser}>增加 boss</button>
```

在浏览器中输入 http://localhost:8000/user-list，运行结果如图 11-12 所示。

图 11-12

当单击"增加 boss"按钮时，会新增一条记录。

11.2.10 dva Model subscriptions

以 key/value 的格式定义 subscriptions。subscriptions 用于订阅一个数据源，然后根据需要 dispatch 相应的 action。在 app.start() 时被执行，数据源可以是当前的时间、服务器的 websocket 连接、keyboard 输入、geolocation 变化、history 路由变化等。

使用格式为

```
({ dispatch, history }, done) => unlistenFunction。
```

在 models/users.js 中添加如下代码：

```
subscriptions:{
    // 这个方法名称可以随意命名
    watchWin({ dispatch, history }){
        const newData={name:'柳生飘雪',title:'雪飘人间',realName:'黄圣依'};
        window.onresize=()=>{
          dispatch({ type: "updateList", data:newData })
        }
    },
    watchHistory({dispatch, history}){
      history.listen((location) => {
        console.log('location',location);
      });
    }
}
```

在浏览器地址栏中输入 http://localhost:8000/user-list，运行结果如图 11-13 所示。

图 11-13

当改变窗体大小时，会自动添加记录，并且在页面初次加载时，控制台会打印出当前路由的 history 对象信息。

11.2.11 redux–actions

在前面的示例当中，Redux 的操作比较烦琐，尤其是 action 操作到处都是。我们可以通过

redux-actions 这个插件来简化 Redux 的操作。

安装 redux-actions：yarn add redux-actions。

redux-actions 官方文档地址为 https://redux-actions.js.org/。

它的 API 只有以下三个：

- createAction
- handleAction
- combineActions

（1）createAction：

创建 action 工厂的一个操作，返回一个 action 工厂。

第一个参数：action 类型。

第二个参数：生成 action 的函数。此函数可以传递参数，参数值为实际调用 action 工厂函数时传递的参数。

（2）handleAction：

处理 action 的操作，返回一个 reduce。

第一个参数：action 工厂。

第二个参数：改变 store 的 state 的函数。这里会根据 store 当前的 state 数据以及 action 返回的值返回一个新的 state 给 store。

第三个参数：当 store 的 state 啥也没有的时候给定一个初始的 state。

这里说的 store 的 state，是针对这里的 state.pageMain。

（3）combineActions：

合并 action 的操作。

参数 types 是动态参数，可以是 action 的 type 或者是创建的 action。会返回一个 action 集合。

添加文件 actions/index.js，将创建 action 的操作放到这个文件中，代码如下：

```
import { createAction } from 'redux-actions';
export const updateListHttp= createAction("users/updateListHttp");
export const updateListAsync=createAction("users/updateListAsync");
```

在 components/UserList.jsx 文件中引入 actions/index.js：

```
import { updateListHttp,updateListAsync} from '../actions/index.js';
 // 移除人员
 removeUser = (event) => {
    const curUser = { name: "上官海棠", title: "玄字第一号", realName: "叶璇" };
    //this.props.dispatch({
    //  type: "users/updateListAsync",
      // payload: curUser,
    //});
    this.props.dispatch(updateListAsync(curUser));
 };
```

如上所示，可以直接调用 updateListAsync 来替代之前的代码。在本节只演示了 createAction 这个 API 的使用，关于另外两个 API 的使用，感兴趣的读者可以去官网查阅相关文档进行学习。

11.3 UmiJS

11.3.1 UmiJS 介绍

在实际工作中，有些时候并不需要我们这样一步一步地搭建项目，而是直接使用一些应用框架，如 UmiJS。

Umi，中文可发音为乌米，它是一个可插拔的企业级 React 应用框架。可以将它简单地理解为一个专注性能的类 next.js 前端框架，并通过约定、自动生成和解析代码等方式来辅助开发，减少项目的代码量。

源码地址为 https://github.com/umijs/umi。

官方文档为 https://umijs.org/zh-CN。

Umi 的优势如下：

● 可扩展

Umi 实现了完整的生命周期，并使其插件化，Umi 内部功能也全都由插件完成。此外，还支持插件和插件集，以满足功能和垂直域的分层需求。

● 企业级

经蚂蚁内部 3000 以上的项目以及阿里、优酷、网易、飞猪、口碑等公司项目的验证，值得信赖。

● 开箱即用

Umi 内置了路由、构建、部署、测试等功能，仅需一个依赖即可上手开发。还提供了针对 React 的集成插件集，内涵丰富的功能可满足日常 80% 的开发需求。

● 类 next.js 且功能完备的路由约定

同时支持配置的路由方式。

● 完善的插件体系

覆盖从源码到构建产物的每个生命周期。

● 一键兼容到 Internet Explorer 9 浏览器

● 完善的 TypeScript 支持

● 与 dva 数据流的深入融合

● 面向未来

在满足需求的同时，也不会停止对新技术的探索，如 modern mode、webpack@5、自动化 external、bundler less 等。

● 完备路由

同时支持配置式路由和约定式路由，保持功能的完备性，比如动态路由、嵌套路由、权限路由等。

什么时候不用 Umi ？

如果你

● 需要支持 Internet Explorer 8 或更低版本的浏览器

● 需要支持 React 16.8.0 以下的 React

● 需要在 Node 10 以下的环境中运行项目

● 有很强的 webpack 自定义需求和主观意愿

● 需要选择不同的路由方案

那么，Umi 可能不适合你。

11.3.2 UmiJS 快速上手

必备环境：首先得有 Node，并确保 Node 版本是 10.13 或以上。其次是 npm 或者 yarn，Node 中会自带 npm，而 yarn 需要独自安装，在前面的章节中我们有介绍到 yarn，也已经安装了 yarn。

笔者计算机上使用的 yarn 版本是 1.22.10。

安装 Umi：yarn global add umi。

安装 Umi 的过程会比较耗时，请耐心等待。

查看 Umi 版本：umi -v。

如果出现提示 "'umi' 不是内部或外部命令，也不是可运行的程序"，则需要配置系统环境变量。

通过在控制台执行命令 yarn global bin，可以获取到全局的 bin 路径。

```
C:\Users\zouqi>yarn global bin
C:\Users\zouqi\AppData\Local\Yarn\bin
```

我们将 C:\Users\zouqi\AppData\Local\Yarn\bin 添加到系统环境变量当中，需要注意的是，添加到系统环境变量中后，要重新打开控制台窗体，运行命令 umi -v 才会生效。

```
C:\Windows\system32>umi -v
umi@3.2.28
```

使用脚手架

创建一个空目录，在控制台执行如下代码：

```
D:\WorkSpace\react_book_write\codes\chapter11>mkdir umi-app-demo
D:\WorkSpace\react_book_write\codes\chapter11>cd umi-app-demo
D:\WorkSpace\react_book_write\codes\chapter11\umi-app-demo>
```

umi generate

内置的生成器功能，内置的类型有 page，用于生成最简页面，支持别名调用

创建页面 umi g page index：

```
D:\WorkSpace\react_book_write\codes\chapter11\umi-app-demo>umi g page index
Write: pages\index.js
Write: pages\index.css
```

在 umi-app-demo 目录下除了创建的 index.js 和 index.css 文件之外，还会创建一个 .umi 的目录，这里面存的是 Umi 的配置文件，如图 11-14 所示。

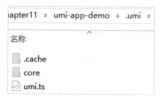

图 11-14

执行 umi dev 命令可以启动项目，运行结果如下：

```
D:\WorkSpace\react_book_write\codes\chapter11\umi-app-demo>umi dev
Starting the development server...
√ Webpack
 Compiled successfully in 9.70s
 DONE  Compiled successfully in 9701ms
1:33:24 ├F10: AM┤
 App running at:
 - Local:   http://localhost:8000 (copied to clipboard)
 - Network: http://172.21.78.1:8000
```

在浏览器中输入地址 http://localhost:8000，运行结果如图 11-15 所示。

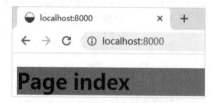

图 11-15

通过执行命令 umi help，可以查看简易帮助文档，执行结果如下：

```
Usage: umi <command> [options]
Commands:
  build     build application for production
  config    umi config cli
  dev       start a dev server for development
  generate  generate code snippets quickly
  help      show command helps
  plugin    inspect umi plugins
  version   show umi version
  webpack   inspect webpack configurations
```

我们可以把 Umi 的源码下载下来解压，打开目录 umi-master\packages\preset-built-in\src\plugins\
commands\generate\PageGenerator，可以看到如图 11-16 所示的一些模板文件。

图 11-16

page.js.tpl 模板代码如下：

```
import React from 'react';
import styles from './{{{ name }}}{{{ cssExt }}}';
export default () => {
  return (
    <div>
      <h1 className={styles.title}>Page {{{ path }}}</h1>
    </div>
  );
}
```

这个 name 就是调用命令时指定的名称 index。

pages/index.js 的代码如下：

```
import React from 'react';
import styles from './index.css';
export default () => {
  return (
    <div>
      <h1 className={styles.title}>Page index</h1>
    </div>
  );
}
```

有些时候，文档无法解决我们的疑惑，我们要学会去查看源代码。

Umi 支持约定式路由，约定式路由也称为文件路由，即不需要手写配置，文件系统即路由，
通过目录和文件及其命名分析出路由配置。

如果没有 routes 配置，Umi 会进入约定式路由模式，然后分析 src/pages 目录拿到路由配置。
也就是说 src/pages 下面的所有 js 文件都是路由文件。

我们通过执行命令 umi g page user/index，在 pages 目录下创建 user 目录，并在 user 目录下创
建 index.js 文件，修改 user/index.js 代码：

```
<h1 className={styles.title}>伏羲、燧人、神农</h1>
```

然后在地址栏中输入 http://localhost:8000/user，运行结果如图 11-17 所示。

图 11-17

11.3.3　通过脚手架创建项目

（1）新建一个空目录。

```
mkdir umi-create-demo
cd umi-create-demo
```

（2）执行命令 yarn create umi，运行之后，会出现如下信息，让我们选择模板。

```
> ant-design-pro  - Create project with a layout-only ant-design-pro boilerplate,
use together with umi block.
    app            - Create project with a simple boilerplate, support typescript.
    block          - Create a umi block.
    library        - Create a library with umi.
    plugin         - Create a umi plugin.
```

各脚手架模板说明如下：

➢ ant-design-pro：仅包含 ant-design-pro 布局的脚手架，具体掩码可通过 umi block 添加。

➢ app：通用项目脚手架，创建一个简单的项目样板，支持 TypeScript。

➢ block：区块脚手架。

➢ library：依赖（组件）库脚手架，基于 umi-plugin-library。

（3）这里我们选择 ant-design-pro 这个模板，然后按回车键。

```
  - create-umi
? Select the boilerplate type ant-design-pro
? ? Be the first to experience the new umi@3 ? (Use arrow keys)
  Pro V5
> Pro V4
```

（4）选择安装的版本。这里我们选择默认的 Pro V4，然后按回车键。

```
? ? Which language do you want to use?
  TypeScript
> JavaScript
```

（5）选择语言类型。这里选择 JavaScript，其实 TypeScript 更好一些，它给我们带来了类型检查这样的优秀特性，但是考虑到许多读者可能对 JavaScript 更加熟悉一下，所以这里选择

JavaScript：

```
? ? Do you need all the blocks or a simple scaffold? (Use arrow keys)
> simple
  complete
```

（6）选择简单还是全部安装。这里我们选择 simple 简单安装，然后按回车键：

```
? ? Time to use better, faster and latest antd@4! (Use arrow keys)
> antd@4
  antd@3
```

（7）选择 antd 版本。这里选择 antd@4，然后按回车键，安装完成之后最终项目目录结果如图 11-18 所示。

图11-18

代码目录结构说明：

```
├── config  # umi 配置，包含路由，构建等配置
│   ├── config  # 配置包含路由等
│   ├── ...  # 其他
├── mock  # 本地模拟数据
├── public
│   └── favicon.png # Favicon
├── src
│   ├── assets  # 本地静态资源
│   ├── components  # 业务通用组件
│   ├── e2e  # 集成测试用例
│   ├── layouts  # 通用布局
│   ├── models  # 全局 dva model
│   ├── pages  # 业务页面入口和常用模板
│   ├── services  # 后台接口服务
```

```
|       ├──── utils  # 工具库
|       ├──── locales  # 国际化资源
|       ├──── global.less  # 全局样式
|       └──── global.ts  # 全局 JS
├──── tests  # 测试工具
├──── README.md
├──── package.json
└──── ...  # 其他
```

安装依赖：yarn instal。

启动项目：yarn start。

启动成功后，你会看到如下提示信息。

```
√ Webpack
Compiled successfully in 2.59m
DONE  Compiled successfully in 155278ms
11:54:33 ├F10: AM┤
App running at:
- Local:   http://localhost:8000 (copied to clipboard)
- Network: http://172.26.68.1:8000
```

在浏览器地址栏中输入 http://localhost:8000/welcome，运行结果如图 11-19 所示。

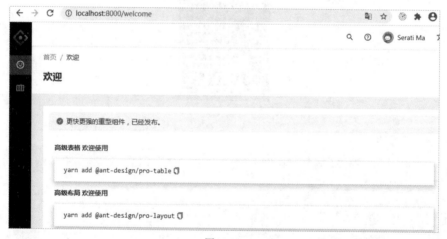

图 11-19

如果觉得使用 ant-design-pro 模板过于庞大，我们也可以使用 app 模板。

（1）创建空目录：

```
mkdir umi-create-app
cd umi-create-app
```

（2）执行 yarn create umi。

（3）选择 app 模板，在"是否使用 typescript"中选择 N，开启的功能选择 dva，如下所示：

```
success Installed "create-umi@0.25.0" with binaries:
      - create-umi
? Select the boilerplate type app
? Do you want to use typescript? (y/N) N
? What functionality do you want to enable?
 ( ) antd
>(*) dva
 ( ) code splitting
 ( ) dll
 ( ) internationalization
```

说明：按空格键可以选中，上下键可以切换选项。

创建完成之后，项目代码目录结构如图 11-20 所示。

图 11-20

安装依赖：yarn install。

启动项目：yarn start。

在第 10 章中我们使用了 ant-design，其实完全可以通过 umi 配合 ant-design-pro 模板来实现第 10 章的项目。

11.3.4　路由约定与配置

如果没有 routes 配置，Umi 会进入约定式路由模式，然后分析 src/pages 目录拿到路由配置。如以下的文件结构：

```
.
└── pages
    ├── index.tsx
    └── users.tsx
```

会得到如下路由配置：

```
[
  { exact: true, path: '/', component: '@/pages/index' },
  { exact: true, path: '/users', component: '@/pages/users' },
]
```

需要注意的是，满足以下任意规则的文件不会被注册为路由。

● 以 . 或 _ 开头的文件或目录

● 以 d.ts 结尾的类型定义文件

● 以 test.ts、spec.ts、e2e.ts 结尾的测试文件（适用于 .js、.jsx 和 .tsx 文件）

● components 和 component 目录

● utils 和 util 目录

● 不是 .js、.jsx、.ts 或 .tsx 类型文件

● 文件内容不包含 JSX 元素

在 umi-create-app 项目中，添加 pages/user/index.jsx，代码如下：

```
import React, { Component } from 'react'
export default class User extends Component {
    render() {
        return (
            <div>
                黄帝、颛顼（Zhuānxū）、帝喾（Dìkù）、唐尧、虞舜
            </div>
        )
    }
}
```

在 pages/index.js 中添加如下代码：

```
import {Link} from 'umi';
    {/* <div className={styles.welcome} /> */}
  <Link to="/user">跳转到用户页面</Link>
```

说明：这里注释了界面的 Logo 图片代码。通过 Link 可以进行路由跳转，那么这个 umi/link 是什么呢？我们可以查看一下 Umi 中的 Link 代码。在 VS Code 当中，鼠标移动到 'umi/link' 上，按住 Ctrl 键的同时鼠标单击可跳转到源码，或者将光标定位到 'umi/link'，然后按 F12 键也可以进行跳转，跳转后如图 11-21 所示。

我们看到这个 Link 就是 react-router-dom，原样返回而已。

运行界面如图 11-22 所示。

图 11-21

图 11-22

在 .umirc.js 中注释掉路由配置的代码：

```
// routes: [
//   {
//     path: '/',
//     component: '../layouts/index',
//     routes: [
//       { path: '/', component: '../pages/index' }
//     ]
//   }
// ],
```

说明：当 .umirc.js 存在配置路由时，则会采用路由配置的形式，而不会使用约定路由，如果要使用约定路由，我们需要注释掉路由配置。

单击"跳转到用户页面"，运行结果如图 11-23 所示。

图 11-23

接下来，我们通过按钮的形式，从 user/index.jsx 返回到首页，在 user/index.jsx 中新增如下代码：

```
import router from 'umi/router';
  <button onClick={()=>router.goBack()}>返回首页</button>
```

找到 node_modules\umi\lib\router.js，我们可以看到如下代码：

```
var _history = _interopRequireDefault(require("@@/history"));
function goBack() {
  _history.default.goBack.apply(_history.default, arguments);
}
```

动态路由

Umi 中约定，带 $ 前缀的目录或文件为动态路由。添加 user/$user.jsx 文件，代码如下：

```
import React, { Component } from 'react'
export default class componentName extends Component {
    render() {
        return (
            <div>
                {this.props.match.params.user}：黄帝、颛顼（Zhuānxū）、帝喾（Dìkù）、唐尧、虞舜
            </div>
        )
    }
}
```

说明：this.props.match.params.user 中 user 就是路由目录 user。

在 index.js 中添加路由导航：

```
<Link to="/user/五帝">五帝</Link>
```

运行结果如图 11-24 所示。

图11-24

更多路由相关的信息可以查看官方文档 https://umijs.org/zh-CN/docs/convention-routing，上面有非常详细的说明。

11.3.5 插件 @umijs/plugin-dva

在前面创建的项目 umi-create-app 当中，已经将 dva 集成了进来。

plugin-dva 的启用方式：配置开启。

在 .umirc.js 中可以配置启用和禁用。

```
plugins: [
    //ref: https://umijs.org/plugin/umi-plugin-react.html
    ['umi-plugin-react', {
      antd: false,
      dva: true,
      dynamicImport: false,
      title: 'umi-create-app',
      dll: false,
```

```
      routes: {
        exclude: [
          /models\//,
          /services\//,
          /model\.(t|j)sx?$/,
          /service\.(t|j)sx?$/,
          /components\//,
        ],
      },
    }],
  ],
```

我们看到 dva 配置项为 true，说明已经启用了。

plugin-dva 插件包含以下功能：

➢ 内置 dva，默认版本是 2.6.0-beta.20，如果项目中有依赖，会优先使用项目中依赖的版本。

➢ 约定是到 model 组织方式，不用手动注册 model。

➢ 文件名即 namespace，model 内如果没有声明 namespace，会以文件名作为 namespace。

➢ 内置 dva-loading，直接在 connect 方法中传入 loading 字段使用即可，例如 export default connect((({app,loading})=>({app,loading}))(App)。

➢ 支持 immer，通过配置 immer 开启。

约定式的 model 组织方式

符合以下规则的文件会被认为是 model 文件：

➢ src/models 下的文件。

➢ src/pages 下，子目录中 models 目录下的文件。

➢ src/pages 下，所有 model.ts 文件。

model 分为两类，一类是全局 model；另一类是页面 model。全局 model 存放于 /src/models 目录，所有页面都可以引用；页面 model 存放于 src/pages 下，不能被其他页面所引用。

在 models 目录下新建 user.js 文件，代码如下：

```
export default {
  state: {
    name: '',
  },
  effects: {
    *query({ payload }, { call, put }) {},
  },
  reducers: {
    save(state, action) {
      state.name = '沈浪';
      return state;
    },
```

```
  },
  subscriptions: {
    setup({ dispatch, history }) {
      dispatch({
        type: 'save',
      });
    },
  },
};
```

打开 Redux 调试工具，如下所示，已经可以看到 State 的数据了。运行结果如图 11-25 所示。

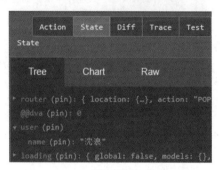

图 11-25

如果在 save 方法中注释掉 return state 这行代码，会报错，如图 11-26 所示。

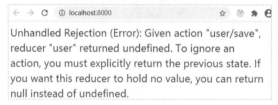

图 11-26

接下来，我们修改 dva 配置，将 .umirc.js 的配置修改为如下内容：

```
export default {
  dva: {
    immer: true,
    hmr: false,
  },
}
```

参数说明：

● immer

Type: boolean

Default: false

表示是否启用 immer 以方便修改 reducer。

● hmr

Type: boolean

Default: false

表示是否启用 dva model 的热更新。

修改 user.js 中的 save 方法，代码如下：

```
// 启用 immer 之后
save(state, action) {
  state.name = '沈浪';
},
```

此时，项目将可以正常运行。

11.3.6　配置动态加载

● 配置项：dynamicImport

● Type: object

● Default: false

说明：实现路由级的动态加载，可按需指定哪一级的按需加载。

项目配置包含以下几项内容。

① webpackChunkName：是否通过 webpackChunkName 实现有意义的异步文件名。

② loadingComponent：指定加载时的组件所在路径。

③ level：指定按需加载的路由等级。

是否启用按需加载，即是否把构建产物进行拆分，在需要的时候下载额外的 JS 文件再执行。默认关闭时，只生成一个 JS 文件和一个 CSS 文件，即 umi.js 和 umi.css。优点是省心，部署方便；缺点是对用户来说初次打开网站会比较慢。

打包后通常是如下形式：

```
+ dist
  - umi.js
  - umi.css
  - index.html
```

启用之后，需要考虑 publicPath 的配置，可能还需要考虑 runtimePublicPath，因为需要知道从哪里异步加载 JS、CSS 和图片等资源。

打包后通常是如下形式：

```
+ dist
  - umi.js
  - umi.css
  - index.html
  - p__index.js
```

```
- p__users__index.js
```

这里的 p__users_index.js 是路由组件所在路径 src/pages/users/index，其中 src 会被忽略，pages 被替换为 p。

在启用按需加载前，打开浏览器控制台，加载的是如图 11-27 所示的文件。

Name	Status	Type	Initiator	Size	Time
websocket	101	websocket	websocket.j...	0 B	Pend...
localhost	304	document	Other	188 B	9 ms
umi.css	304	stylesheet	(index)	210 B	4 ms
umi.js	304	script	(index)	213 B	12 ms
info?t=1606568029940	200	xhr	abstract-xhr...	368 B	11 ms

图 11-27

我们依次单击页面中"跳转到用户页面""五帝"进行页面跳转时，浏览器控制台没有新的资源文件加载。

接下来，修改 .umirc.js 中 dynamicImport 配置项为 true，然后重新运行项目，此时浏览器控制的运行效果如图 11-28 所示。

Name	Status	Type	Initiator	Size	Time
websocket	101	websocket	websocket...	0 B	Pen...
localhost	304	document	Other	188 B	12 ms
umi.css	304	stylesheet	(index)	210 B	5 ms
umi.js	304	script	(index)	213 B	11 ms
0.chunk.css	304	stylesheet	bootstrap:	210 B	3 ms
0.async.js	304	script	bootstrap:	210 B	2 ms
info?t=1606568234299	200	xhr	abstract-x...	368 B	39 ms
1.chunk.css	304	stylesheet	bootstrap:	210 B	14 ms
1.async.js	304	script	bootstrap:	210 B	14 ms

图 11-28

当我们依次单击"跳转到用户页面""五帝"进行页面跳转时，浏览器控制台会依次出现如图 11-29 所示的两个请求。

Name	Status	Type	Initiator	Size	Time
2.async.js	304	script	bootstrap:...	210 B	3 ms
3.async.js	304	script	bootstrap:...	210 B	8 ms

图 11-29

dynamicImport 的配置项是一个对象，在对象当中可以进行子配置项的配置：

```
dynamicImport: { webpackChunkName: true },
```

重新运行项目，然后依次单击"跳转到用户页面""五帝"进行页面跳转时，浏览器控制台会依次出现如图 11-30 所示的两个请求。

p_user__index.async.js	304	script	bootstrap:880	210 B	6 ms
p_user__user.async.js	200	script	bootstrap:880	930 B	4 ms

图 11-30

添加一个 loading 组件 src/components/loading.jsx，代码如下：

```
import React, { Component } from 'react'
export default class componentName extends Component {
    render() {
        return (
            <div>
                拼命加载中 ...
            </div>
        )
    }
}
```

修改 .umirc.js 配置：

```
dynamicImport: { webpackChunkName: true,loadingComponent:'./c
omponents/
loading.jsx',level:2 },
```

level 配置项假设设置为 2，表示 1 级和 2 级路由有 loading 效果，设置为 1 表示只 1 级路由有 loading 效果。路由的等级是根据 URL 的深度决定的。

启动项目，在浏览器地址栏中输入 http://localhost:8000/user，为了模拟页面跳转时一个比较慢的加载效果，以便我们可以看到 loding 效果，需要修改一下浏览器的网络，修改方式如图 11-31 所示。

这里选择 Slow 3G，当我们单击 "跳转到用户页面" 时，如图 11-32 v 所示。

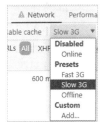

图 11-31

图 11-32

会先展示 loading 组件，然后再显示用户页面，如图 11-33 所示。

图 11-33

11.4　TypeScript

11.4.1　TypeScript 简介

TypeScript 是 Microsoft 公司注册的商标，2012 年，微软 C# 之父 Anders Hejlsberg 领导开发了 TypeScript 的第一个版本。

TypeScript 是一个编译为纯粹 JS 的有类型定义的 JavaScript 超集。TypeScript 遵循当前以及未来出现的 ECMAScript 规范。TypeScript 不仅能兼容现有的 JavaScript 代码，也拥有兼容未来版本的 JavaScript 的能力。大多数 TypeScript 的新增特性都是基于未来的 JavaScript 提案，这意味着许多 TypeScript 代码在将来很有可能会变成 ECMA 的标准。

如果你对 Java、C# 等高级编程语言有一定的了解，那么你会发现 TypeScript 就是借鉴的这些高级语言的语法特性，它将基于对象的 JavaScript 改造成了面向对象的语言，这样也就让使用 JavaScript 开发大型项目成为了可能，因为它弥补了弱类型语言的缺点。

在我们的 React 项目当中，可以直接用 TypeScript 来替代 ECMAScript 实现我们的项目，在大型项目当中，使用 TypeScript 非常有优势，它能帮我们做类型检查，避免粗心引起的一系列问题，小型项目不使用 TypeScript 一样可以开发得很快，因为要少写很多类型定义的代码。

如果你对 TypeScript 还不是很了解，可以查阅 TypeScript 中文手册官网 https://typescript.bootcss.com/。

11.4.2　TypeScript 和 Node 开发示例

我们通过一个示例来演示 TypeScript 和 Node 的应用。

（1）创建一个空目录：

```
mkdir ts-app-demo
cd ts-app-demo
```

（2）初始化项目：

```
yarn init
```

一直按回车键，初始化完成后，会在项目根目录下创建一个 package.json 文件，代码如下：

```
{
  "name": "ts-app-demo",
  "version": "1.0.0",
  "main": "index.js",
  "author": "zouqj",
  "license": "MIT"
}
```

（3）初始化 ts 配置文件，执行命令 tsc-init，执行完成后会在项目根目录下生成一个 tsconfig.

json 文件，这里我们需要修改 tsconfig.json 文件中的两个配置项，代码如下：

```
"outDir": "./dist",                           // 代码输出路径
"rootDir": "./src",                           // 源码文件路径
```

（4）在项目根目录下创建目录 dist 和 src。

（5）在 src 目录下创建文件 index.ts，代码如下：

```
console.log(' 轻轻地，我来了 ')
```

（6）修改 package.json：

```
"scripts": {
  "start": "tsc && node dist/index.js"
}
```

（7）执行 yarn start，运行结果如下：

```
PS D:\WorkSpace\react_book_write\codes\chapter11\ts-app-demo> yarn start
yarn run v1.22.10
warning ..\..\..\..\..\package.json: No license field
$ tsc && node dist/index.js
轻轻地，我来了
Done in 2.54s.
```

此时，dist 目录下自动生成了一个 index.js 文件，这样基本环境已经配置成功了，接下来使用 VS Code 直接打开 ts-app-demo 这个项目目录。

（8）准备 API 地址。

请求测试的 URL 地址为 https://api.github.com/users/zouyujie，最后的名称 zouyujie 就是我们的 github 账户名称，当然你也可以换成自己的。直接在浏览器中访问这个网址，会返回如下数据信息：

```
{
  "login": "zouyujie",
  "id": 26539086,
  "node_id": "MDQ6VXNlcjI2NTM5MDg2",
  "avatar_url": "https://avatars3.githubusercontent.com/u/26539086?v=4",
  "gravatar_id": "",
  "url": "https://api.github.com/users/zouyujie",
  "html_url": "https://github.com/zouyujie",
  "followers_url": "https://api.github.com/users/zouyujie/followers",
  "following_url": "https://api.github.com/users/zouyujie/following{/other_user}",
  "gists_url": "https://api.github.com/users/zouyujie/gists{/gist_id}",
  "starred_url": "https://api.github.com/users/zouyujie/starred{/owner}{/repo}",
  "subscriptions_url": "https://api.github.com/users/zouyujie/subscriptions",
  "organizations_url": "https://api.github.com/users/zouyujie/orgs",
  "repos_url": "https://api.github.com/users/zouyujie/repos",
  "events_url": "https://api.github.com/users/zouyujie/events{/privacy}",
```

```
    "received_events_url": "https://api.github.com/users/zouyujie/received_events",
    "type": "User",
    "site_admin": false,
    "name": "zouyujie",
    "company": null,
    "blog": "http://www.cnblogs.com/jiekzou",
    "location": null,
    "email": null,
    "hireable": null,
    "bio": ".net senior enginee",
    "twitter_username": null,
    "public_repos": 41,
    "public_gists": 0,
    "followers": 34,
    "following": 0,
    "created_at": "2017-03-20T08:49:46Z",
    "updated_at": "2020-11-12T08:12:11Z"
}
```

（9）安装请求插件。

请求插件可以是 request 或 axios 等，这里我们使用 request。

```
yarn add request -D
yarn add @types/request -D
```

执行成功后，package.json 中将会新增如下依赖：

```
"devDependencies": {
  "@types/request": "^2.48.5",
  "request": "^2.88.2"
}
```

（10）新增接口调用 user-service.ts：

```
import * as request from 'request';
const options={
    headers: {
        'User-Agent': 'request'
    }
}
export class UserService{
  getUserInfo(name:string){
    request.get('https://api.github.com/users/${name}',options,(error:any,
    response:any,body:any)=>{
      console.log('body', body)
    });
  }
}
```

（11）修改入口文件 index.ts，调用接口方法如下：

```
//console.log(' 轻轻地，我来了');
import {UserService} from './user-service';
let api:UserService =new UserService();
api.getUserInfo('zouyujie');
```

（12）控制台运行结果如下：

```
body {"login":"zouyujie","id":26539086,"node_id":"MDQ6VXNlcjI2NTM5MDg2",
"avatar_url":"https://avatars3.githubusercontent.com/u/26539086?v=4","gravatar_
id":"","url":"https://api.github.com/users/zouyujie","html_url":"https://
github.com/zouyujie","followers_url":"https://api.github.com/users/zouyujie/
followers","following_url":"https://api.github.com/users/zouyujie/following{/
other_user}","gists_url":"https://api.github.com/users/zouyujie/gists{/
gist_id}","starred_url":"https://api.github.com/users/zouyujie/starred{/
owner}{/repo}","subscriptions_url":"https://api.github.com/users/zouyujie/
subscriptions","organizations_url":"https://api.github.com/users/zouyujie/
orgs","repos_url":"https://api.github.com/users/zouyujie/repos","events_
url":"https://api.github.com/users/zouyujie/events{/privacy}","received_events_
url":"https://api.github.com/users/zouyujie/received_events","type":"User","site_
admin":false,"name":"zouyujie","company":null,"blog":"http://www.cnblogs.com/
jiekzou","location":null,"email":null,"hireable":null,"bio":".net senior
enginee","twitter_username":null,"public_repos":41,"public_gists":0,
"followers":34,"following":0,"created_at":"2017-03-20T08:49:46Z","updated_
at":"2020-11-12T08:12:11Z"}
Done in 5.12s.
```

接口返回的数据信息很多，当我们不需要展示那么多的数据时，可以通过一个数据实体对数据进行过滤。

（13）新建 model 类 src/models/user.ts，代码如下：

```
export class User{
    bio:string;
    avatar_url:string;
    name:string;
    blog:string;
    constructor(user:any){
      this.bio=user.bio;
      this.name=user.name;
      this.blog=user.blog;
      this.avatar_url=user.avatar_url;
    }
}
```

（14）修改 user-service.ts：

```
import * as request from 'request';
import {User} from './models/user'
```

```
const options={
    headers: {
        'User-Agent': 'request'
    },
    json:true
}
export class UserService{
  getUserInfo(name:string){
      request.get('https://api.github.com/users/${name}',options,(error:any,
      response:any,body:any)=>{
        //console.log('body', body)
        let user:User=new User(body);
        console.log(user);
      });
  }
}
```

🔔 **注意：**

在 options 中配置 json 为 true，表示返回的数据是 JSON 对象的格式。

运行结果如下：

```
User {
  bio: '.net senior enginee',
  name: 'zouyujie',
  blog: 'http://www.cnblogs.com/jiekzou',
  avatar_url: 'https://avatars3.githubusercontent.com/u/26539086?v=4'
}
```

在实际应用当中，通常 service 层只提供方法的调用，并不会提供调用后的执行，调用后的执行通常是在调用层进行，可以通过回调函数的方式来对其进行封装。

（15）改造 user-service.ts：

```
// 引入回调函数
getUserInfo(name:string,callback:any){
  request.get('https://api.github.com/users/${name}',options,(error:any,
  response:any,body:any)=>{
    let user:User=new User(body);
    callback(user);
  });
```

（16）修改 index.ts 的调用：

```
import {User} from './models/user';
api.getUserInfo('zouyujie',(user:User)=>{
 console.log(user);
});
```

获取用户下的仓库列表，测试地址为 https://api.github.com/users/zouyujie/repos。

（17）创建仓库实体类 models/repo.ts：

```
export class Repo{
    name:string;
    size:number;
    description:string;
    language:string;
    created_at:string;
    constructor(repo:any){
        this.name=repo.name;
        this.size=repo.size;
        this.description=repo.description;
        this.language=repo.language;
        this.created_at=repo.created_at;
    }
}
```

（18）user-service.ts 增加调用：

```
import {Repo} from './models/repo';
// 获取仓库列表
getReposByUser(name:string,callback:any){
  request.get('https://api.github.com/users/${name}/repos',options,(error:
  any,response:any,body:any)=>{
    let repos:Repo[]=body.map((m:any)=>
      new Repo(m)
    );
    callback(repos);
  })
}
```

（19）调用 index.ts：

```
import {Repo} from './models/repo';
api.getReposByUser('zouyujie',(repos:Repo[])=>{
    console.log(repos);
});
```

运行结果如下：

```
[
  Repo {
    name: 'bi_app',
    size: 12548,
    description: '基于MUI的跨平台APP，提供数据展示及图表功能',
    language: 'JavaScript',
    created_at: '2017-10-21T00:43:36Z'
```

```
    },
    Repo {
      name: 'CommonPlatform2',
      size: 52233,
      description: 'base on asp.net mvc and metronic',
      language: 'JavaScript',
      created_at: '2017-09-12T14:22:38Z'
    },
...
]
```

代码仓库列表虽然已经打印出来了，但是并没有排序。接下来为其实现排序功能。

（20）安装排序插件 lodash。

```
yarn add lodash -D
yarn add @types/lodash -D
```

（21）修改 index.ts：

```
import * as Lodash from 'lodash';
// 排序
api.getReposByUser('zouyujie',(repos:Repo[])=>{
let sortRepos:Repo[]=Lodash.sortBy(repos,[(repo:any)=>repo.size]);        //size 升序
    let sortRepos:Repo[]=Lodash.sortBy(repos,[(repo:any)=>repo.size*-1]);//size 降序
    console.log(sortRepos);
});
```

接下来，将仓库信息整合到用户信息当中。

（22）修改 user.ts，增加 repos 属性：

```
import {Repo} from './repo'
export class User{
...
repos:Repo[]=[];
...
}
```

（23）修改 index.ts，合并接口：

```
// 合并接口
api.getUserInfo('zouyujie',(user:User)=>{
    api.getReposByUser(user.name,(repos:Repo[])=>{
    let sortRepos:Repo[]=Lodash.sortBy(repos,[(repo:any)=>repo.size*-1]);//size 降序
        user.repos=sortRepos;
        console.log(user);
    });
});
```

运行结果如下：

```
User {
  repos: [
    Repo {
      name: 'net',
      size: 350942,
      description: 'NET 开发技巧之工具篇',
      language: null,
      created_at: '2018-01-19T13:24:23Z'
    },
...
]}
```

（24）封装为 Node 接口。

安装 express：

```
yarn add express -D
yarn add @types/express -D
```

（25）修改 index.ts：

```
import url from 'url';
import express from 'express';
const app= express();
app.get('/github',(req,res)=>{
    let name:any=url.parse(req.url,true).query.name;
    api.getUserInfo(name,(user:User)=>{
        api.getReposByUser(user.name,(repos:Repo[])=>{
            let sortRepos:Repo[]=Lodash.sortBy(repos,[(repo:any)=>repo.size*-1]);//size 降序
            user.repos=sortRepos;
            res.send(user);
        });
    });
})
app.listen(3000,()=>{
    console.log('服务器运行，监听端口 3000')
})
```

在浏览器地址栏中输入 http://localhost:3000/github?name=zouyujie，运行结果如下：

```
{"repos":[{"name":"net","size":350942,"description":"NET 开 发 技 巧 之 工 具 篇",
"language":null,"created_at":"2018-01-19T13:24:23Z"},{"name":"incubator-echarts",
"size":147441,"description":"A powerful, interactive charting and visualization
library for browser","language":"JavaScript","created_at":"2019-05-16T10:18:44Z"},{
"name":"CommonPlatform2","size":52233,"description":"base on asp.net mvc and
  ...
```

Node+MongoDB+React项目实战开发

11.5　可能遇到的问题及解决方案

1. Joi.validate is not a function

原因：这是因为在新的 Joi 版本中已经没有 validate 这个方法了。

方案一：使用旧版本。

```
// 卸载joi
yarn remove joi
// 下载14.3.1
yarn add @14.3.1
```

方案二：按照最新的文档修改调用方式。

最新接口文档地址为 https://joi.dev/api/

2. react 项目在谷歌浏览器中访问显示空白

浏览器控制台报 forEach 的错误，详细错误提示如下：

```
"Uncaught TypeError: Cannot read property 'forEach' of undefined
at Object.injectIntoGlobalHook..."
```

分析：这可能是谷歌浏览器上的 React Developer Tools 插件出了问题，将此插件禁用后，谷歌浏览器访问正常。

3. roadhog 不是内部或外部命令，也不是可运行的程序或批处理文件

解决方案：执行命令 npm i roadhog -g 进行全局安装。

🔔 **注意：**

如果你在对照书本进行操作时项目编译报错，这可能是因为一些依赖包的版本更新了，你可以直接从本书源码中复制 package.json 文件，然后直接运行命令 npm i 或者 yarn install 来安装项目依赖包。

参 考 资 料

［1］

文章：npm 更换成淘宝镜像源以及 cnpm

作者：旭娃

链接：https://www.jianshu.com/p/9c7509e4ae83

［2］

文章：package-lock.json

作者：王嘉豪 _TW

链接：https://www.jianshu.com/p/818833b2dd5a

［3］

文章：C/S 和 B/S 两种软件体系结构

作者：鬼神不灭

链接：https://www.cnblogs.com/gsbm/p/4760407.html

［4］

文章：ip 域名和端口号

作者：mlllily

链接：https://www.cnblogs.com/mlllily/p/10972328.html

［5］

文章：express 中 session 的使用

作者：90 後姿态

链接：https://www.cnblogs.com/xiaohuangmao/p/10165529.html

［6］

文章：Windows 使用 NSSM 将任意 exe 封装为服务

作者：终点站

链接：https://gofinall.com/81.html

［7］

文章：浅谈 React 高阶组件

作者：哇塞田

链接：https://www.jianshu.com/p/68c6ab7c35dc

［8］

文章：npx

作者：张培

链接：https://www.jianshu.com/p/a4d2d14f4c0e

［9］

作者：hpoenixf

链接：https://www.imooc.com/article/31133?block_id=tuijian_wz

［10］

作者：Simbawu

链接：https://www.jianshu.com/p/254794d5e741

［11］

作者：月满轩尼诗_

链接：https://www.jianshu.com/p/dc493809a2fd